国家示范（骨干）高职院校重点建设专业优质核心课程系列教材

数据库应用技术——SQL Server 2008

何继业 易 丹 陈国荣 编著

中国水利水电出版社
www.waterpub.com.cn

内 容 提 要

本书以 SQL Server 2008 平台为介绍对象，系统而全面地介绍了数据库的基本理论、数据库安装、数据库设计、表设计、表数据维护、数据查询、视图与索引、T-SQL 编程、函数、存储过程、游标、触发器、数据库备份与恢复、自动处理、安全控制与 JSP 集成应用等内容。

本书以学生熟悉的教务管理系统所使用的数据库抽象模型为应用核心，突出理论够用为度和实用性原则，以应用案例展开介绍，条目清晰、步骤明确、图文并茂、重点突出，只要按步骤学习并操作，即使是自学者也能轻而易举地掌握相关的知识技能。

本书以计算机应用专业的教学需求为目标进行编写，适合高职高专计算机应用专业的学生学习使用，也适合高等院校本科、各行各业的数据库管理人员、信息系统开发人员、数据库初学者参考使用。

本书提供脚本文件和电子教案等资源，读者可以从中国水利水电出版社网站和万水书苑免费下载，网址为：http://www.waterpub.com.cn/softdown/ 和 http://www.wsbookshow.com。

图书在版编目（C I P）数据

数据库应用技术 : SQL Server 2008 / 何继业，易
丹，陈国荣编著. -- 北京 : 中国水利水电出版社，
2014.8（2019.1 重印）
国家示范（骨干）高职院校重点建设专业优质核心课
程系列教材
ISBN 978-7-5170-2151-3

Ⅰ. ①数… Ⅱ. ①何… ②易… ③陈… Ⅲ. ①关系数
据库系统－高等职业教育－教材 Ⅳ. ①TP311.138

中国版本图书馆CIP数据核字(2014)第128906号

策划编辑：石永峰   责任编辑：李 炎   封面设计：李 佳

书 名	国家示范（骨干）高职院校重点建设专业优质核心课程系列教材 **数据库应用技术——SQL Server 2008**	
作 者	何继业 易 丹 陈国荣 编著	
出版发行	中国水利水电出版社 （北京市海淀区玉渊潭南路 1 号 D 座 100038） 网址：www.waterpub.com.cn E-mail：mchannel@263.net（万水） sales@waterpub.com.cn 电话：(010) 68367658（发行部）、82562819（万水）	
经 售	北京科水图书销售中心（零售） 电话：(010) 88383994、63202643、68545874 全国各地新华书店和相关出版物销售网点	
排 版	北京万水电子信息有限公司	
印 刷	三河市铭浩彩色印装有限公司	
规 格	184mm×260mm 16 开本 18.25 印张 468 千字	
版 次	2014 年 8 月第 1 版 2019 年 1 月第 3 次印刷	
印 数	5001—7000 册	
定 价	36.00 元	

凡购买我社图书，如有缺页、倒页、脱页的，本社发行部负责调换

前　　言

本书以微软公司的 SQL Server 2008 数据库管理系统平台为介绍对象。SQL Server 2008 数据库管理系统以其强大的数据管理功能、高度的可靠性、智能性、安全性和可编程性为各种计算机应用系统提供了完整的数据库解决方案，被广泛应用于电子政务、商务、决策支持、电子邮件、金融财务等信息处理领域。

1．本书的内容

全书由以下 16 章内容组成：

第 1 章介绍数据库的基本概念、数据模型、关系数据库和关系规范化处理等内容；

第 2 章介绍 SQL Server 2008 的安装、配置与登录方式等内容；

第 3 章介绍数据库的分类、组成、数据库的创建与维护等内容；

第 4 章介绍数据库表的设计、创建与维护等内容；

第 5 章介绍数据库表数据的增、删、改等数据维护内容；

第 6 章详细介绍表数据的查询操作；

第 7 章介绍视图的创建、维护与使用，索引的创建与维护等内容；

第 8 章介绍 T-SQL 编程基础知识；

第 9 章介绍函数的创建、维护与使用等内容；

第 10 章介绍存储过程的创建、维护与使用等内容；

第 11 章介绍游标的创建与使用等内容；

第 12 章介绍触发器的创建、维护与使用等内容；

第 13 章介绍数据库的备份与恢复等内容；

第 14 章介绍数据库操作的自动执行等内容；

第 15 章介绍数据库安全性验证与应用等内容；

第 16 章介绍 SQL Server 与 JSP 集成开发 Web 应用系统的基本方法等内容。

2．适应的读者

全书前 7 章是 SQL Server 2008 基础，后续各章属于高级应用部分。从事信息系统应用的非计算机专业的读者只要掌握前 7 章和第 13 章的内容即可满足一般数据库应用岗位的需求；从第 8 章开始，后面的章节内容主要介绍 SQL Server 2008 的高级开发应用知识，供计算机应用专业的读者、数据库系统开发技术人员、BI 工程技术人员学习与参考。

3．本书的特点

（1）本书的主要读者群是大专院校的学生，他们对院校的组织结构、专业、班级、课程开设、成绩管理等对象的信息十分熟悉。基于这一点，本书以学生最熟悉的教务管理系统所使用的数据库抽象模型为应用核心，以学生熟悉的环境作为应用对象，所以，学生学习起来较容易理解掌握。

（2）本书在介绍 T-SQL 语句的语法格式时，一方面根据必用性和常用性原则，内容取舍有度，有目的地只对复杂语句中的常用选项进行介绍，避免无目的的选择和笼统列举的弊端；

另一方面为了让读者易于理解和使用，对语句中的有关选项进行了"中文化"处理。

（3）本书突出理论够用为度和实用性的原则，以应用案例展开介绍，条目清晰、步骤明确、图文并茂、重点突出，只要按步骤学习并操作，即使是自学者也能轻而易举地掌握相关的知识技能。

（4）本书浓缩了作者二十多年的信息系统开发应用经验，用一个数据库应用模型的实现贯穿全书，内容丰富、技术全面而实用。本书成稿之后，经过广州铁路职业技术学院计算机应用、经管、运营等专业的学生试用，实践证明效果明显。

（5）为了便于教学和学习，本书提供了丰富的教学或学习资源。

4．相关资源

为了便于教师教学和学生学习，本书提供如下相关资源：

（1）脚本文件"jwglDB_zh 创建含记录表.sql"。使用该脚本文件可以创建教学模型数据库"jwgl"，表中含有记录，本脚本资源可用于 SQL Server 2000/2005/2008/2012 等版本。

（2）各章案例的 sql 脚本程序、习题参考答案，第 16 章项目的完整代码。

（3）教师教学使用的 PPT 电子教案。

上述资源读者可以通过中国水利水电出版社网站（http://www.waterpub.com.cn/softdown/）和万水书苑（http://www.wsbookshow.com）免费下载，也可以通过电子信箱"passh123@126.com"向本书作者索取。

5．编者与致谢

全书由广州铁路职业技术学院何继业负责编写大纲以及统稿工作，参与编著的人员有广州铁路职业技术学院的易丹以及金碟 ERP 讲师陈国荣，信息工程系王金兰主任担任主审。具体分工是：第 1 章、第 10-13 章、第 16 章由何继业编写；第 3-9 章由易丹编写；第 2 章、第 14 章、第 15 章由陈国荣编写。

本书在编写过程中得到了广州铁路职业技术学院教务处处长蒋新革教授、施晓琰老师、信息工程系何敏丽教授、王巧莲副教授、林锦章副主任等领导和老师的大力支持与帮助，在此向他们表示衷心的感谢！

由于作者专业水平有限，时间仓促，书中难免存在疏漏、错误等不足之处，恳请广大专家、读者批评指正。

编　者

2014 年 5 月

目　　录

1

数据库基础知识

 **本章导读**

数据库基础是初学者了解数据库领域的发展情况、基本概念、特点以及研究方法等基本内容的入门知识。本章主要介绍数据库的基本概念、数据管理的发展概况、信息描述的基本方法、数据模型、关系数据库及其操作、数据库表的设计及其规范化处理方法等内容。读者应在理解相关概念的基础上重点掌握 E-R 模型的设计方法、设计过程以及数据库表的关系规范化处理方法等内容。

本章要点

- 三个世界的信息描述方法
- E-R 模型的设计方法
- 关系数据库的关系操作
- 函数依赖关系、范式
- 关系规范化处理方法

1.1 数据库概述

数据库技术是计算机技术的一个重要分支，计算机应用技术发展到现在，除操作系统之外，数据库已经成为计算机应用的重要支撑系统和核心组成部分。例如，电子政务系统、电子商务系统、决策支持系统、电子邮件系统、财务金融系统等计算机应用系统均以数据库为信息存储的平台，全部都离不开数据库。

1.1.1 数据库基本概念

信息、数据、数据库、数据库管理系统、数据库系统是与数据库技术密切相关的基本概念，理解这些基本概念的含义有助于进一步深入学习和掌握数据库管理系统的应用。

1. 数据（Data）

数据是对客观事物属性的一种符号化的表示。从数据处理的角度看，数据是计算机处理及数据库中存储的基本对象。数据的表现形式很多，它们都可以经过数字化后存入计算机。例如，数字、字母、文字、图像、声音等在计算机中都以数据的形式体现。

2. 信息（Information）

信息是经过加工处理并对人类客观行为产生影响的事物属性的表现形式。信息具有实效性、实用性和知识性等特性。

信息与数据是有差别的，任何事物的属性都是通过数据来表示，数据经过加工处理后，便具有了知识性，并对人类活动产生决策作用，从而形成信息；信息与数据是有关系的，信息是数据的内涵，数据是信息的载体。同一条信息可以有不同的数据表示形式，而同一个数据也可以有不同的解释。

3. 数据库（DB）

数据库是数据存储的仓库，是指长期存储在计算机内、有组织、可共享的数据的集合。数据库中的数据按一定的数据模型进行组织、描述和存储，具有较小的冗余度、较高的数据独立性和易扩展性，并可为各种用户所共享。

4. 数据库管理系统（DBMS）

数据库管理系统是数据库系统中对数据进行管理的软件系统，是数据库系统的核心组成部分，它为用户提供一个可以方便、有效地存取数据库信息的环境。数据库管理系统的功能由数据定义、数据库的运行管理、数据库的建立和维护、数据操纵等四个方面组成。

5. 数据库系统（DBS）

数据库系统是采用数据库技术构建的复杂的计算机系统，它是综合了计算机硬件、软件、数据集合和数据库管理人员、遵循数据库规则、向用户和应用程序提供信息服务的集成系统。数据库系统由数据库、软件系统、硬件系统、数据库管理系统、数据库管理员和用户等要素组成。

1.1.2 数据库的发展

数据库技术是由于数据管理任务的需要而产生的，数据管理技术发展至今大致可分为人工管理、文件管理、数据库系统管理等三个阶段。

1. 人工管理阶段

人工管理阶段出现在计算机应用于数据管理的初前期。计算机没有问世之前，文件管理主要是使用纸张等媒介对数据进行管理；计算机问世初期，由于计算机的软、硬件技术不像今天那么先进，用户的应用程序与一组数据直接对应，程序不仅要设计数据处理的方法，还要直接操作数据。在这种管理方式下，用户的应用程序与数据之间相互结合、不可分割，当数据有所变动时程序也必须随之改变，因此，程序与数据的独立性差，程序之间的数据不能互相传递，缺少共享性。

2. 文件管理阶段

文件管理阶段是把有关的数据组织成一种数据文件，数据可以脱离程序独立存在。在这种管理方式下，用户或应用程序通过文件管理系统对数据文件中的数据进行加工处理，应用程序的数据具有一定的独立性，比手工管理方式前进了一步。但是，数据文件仍然高度依赖于其应用程序，不能被多个程序所共享。

3. 数据库管理阶段

随着数据量的不断增大，文件管理方式显然在操作效率和数据共享方面不能满足实际要求，为了解决在海量数据、数据共享和操作效率等方面存在的问题，于是出现了数据库。

数据库管理阶段对所有的数据实行统一的规划管理，所有数据形成一个数据中心，构成一个数据仓库。在这种管理方式下，应用程序不再只与孤立的数据文件相对应，而是能够从整体数据集中取出某个子集作为逻辑文件与应用程序相对应，并通过数据库管理系统实现逻辑文件与物理数据之间的映射。在数据库管理的系统环境下，应用程序对数据的管理和访问灵活方便，数据与应用程序之间相互独立，使得程序的编制质量和效率大大提高，数据的冗余度极大地减少，数据的共享性得到了显著的增强。

1.2　数据模型

数据库管理系统是基于某个数据模型设计出来的，而数据模型是实现现实世界数据特征的模拟和抽象。一个完整的数据模型主要包括数据结构、数据操作和数据完整性约束等三个部分。其中，数据结构用来描述实体之间的构成和联系；数据操作是指对数据库的查询和更新操作；数据完整性约束则是指施加在数据上的限制和规则，目的是使数据库中的数据更具可用性和有效性。

数据模型的设计要满足三方面的要求：一是能够真实地模拟现实世界；二是容易理解；三是能够在计算机上实现。

根据应用目的的不同，数据模型分为两种：一种是信息模型，也称概念模型，它从用户的观点来对数据和信息进行建模，反映了信息从现实世界到信息世界的转化，它不涉及计算机软、硬件的具体细节，只注重于符号表达和用户的理解能力。典型的信息模型有著名的"E-R（实体-联系）"模型。信息模型主要用于数据库设计阶段。另一种是结构数据模型，结构数据模型主要用于 DBMS 的实现，它反映了信息从信息世界到机器世界的转换，描述了计算机中数据的逻辑结构、信息在存储器上的具体组织等。常见的结构数据模型有三种，即层次模型、网状模型和关系模型。

1.2.1　数据处理的抽象描述

人们在研究和处理数据的时候，通常把数据的描述分为三个世界，即现实世界、信息世界、机器世界，这三个世界对信息描述的转换过程，就是将客观现实的信息反映到计算机数据库中的过程。

1. 现实世界

客观存在的世界就是现实世界，它独立于人们的思想之外。现实世界存在无数的对象和事务，每一个对象或事务可以看成是一个个体，每个个体有一项或多项特征信息。例如，把人看成对象时，有身高、体重、年龄、肤色等基本特征。

2. 信息世界

信息世界是现实世界在人们头脑中的反映，人的思维将现实世界中对象或事务的特征抽象化后用文字符号表示出来，就形成了信息世界。描述信息世界的常用术语有：

（1）实体：客观存在的并且可以相互区别的事物称为实体，实体可以是具体的事物，也可以是抽象的事件。例如，一名学生、一台电脑、上课、比赛等。

实体是信息世界的基本单位，相同类型的实体的集合称为实体集。例如，一个班由多位学生实体组成，则这个班集体称为学生实体的实体集。

（2）属性：实体的特性称为属性，一个实体可以有多个属性，每一个属性都有其数据类型和数据的取值范围。例如，学生实体可由学号、姓名、成绩等若干属性来描述。

（3）键：在一个实体集中能唯一标识一个实体的属性称为键。键可以是一个属性，也可以是多个属性的组合。例如，学号、身份证号等能唯一地标识一个学生，它们都是键。

（4）联系：实体之间相互作用、互相制约的关系称为实体集的联系，也称为关联或关联关系。实体之间的关联关系主要有一对一、一对多（多对一）和多对多等三种。

3．机器世界

机器世界又称为数据世界。信息世界中的信息经过抽象和组织，以数据的形式存储在计算机中，从而形成了机器世界。在机器世界中，用于描述数据的基本术语与信息世界中的术语是一一对应的，只是在文字叙述上略有差异。

（1）字段：字段也称数据项，用于标记实体的属性。在一张关系表中，每一列称为一个字段。字段与信息世界的"属性"相对应。例如，在学生信息表中，一个学生就是一个实体，它包含了学号、姓名、性别、年龄等字段。

（2）记录：记录是具有逻辑关系的一个或多个字段的集合。记录与信息世界中的"实体"相对应，一个记录描述了一个实体的基本信息。

（3）关键字：能够唯一标识一条记录的字段称为关键字。关键字与信息世界中的"键"相对应。关键字可以是一个字段，也可以由多个字段组合而成。例如，学生信息表中的学号、身份证号等能唯一地标识一名学生，它们都是关键字。

（4）文件：文件是记录的集合。文件对应于信息世界中的"实体集"。文件的存储形式有很多种，例如，顺序文件、随机文件、索引文件等。

4．三个世界信息描述的对应关系

从现实世界到信息世界再到机器世界，事务被逐层抽象，信息被逻辑化、符号化等处理，表1.1 展示了三种世界之间信息描述的对应关系。

表 1.1　三个世界信息描述的对应关系

现实世界	信息世界	机器世界
特征	属性	字段
唯一特征	键	关键字
事务	实体	记录
	实体集	文件

1.2.2　实体–联系模型

实体-联系模型（简称 E-R 模型）是目前最常用的信息模型，它从用户的观点来对数据和信息进行建模，反映了信息从现实世界到信息世界的转化，它不涉及计算机软、硬件的具体细节，便于分析与理解。

1．E-R 图的基本元素

E-R 模型使用 E-R 图来表达，E-R 图主要由实体、属性、联系和连线等元素符号组成。各元素的表达符号和用途如表 1.2 所示。

2．E-R 图的设计

完整的 E-R 图必须清楚地表达实体、属性和联系三者之间的关系。下面根据常见的关联关系的种类分别介绍 E-R 图的设计方法。

表 1.2　E-R 图的基本元素和用途

名称	符号	符号用途
矩形框	实体	表示实体，框内写实体的名称
椭圆框	属性	表示实体的属性，框内写属性的名称，该属性是实体的非主键
粗边椭圆框	键	表示实体的属性，框内写属性的名称，该属性是实体的主键
线条	——	用于实体、属性、键、联系框之间的连接
菱形框	联系	表示实体间的联系，框内写联系的名称。旁边标上关联关系的类型

（1）一对一关联关系

如果实体集 A 中的每一个实体，在实体集 B 中最多只能有一个实体与之有关系，反之亦然，则称实体集 A 与实体集 B 的关系是一对一的关联关系，记为 1:1。

【例 1-1】使用 E-R 图描述学校和校长两个实体的关联关系。

【案例分析】因为一个学校只有一个校长，而一个校长只在一个学校任职。所以，学校和校长的关系是一对一的关联关系。设学校实体的属性主要有：编号、校名、地址等；校长实体的属性主要有：编号、姓名、职称等。使用 E-R 图描述如图 1-1 所示。

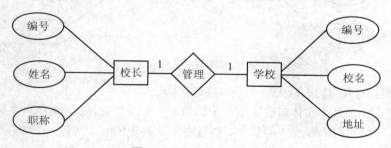

图 1-1　一对一关联关系

（2）一对多或多对一关联关系

如果实体集 A 中的每一个实体，实体集 B 中有 n 个实体（n≥0）与之有关系，则称实体集 A 与实体集 B 是一对多的关联关系，记为 1:n。反之，如果实体集 A 中有 n 个实体（n≥0）与实体集 B 中的一个实体有关系，则称实体集 A 与实体集 B 是多对一的关联关系，记为 n:1。

一对多与多对一的关联关系是同一种关系，只是观察问题的方向不同而已。

【例 1-2】使用 E-R 图描述班级与学生两个实体的关联关系。

【案例分析】因为一个班有多名学生，而每个学生只能是某个班级的成员，所以，班级与学生的关系是一对多的关联关系。设班级实体的主要属性有：编号、班名、教室等；学生实体的主要属性有：编号、姓名、年龄等。使用 E-R 图描述如图 1-2 所示。

（3）多对多关联关系

如果实体集 A 中的每一个实体，实体集 B 中有 n 个实体（n≥0）与之有关系。反之，如果实体集 B 中的每一个实体，实体集 A 中也有 m 个实体（m≥0）与之有关系，则称实体集 A 与实体集 B 是多对多的关联关系，记为 m:n。

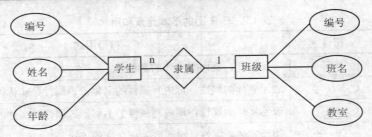

图1-2 一对多或多对一关联关系

【例1-3】使用E-R图描述课程与学生两个实体的关联关系。

【案例分析】因为一门课程同时有若干个学生选修，而一个学生可以同时选修多门课程。所以，课程与学生之间的关系是多对多的关联关系。设课程实体的主要属性有：编号、名称、学分等；学生实体的主要属性有：编号、姓名、年龄等。使用E-R图描述如图1-3所示。

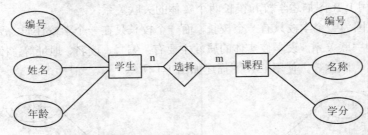

图1-3 多对多关联关系

（4）实体集自身发生的关联关系

如果实体集A中的某个实体与实体集A中的另一个实体产生关系，则称实体集A自身具有一对一的关联关系；如果实体集A中的某个实体与实体集A中的n个实体（n≥0）产生关系，则称实体集A自身具有一对多的关联关系。

【例1-4】使用E-R图描述应用程序中菜单实体的主菜单与子菜单项的关联关系。

【案例分析】在菜单实体集中，主菜单与子菜单都是菜单集的实体，但是，一个主菜单通常有n个（n≥0）子菜单实体与之产生关系，所以，主菜单与子菜单的关系是实体集中自身发生的一对多的关联关系。设菜单实体的属性有：编号、名称、类型、动作、关联等。使用E-R图描述主菜单与子菜单两个实体之间的关联关系时，如图1-4所示。

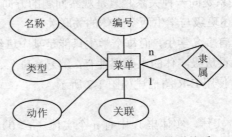

图1-4 自身发生的一对多关联关系

（5）多个实体之间发生的关联关系

如果实体集A与实体集B发生某种关系（如一对多等），而实体集B与实体集C也发生某种关系（如一对多、一对一或多对多等），则多个实体之间可能两两产生关联关系，这是实际应用中常见的综合性关联关系。

【例 1-5】使用 E-R 图描述学生、课程和教师三个实体之间的关联关系。

【案例分析】学生实体和课程实体的关联关系由例 1-3 所述。教师实体与课程实体的关系是一个教师可以授 n 门（n≥0）课程，所以，教师实体与课程实体是一对多的关联关系。设教师实体的主要属性有：编号、姓名、职称等。使用 E-R 图描述学生、课程和教师三个实体之间的关联关系时，如图 1-5 所示。

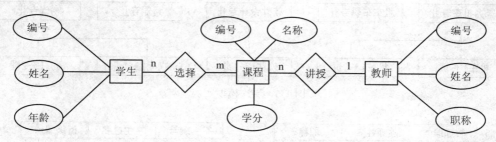

图 1-5　多个实体之间的关联关系

在一个应用系统中，把所有实体间产生的关系利用 E-R 图描述出来并组合成一个总的 E-R 图后，就得到了该应用系统的完整的 E-R 模型图。

设计 E-R 模型时，由于设计人员的经验或见解不同，针对同一个企业的运营模式，不同人员设计的 E-R 模型是有差异的，因此，E-R 图不是唯一的。在实际应用中，当 E-R 图比较庞大时，为了使 E-R 图表达更抽象，可以将属性省略，只保留实体和联系两部分内容。

总之，使用 E-R 图表达的 E-R 模型直观易懂，它是系统开发人员和客户沟通的良好工具。对客户来说，它概括了企业运营的方式和各种联系，对系统开发人员来说，它从概念上描述了一个应用系统数据库的信息组织结构。根据 E-R 图，结合具体的 DBMS 可以设计出相应的数据库管理系统的结构数据模型。因此设计完善、高质量的 E-R 图是数据库设计的一个重要步骤。

1.2.3　结构数据模型

结构数据模型是机器世界的数据模型，常见的结构数据模型有层次模型、网状模型以及关系模型。采用这些模型构建的数据库管理系统分别叫做层次型、网状型以及关系型数据库管理系统。

1．层次模型

以树型结构表示实体之间联系的模型称为层次模型。在这种模型中，数据被组织成由"根"开始的"树"，每个实体由根节点开始沿着不同的分支放在不同的层次上。如果不再向下分支，则分支序列中最后的节点称为"叶"节点。图 1-6 是一个层次模型的实例。

层次模型的主要特征是：有且仅有一个节点无父节点，这个节点称为根节点；除根节点外，每一个节点有且只有一个父节点；父节点与子节点之间是一对多的关联关系；层次模型无法表达多对多的关联关系。

2．网状模型

用网状结构表示实体之间联系的模型称为网状模型。网状模型是层次模型的扩展，网中的每一个节点代表一个实体类型。网状模型突破了层次模型的两点限制：允许节点有多于一个的父节点；

可以有一个以上的节点没有父节点。图 1-7 是一个网状模型的实例。

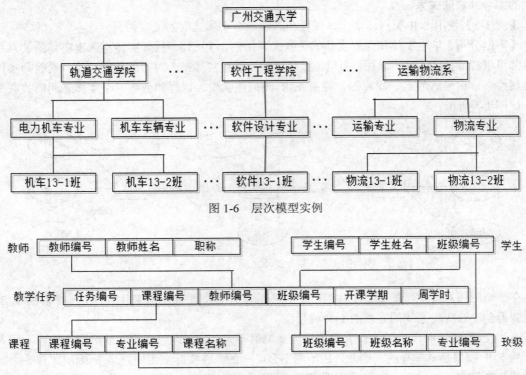

图 1-6　层次模型实例

图 1-7　网状模型实例

网状模型的主要特征是：允许一个以上的节点没有父节点；一个节点可以有多于一个的父节点；节点间是多对多的关系。

3. 关系模型

采用二维表的结构表示实体之间的联系的模型称为关系模型。关系模型以关系数学理论为基础，操作的对象和结果都是二维表，这种二维表与日常生活、工作中所使用的行列表格的概念完全一样，所以，关系模型是目前应用最多、使用最广泛的数据模型。

在关系模型中，无论实体本身还是实体间的联系均用称为"关系"的二维表来表示。表 1.3 列出了学生入学时的概要信息，这是一张典型的二维关系表格，表中各行的数据从层次隶属的角度看是没有关系的，即表中的行数据虽然是平行的，但不代表从属关系。

表 1.3　学生入学概要信息表

学号	姓名	性别	出生日期	入学总分	入学时间	班级关联号 class_id
0101110101	李表华	女	1995-01-01	504	2011-09-01	1
0101110102	陈小东	男	1994-09-24	486	2011-09-01	1
0101120103	李明明	女	1995-11-26	483	2012-09-01	3

关系模型概念清晰、结构简单，用户比较容易理解，具有较好的数据独立性和安全保密性。但是，关系模型也有缺点，其查询效率有时不如层次模型和网状模型。

1.3 关系数据库

关系模型是当今最流行的数据模型，较好地解决了网状模型和层次模型中存在的问题，目前几乎所有流行的数据库管理系统产品如 Oracle、SQL Server、MySQL 等都是基于关系模型的实现。

1.3.1 关系数据库的基本概念

关系数据库是基于关系模型建立的数据库。关系数据库由一个或多个称为"关系"的二维表组成，每个关系又由一条或多条记录组成，而每条记录则由一个或多个称为"字段"的属性组成。在关系数据库中，大部分基本概念与描述信息世界的常用术语相一致。

1. 关系

关系是指一张有规则的、没有重复行或重复列的二维表。一个关系对应于一张二维表，每张二维表（下面常用"关系"简称）有一个表名。

2. 记录

在关系中，水平方向的行称为记录。记录也称为实体或元组（下面常用"记录"简称）。

3. 属性

在关系中，垂直方向的列称为属性。属性在关系中也叫列、栏、字段等（下面常用"字段"简称），每一列有一个属性名，也叫列名、栏名或字段名等（下面常用"字段名"简称）。关系中的字段是有值的，它等于当前被处理的记录所对应的字段值。

4. 域

字段的取值范围称为域。例如，"性别"字段只能取"男"或"女"两者之一。

5. 关联

关联是指关系与关系之间记录数据相互关联的方式。关联也称联系或关联关系（下面常用"关联关系"简称）。关联关系是数据库规范化处理时需要重点解决与优化处理的核心问题之一，主要有一对一、一对多（多对一）、多对多等三种。

6. 关键字

在关系中，能够唯一标识一条记录的字段或多个字段的组合称为关键字。关键字也称为"键"。例如，在表 1.3 中，"学号"能唯一标识一名学生，可以充当关键字；但学生的"姓名"不能拿来充当关键字，因为同一个班级可能出现两个或多个同名同姓的学生。

7. 候选关键字

当关系中存在两个或多个"键"时，称这些"键"为候选关键字或候选键。

8. 主关键字

在关系中，从一个或多个候选关键字中选出一个关键字做主关键字，则这个关键字称为主关键字，也称主键（下面常用"主键"简称）。在一个关系中主键只能有一个。

9. 外部关键字

在关系中，如果存在这样一个字段：一方面，它不是本关系的关键字，另一方面，它的取值来自另一个关系的某个主键，则此字段称为外部关键字，也叫外键。

1.3.2 关系的特点

（1）关系中的字段不可再分，必须是最基本的原子数据项。
（2）关系中每一字段的值的数据类型相同，并且来自同一个域。
（3）字段在关系中的左、右次序是无关的。
（4）记录在关系中的上、下次序是无关的。
（5）同一关系中不允许出现两个相同的记录。
（6）同一关系中不允许出现两个相同的字段。

1.3.3 数据完整性

数据完整性是为保证数据库中关系数据的正确性和相容性，对关系模型提出的约束条件和需要遵守的规则。数据完整性通常包括实体完整性、域完整性和参照完整性。

　1．实体完整性

实体完整性是在关系内部建立的记录与记录之间的约束规则。它通过关系的主键来实现约束，要求关系中主键的值不能为"空"，并保证数据具有唯一性，这样就能确保关系中不会出现重复的记录。实体完整性解决关系内部记录与记录之间数据的约束问题。

　2．域完整性

域完整性是指在关系内部建立的对字段的定义和取值范围进行限制的约束规则。域完整性解决的是字段自身的数据约束问题。

　3．参照完整性

参照完整性是指在关系与关系之间（或在同一个关系的不同记录之间）建立的约束规则。它通过一个关系的外键与另一个关系的主键建立起关联关系来进行关系之间的约束。参照完整性主要用于解决关系与关系之间记录数据的关联约束问题。

1.3.4 关系操作

关系数据库的操作主要有选择、投影和连接三种。数学中的集合运算是关系操作的理论基础。

　1．选择操作

选择操作也叫筛选操作，是指从指定的关系中选择出满足某种条件的记录从而形成一个新的关系的操作。

【例1-6】从"class班级表"（见图1-8）中选择出"2012"年级的班级信息。

如图1-9所示的记录集是从图1-8所示的班级表中选择出来的"2012"年级的班级信息，从结果可知，选择操作的结果是被选择的关系的子集。

　2．投影操作

投影操作是对指定的关系进行字段的投影，它从指定的关系中抽取出某些满足需要的字段列以形成一个新的关系，为此，投影操作可以看成是对某个关系进行列的选择操作。

【例1-7】从"class班级表"中投影出"班级编号、班级名称"两个字段的信息。

如图1-10所示的记录集是从图1-8所示的班级表中投影所得，从结果可知，投影操作的结果是被投影关系的字段的子集。

id	班级编号	班级名称	年级	specialty_id
1	01011101	计算机11-1	2011	1
2	01011102	计算机11-2	2011	1
3	01011201	计算机12-1	2012	1
4	01011202	计算机12-2	2012	1
5	01021101	网络11-1	2011	2
6	01021201	网络12-1	2012	2
7	01031101	多媒体11-1	2011	3
8	01031201	多媒体12-1	2012	3
9	01041101	动漫11-1	2011	4
10	01041201	动漫12-1	2012	4

图 1-8　class 班级表

id	班级编号	班级名称	年级	specialty_id
3	01011201	计算机12-1	2012	1
4	01011202	计算机12-2	2012	1
8	01021201	网络12-1	2012	2
8	01031201	多媒体12-1	2012	3
10	01041201	动漫12-1	2012	4

图 1-9　选择操作

	班级编号	班级名称
1	01011101	计算机11-1
2	01011102	计算机11-2
3	01011201	计算机12-1
4	01011202	计算机12-2
5	01021101	网络11-1
6	01021201	网络12-1
7	01031101	多媒体11-1
8	01031201	多媒体12-1
9	01041101	动漫11-1
10	01041201	动漫12-1

图 1-10　投影操作

3. 连接操作

连接操作是从两个或多个关系的记录中选择出满足某一给定条件的记录作为操作结果。在连接操作中，一般都包含选择操作和投影操作，如果包含选择操作则会改变结果关系的记录条数，如果包含投影操作则会改变结果关系的字段个数。

两个关系进行连接操作后，如果连接操作没有包含投影操作，则结果关系的字段个数是两个关系的字段的并集；如果连接操作没有包含选择操作，则结果关系的记录条数是两个关系记录的笛卡尔乘积。例如，设两个关系的记录数分别为 N 和 M，则笛卡尔乘积的记录数为 N×M。

【例 1-8】通过连接操作从"class 班级表"和"specialty 专业表"中产生"计算机应用技术"专业的班级专业信息：班级编号、班级名称、专业名称。

【案例分析】根据案例的要求，图 1-8 所示的班级表和图 1-11 所示的专业表进行连接操作时，首先要进行关系的连接操作，然后进行选择操作，最后进行投影操作才能得到结果。

id	专业编号	专业名称
1	0101	计算机应用技术
2	0102	计算机网络技术
3	0103	计算机多媒体技术
4	0104	动漫设计与制作

图 1-11　specialty 专业表

操作过程如下：

第一步：两表要根据关联关系的条件，即"class 班级表"的外键"specialty_id"等于"specialty 专业表"的主键"id"，将两表的记录建立起连接关系，结果如图 1-12 所示。

	id	班级编号	班级名称	年级	specialty_id	id	专业编号	专业名称
1	1	01011101	计算机11-1	2011	1	1	0101	计算机应用技术
2	2	01011102	计算机11-2	2011	1	1	0101	计算机应用技术
3	3	01011201	计算机12-1	2012	1	1	0101	计算机应用技术
4	4	01011202	计算机12-2	2012	1	1	0101	计算机应用技术
5	5	01021101	网络11-1	2011	2	2	0102	计算机网络技术
6	6	01021201	网络12-1	2012	2	2	0102	计算机网络技术
7	7	01031101	多媒体11-1	2011	3	3	0103	计算机多媒体技术
8	8	01031201	多媒体12-1	2012	3	3	0103	计算机多媒体技术
9	9	01041101	动漫11-1	2011	4	4	0104	动漫设计与制作
10	1..	01041201	动漫12-1	2012	4	4	0104	动漫设计与制作

图 1-12　关联结果

第二步：从图 1-12 所示的连接结果中进行选择操作，选择的条件是"专业名称"等于"计算机应用技术"，选择的结果如图 1-13 所示。

第三步：从图 1-13 所示的选择结果中进行投影操作，根据案例要求，投影只抽取班级编号、班级名称、专业名称三个字段的信息。投影的结果如图 1-14 所示，这也是案例要求的最终结果。

id	班级编号	班级名称	年级	specialty_id	id	专业编号	专业名称
1	1	01011101	计算机11-1	2011	1	1	0101	计算机应用技术
2	2	01011102	计算机11-2	2011	1	1	0101	计算机应用技术
3	3	01011201	计算机12-1	2012	1	1	0101	计算机应用技术
4	4	01011202	计算机12-2	2012	1	1	0101	计算机应用技术

图 1-13　选择结果

	班级编号	班级名称	专业名称
1	01011101	计算机11-1	计算机应用技术
2	01011102	计算机11-2	计算机应用技术
3	01011201	计算机12-1	计算机应用技术
4	01011202	计算机12-2	计算机应用技术

图 1-14　投影结果

1.4　关系规范化

　　一个数据库常常包含多个关系，为了使数据库中关系的结构更加合理，消除各种操作异常，使数据冗余尽可能地小，便于插入、更新和删除操作，数据库中的关系在设计时一般都要经过规范化处理。关系规范化的目的是使得关系模式中的每个属性都是不可再分的数据项、使关系模式尽可能地满足第三甚至第五范式的基本要求。

1.4.1　关系规范化的必要性

　　下面通过分析表 1.4 的数据结构来理解关系规范化的必要性。表中的数据以学号排序，列出了每位学生的专业、班级、各门课程的授课教师和课程成绩等信息。从学生的角度看，课程的成绩信息比较详尽，但从数据库管理的角度去分析，这个关系却存在诸多问题。

表 1.4　综合信息表

学号	姓名	性别	专业	教师编号	教师姓名	职称	课程编号	课程名称	成绩
0101	张晓青	女	软件(JAVA)	0001	李光策	讲师	J001	软件工程	90
0101	张晓青	女	软件(JAVA)	0002	孙静祥	教授	J002	数据结构	86
0102	王天明	男	软件(JAVA)	0001	李光策	讲师	J001	软件工程	90
0102	王天明	男	软件(JAVA)	0002	孙静祥	教授	J002	数据结构	76

　　1. 存在非原子属性

　　首先，关系表中的"专业"属性不是"原子"元素，还可以继续分解成"专业名称"和"专业方向"两个属性。

　　2. 存在大量的数据冗余

　　例如，关系中每个教师有教师编号、教师姓名、职称三个数据项，如果一个班有 50 个学生，则每门课程的教师信息将有 50 份相同的数据，存在大量的数据冗余。

　　3. 容易造成插入、修改和删除异常

　　从关系中插入、修改和删除数据时，只要数据满足"域"完整性规则，操作就不会产生异常，但容易造成数据不一致。例如，修改某位教师的"职称"数据时，可能会漏改或错改了其他行该教师的职称数据。如果深入分析，该关系还容易产生插入、修改和删除等操作异常。

　　提示：限于篇幅，关于操作异常这里不作深入探讨，有兴趣的读者可参考数据库设计原理方面的资料或书籍。

　　通过上述分析，可以确认表 1.4 是一个不好的关系。一个好的关系，不应存在非原子属性、不应发生插入异常或删除异常、应该尽可能地避免出现修改异常、冗余数据必须尽可能地减少。如何解决这些问题？这正是关系规范化要解决的问题。

关系设计主要包括函数依赖、关系范式和模式设计等三方面的内容，其中，函数依赖起着核心作用，下面作简要介绍。

1.4.2 函数依赖关系

关系的规范化主要是处理关系中的属性对其他某个或某些属性数据的依赖程度，这些依赖条件主要是函数依赖条件。在概念上，函数依赖是指一个或一组属性的取值可以决定其他属性的取值。

常见的函数依赖有完全函数依赖、部分函数依赖、传递函数依赖三种。

在介绍函数的依赖关系之前，下面给出关系的另一种表示方法，即"关系模式"法：

格式：关系名（属性名[, ...n]）

例如：上述图 1-11 所示"专业表"使用关系模式可表示为：

专业（id，专业编号，专业名称）

1. 函数依赖定义

设 R 是关系模式中的一个关系，X、Y 是 R 的属性子集。如果 X 的值确定后，属性集 Y 的值也同时被确定，则称 X 函数决定 Y，也就是说 Y 函数依赖于 X，记为：$X \rightarrow Y$；如果可逆则为互相依赖，记为：$X \leftrightarrow Y$；如果不存在函数依赖，则记为：$X! \rightarrow Y$。

例如，设有关系"学生（学号，姓名，性别）"，则属性"姓名，性别"都函数依赖于"学号"，即有"学号→姓名，学号→性别"，换句话说，"学号"可以决定"姓名，性别"等属性的取值。

2. 完全函数依赖

如果 Y 属性集依赖于 X，而不依赖于 X 的任何一个真子集，则称 Y 完全函数依赖于 X，记为：$X \xrightarrow{f} Y$。

例如，设有关系"成绩（学号，课程号，成绩）"，因为"学号"或"课程号"均不能单独确定一个学生某门课程的成绩，只有两者联合起来才能确定，所以"（学号，课程号）$\xrightarrow{f}$ 成绩"是完全函数依赖。

关系模式中，如果仅存在一个主键，则非主属性（不属于主键属性集中的属性）都完全函数依赖于主键。

3. 部分函数依赖

设 X'是 X 的某一个特定的子集，如果 X→Y，X'→Y，则称 Y 部分函数依赖于 X，记为：$X \xrightarrow{p} Y$。

例如，设有关系"学生（学号，姓名，性别，班级编号，班级名称）"，因为有（学号，班级编号）→班级名称，班级编号→班级名称，所以"（学号，班级编号）$\xrightarrow{p}$ 班级名称"是部分函数依赖。

关系模式中存在部分函数依赖是因为某些属性既完全函数依赖于组合键，又完全函数依赖于组合键中的某个键。

4. 传递函数依赖

如果 X→Y，而且 Y→Z，但 Y!→X，即 Y 不完全函数依赖（部分函数依赖）于 X，则称 Z 传递函数依赖于 X，记为：$X \xrightarrow{t} Z$。

例如，设有关系"教学（课程号，教师号，教师电话）"，因为有"课程号→教师号，教师号→教师电话，教师号!→课程号"，所以"课程号 $\xrightarrow{t}$ 教师电话"是传递函数依赖。

关系模式中如果存在两类或两类以上不同性质的属性集，则关系模式必然存在传递函数依赖。

1.4.3 关系规范化处理

根据一个关系满足数据依赖程度的不同，关系可规范化为第一范式（1NF）、第二范式（2NF）、第三范式（3NF）、……、第五范式（5NF）等。实际应用时，通常只规范化到第三范式即能满足基本要求。

1. 第一范式（1NF）

定义：如果关系模式中的每个属性都是不可分解的基本数据项（简称原子属性），则称这个关系是满足第一范式的关系。第一范式是最低级别的范式。

【例1-9】将表1.4中的关系规范化以满足第一范式的要求。

【案例分析】因为，"专业"属性包含了"专业方向"，所以该关系不满足第一范式的要求，如果将"专业"属性分解为"专业名称、专业方向"两个属性，就满足了第一范式的要求。为便于后面的第二、第三范式的规范化，表1.4改用关系模式表示如下：

综合信息表（学号，姓名，性别，专业名称，专业方向，教师编号，教师姓名，职称，课程编号，课程名称，成绩）

从关系模式可以看出，尽管关系满足第一范式的要求，但没有解决数据冗余量大以及操作异常等问题，所以，需要引入第二、第三范式的处理。

2. 第二范式（2NF）

定义：如果关系模式中的所有非主属性都完全函数依赖于任意的候选键，则称这个关系是满足第二范式的关系。第二范式要求关系在满足第一范式的基础上，去除那些部分函数依赖于主键的非主属性，使得关系的所有非主属性都完全函数依赖于主键。

如果关系中出现非主属性对主键的部分函数依赖，则关系就不满足第二范式，所以，规范化处理时，须从消除非主属性对主键属性的部分函数依赖入手。规范化的方法是，对关系进行"投影"处理，将关系模式分解为两个或多个新的关系模式。

【例1-10】将例1-9得到的关系模式规范化以满足第二范式的要求。

【案例分析】分析"综合信息表"关系模式，因为有"（学号，教师编号）→（教师姓名、职称）"，"教师编号→（教师姓名，职称）"，所以，存在部分函数依赖；类似的，关系模式中还存在专业、课程等信息的部分函数依赖，所以关系模式不满足第二范式的要求。

根据消除部分函数依赖的操作，原有关系可拆分成四个关系：

（1）学生（学号，姓名，性别，专业名称，专业方向）。

（2）教师（教师编号，教师姓名，职称）。

（3）课程（课程编号，课程名称）。

（4）成绩（学号，课程编号，教师编号，成绩）。

关系模式分解后，消除了部分函数依赖，达到了第二范式的要求，但是，有些新的关系模式仍然因为存在"传递函数依赖"而导致操作异常，所以，还要继续进行第三范式的规范化处理。

3. 第三范式（3NF）

定义：如果关系模式中的所有非主属性对任何候选键都不存在传递依赖，则称这个关系是满足第三范式的关系。第三范式要求关系在满足第二范式的基本上，除去所有传递函数依赖于主键的非主属性。

【例1-11】将例1-10得到的关系模式规范化以满足第三范式的要求。

【案例分析】因为满足第三范式的关系模式一定满足第二范式的要求，所以第三范式的规范化处理可以从第二范式的规范化结果开始。分析"学生（学号，姓名，性别，专业名称，专业方向）"关系模式，因为"学号→专业名称，专业名称!→学号，专业名称→专业方向"，所以，"学号 ——^{t}→ 专业方向"出现传递函数依赖。这时，仍然需要将关系再次分解以消去传递函数依赖。

根据第三范式的要求，上述"学生"关系模式可进一步分解为如下三个关系模式：

（1）学生（学号，姓名，性别，方向编号）。

（2）方向（方向编号，方向名称，专业编号）。

（3）专业（专业编号，专业名称）。

至此，"综合信息表"关系模式规范化完毕，得到六个满足第三范式要求的关系模式：

（1）学生（学号，姓名，性别，方向编号）。

（2）方向（方向编号，方向名称，专业编号）。

（3）专业（专业编号，专业名称）。

（4）教师（教师编号，教师姓名，职称）。

（5）课程（课程编号，课程名称）。

（6）成绩（学号，课程编号，教师编号，成绩）。

关系规范化还可以进行到第四、第五等范式，但不是规范化程度越高越好，因为关系规范化会带来其他一些问题，例如，规范化程度越高，关系模式的表现力就越差、数据操纵就会越复杂、操纵的代价就会越高等。因此，有时出于考虑编程效率等方面的原因，关系模式会人为地加入一些其他属性，使关系只满足第二范式的要求。

小结

（1）数据模型分为两种，一是信息模型，二是结构数据模型。常见的结构数据模型有层次模型、网状模型和关系模型三种。一个完整的数据模型通常包括数据结构、数据操作和数据完整性约束等三个部分。当前流行的关系数据库管理系统都是关系模型的具体实现。

（2）E-R 模型是目前最常用的信息模型，它从用户的观点来对数据和信息进行建模。由于系统分析人员的经验或见解不同，同一个企业运营模式，不同人员设计出来的 E-R 模型有所差异，因此，E-R 模型设计不是唯一的。

（3）关系数据库的操作主要有选择、投影和连接三种。其中，选择操作用于从关系中选择满足条件的记录行；投影操作用于从关系中选择满足需要的列；连接操作可以将两个或多个表进行拼接，它通常包含选择和投影两种操作。

（4）关系规范化时，第一范式的规范化使得关系模式中的每个属性都是不可分解的基本数据项；第二范式的规范化是去除那些部分函数依赖于主键的非主属性，使得关系模式中的所有非主属性都完全函数依赖于主键；第三范式的规范化是除去关系模式中那些传递函数依赖于主键的非主属性。

练习一

一、选择题

1. 一个完整的数据模型主要包括（　　　）三部分。
   A. 现实世界、信息世界和机器世界　　B. 表结构、记录和字段
   C. 数据结构、数据操作和完整性约束　D. 数据库、表和记录

2. E-R 模型属于（　　　）。
   A. 信息模型　　　　　　　　　　　B. 层次模型
   C. 关系模型　　　　　　　　　　　D. 网状模型

3. 用二维表来表示实体之间联系的模型称为（　　　）。
   A. 关系模型　　　　　　　　　　　B. 层次模型
   C. 网状模型　　　　　　　　　　　D. 运算模型

4. 关系模型（　　　）。
   A. 只能表示实体间一对一联系　　　B. 只能表示实体间一对多联系
   C. 不能表示实体间多对多联系　　　D. 可表示实体间的任意联系方式

5. 关系数据库的关系操作主要有三种，它们是（　　　）操作。
   A. 选择、投影、运算　　　　　　　B. 选择、运算、连接
   C. 选择、投影、连接　　　　　　　D. 投影、运算、连接

6. 关系模型具有某些特点，下面（　　　）说法是不对的。
   A. 表中不允许有重复的字段名　　　B. 表中每一列数据的类型必须相同
   C. 表中允许有相同的记录内容　　　D. 表中行、列次序可以任意排列

7. 数据完整性是指（　　　）。
   A. 实体完整性、域完整性、参照完整性
   B. 字段完整性、数据范围完整性、表间关系完整性
   C. 数据类型一致、数据范围一致、数据精度一致
   D. 数据不能有缺陷

8. 在数据库的有关概念当中，数据库（DB）、数据库系统（DBS）、数据库管理系统（DBMS）三者之间的关系是（　　　）。
   A. DBS 包括 DB 和 DBMS　　　　B. DB 包括 DBS 和 DBMS
   C. DBMS 包括 DB 和 DBS　　　　D. DBS 也是 DB 或 DBMS

二、填空题

1. 一个完整的数据模型包括数据结构、_____和数据完整性约束三个部分。
2. 常见的结构数据模型有三种，即层次模型、网状模型和_____。
3. 关键字也称为"键"，在关系表中，能够_____记录的字段或多个字段的组合称为关键字。
4. 数据完整性通常包括_____、_____和参照完整性。
5. 关系数据库的操作主要有选择、_____和_____三种。

6. 常见的函数依赖有完全函数依赖、_____、传递函数依赖三种。

三、设计题

1. 请使用关系规范化技术对如下"订单信息表"进行规范化处理，要求规范化后的关系模式能满足第三范式（3NF）的要求。

订单号	销售员	部门	订货量	订货日期	交货日期	客户	客户电话	货品名称	售价	成本价	供货商
8001	张明	销售部	20	2008-01-11	2008-03-21	王虹	136…	电脑（P4）	5100	4500	联想
8002	李洪	生产部	10	2009-01-01	2009-03-01	李明	159…	打印机	4300	4000	爱普新
8003	王名利	销售部	5	2009-02-01	2009-05-01	张字	133…	显示器	2300	1900	三星
8004	李洪	生产部	20	2009-04-11	2009-05-20	王虹	136…	电脑（P5）	5100	4500	联想司
8005	张明	销售部	10	2009-05-10	2009-05-25	张字	133…	显示器	2300	1900	三星

2. 根据你对"行包托运"业务的了解情况，使用 E-R 图技术为从事行包托运的企业设计一个"行包托运管理系统"的信息模型，然后将 E-R 模型转化为关系模式表示。

2

SQL Server 2008 的安装与配置

本章导读

当前流行的关系型数据库管理系统主要有 Oracle、SQL Server 以及 MySQL 等产品。本书选择功能强大、应用广泛、易学易用的微软公司的 SQL Server 2008 数据库管理系统平台为介绍对象，本章重点介绍 SQL Server 2008 产品的安装和配置方法。

安装与配置数据库是学习数据库应用技术技能的第一站，也是后续各章学习的平台，因此，读者在学习过程中必须按操作步骤和要求亲自动手操作才能掌握或解决安装过程中出现的各种异常问题。

本章要点

- SQL Server 2008 的版本特点
- SQL Server 2008 的服务器组件和管理工具
- SQL Server 2008 的安装环境
- SQL Server 2008 的安装与配置
- SQL Server 2008 的登录方法

2.1 SQL Server 2008 概述

2.1.1 SQL Server 2008 的发展概况

SQL Server 是一个关系数据库管理系统，最初由 Microsoft、Sybase、Ashton-Tate 三家公司共同开发，1988 年推出第一个 OS/2 版本，在 Windows NT 推出后，Microsoft 公司将其移植到 Windows NT。从 2000 年至今，Microsoft 公司共发布了 SQL Server 2000、SQL Server 2005、SQL Server 2008 和 SQL Server 2012 等重要版本，其中，SQL Server 2008 是当今使用最广泛、最成熟的产品。

2.1.2　SQL Server 2008 的特性

SQL Server 2008 与之前的版本比较包含了许多新特性和关键的改进，使之成为至今为止功能最强大、最全面的 SQL Server 版本。其主要特点有：

（1）可信任的

SQL Server 2008 使企业可以依照很高的安全性、可靠性和可扩展性来运行应用程序。

（2）高效的

SQL Server 2008 使企业可以降低开发和管理数据基础设施的时间和成本，使得开发人员可以开发强大的下一代数据库应用程序。

（3）智能的

SQL Server 2008 提供了一个全面的平台，当用户需要时能为其提供智能化信息。

2.1.3　SQL Server 2008 的版本

SQL Server 2008 提供了多种版本以满足不同用户的要求，其特点如表 2.1 所示。

表 2.1　SQL Server 2008 版本

版本	特点
企业版（Enterprise）	企业版是一个全面的数据管理和业务智能平台，提供大型企业进行联机事务处理（OLTP）、高度复杂的数据分析、数据仓库系统和网站所需的高性能支持
标准版（Standard）	标准版提供电子商务、数据仓库和解决方案所需的基本功能。适用于中小型企业的数据管理和分析
开发版（Developer）	开发版包括了企业版功能，它使开发人员可以建立与测试基于 SQL Server 的应用程序，是独立软件供应商（ISV）、咨询人员、系统集成商、解决方案供应商以及创建和测试应用程序的企业开发人员的理想选择
工作组版（Workgroup）	工作组版是运行分支位置数据库的理想选择，它提供一个可靠的数据管理和报告平台，其中包括安全的远程同步和管理功能
Web 版（Web）	Web 版是针对 Windows 服务器、面向 Web 服务的环境而设计。Web 版为实现低成本、大规模、高可用性的 Web 应用或客户托管解决方案提供了必要的工具
速成版（Express）	速成版也称精简版和简易版，免费提供，是学习和构建桌面及小型服务器应用程序的理想选择，也是独立软件供应商、非专业开发人员和热衷于构建客户端应用程序的人员的最佳选择。但是，使用有所限制
Compact 3.x 版（嵌入版）	Compact 3.x 免费提供，是生成各种基于 Windows 平台的移动设备、桌面和 Web 客户端的独立和偶尔连接的应用程序的嵌入式数据库理想选择

提示：企业版、标准版之外的其他版本是针对特定的群体设计的，统称为专业版。

2.1.4　SQL Server 2008 的服务器组件

SQL Server 2008 以组件的方式提供各项功能和服务，它主要由四个服务器组件组成：

（1）SQL Server 数据库引擎

SQL Server 数据库引擎包括数据库引擎、全文搜索以及用于管理关系数据的工具等。

（2）Analysis Services 组件

本组件主要包括用于创建和管理联机分析处理以及数据挖掘应用程序的工具。

（3）Reporting Services 组件

本组件主要包括用于创建、管理和部署表格报表、图形报表以及自由格式报表等组件。

（4）Integration Services 组件

本组件是一组图形工具和可编程对象，主要用于移动、复制和转换数据等应用领域。

2.1.5 SQL Server 2008 的管理工具

SQL Server 2008 通过各种操作简便的工具为应用开发人员、数据库管理人员等用户提供使用 SQL Server 2008 的环境。各种管理工具的功能如表 2.2 所示。

表 2.2 SQL Server 2008 管理工具

管理工具	功能
SQL Server Management Studio（SSMS）	SSMS 是一个集成环境,用于访问、配置、管理和开发 SQL Server 的组件。SSMS 使得各种技术水平的开发人员和管理员都能使用 SQL Server
SQL Server 配置管理器	SQL Server 配置管理器为 SQL Server 服务、服务器协议、客户端协议和客户端别名提供基本配置管理
SQL Server Profiler（SSP）	SSP 使用图形用户界面监视数据库引擎或 Analysis Services 实例
数据库引擎优化顾问	用于分析在一个或多个数据库中运行的工作负荷的性能效果
Business Intelligence Development Studio	Business Intelligence Development Studio 是 Analysis Services、Reporting Services 和 Integration Services 解决方案的 IDE
连接组件	安装用于客户端和服务器之间通信的组件，以及用于 DB-Library、ODBC 和 OLE DB 的网络库

2.1.6 SQL Server 2008 的安装环境

1．硬件要求

在安装 SQL Server 2008 之前，首先需要检查计算机系统的软、硬件配置是否符合要求，然后才能进入安装阶段。硬件配置主要从处理器、内存、硬盘等主要设备的要求去检查。

（1）处理器

要正常安装和使用 SQL Server 2008，建议使用 2.0GHz 或更快的处理器。

（2）内存

SQL Server 2008 需要的内存数量最少为 512MB，为了获得数据处理的最高效率，内存越大越好，推荐使用大于 2GB 以上的内存。同时建议使用专用的服务器。

（3）硬盘

SQL Server 2008 对硬盘的速度要求不高，但越快越好，且剩余空间不要少于 4GB。

2．软件要求

安装 SQL Server 2008 时，首先要检查 Windows 操作系统的版本，不同版本的 SQL Server 2008 对 Windows 操作系统的版本要求有所不同。

（1）企业版：只能安装到服务器版的操作系统，如 Windows Server 2008。

（2）标准版：可以安装到个人版或服务器版的操作系统中，如 Windows 7/8 等。

提示：64 位的 SQL Server 版本是针对 64 位的 Windows 操作系统设计的，32 位的 SQL Server 版本是针对 32 位的 Windows 操作系统设计的，安装时，版本要求要一致。但是，64 位的 Windows 操作系统如果安装了"WOW64"支持软件，则 32 位的 SQL Server 版本也能安装在 64 位的 Windows 操作系统下运行，反之则不允许。

（3）其他版本除了注意 32 位或 64 位的差别之外，安装环境的要求或限制条件没那么严格，详细的需求情况请参考联机帮助文档"http://msdn.microsoft.com/zh-cn/"。

（4）SQL Server 2008 安装时，还需要以下组件支持：.NET Framework 3.5 SP1；SQL Server Native Client；SQL Server 安装程序支持文件；Microsoft Windows Installer 4.5 或更高版本；IE 6 SP1 或更高版本等。

2.1.7　SQL Server 2008 实例

SQL Server 2008 以实例为容器装载数据库，在安装 SQL Server 2008 时，需要用户设置实例名称。SQL Server 的实例也称为 SQL 服务器引擎，每个实例有自己的一套不为其他实例共享的系统资源信息和用户数据库。SQL Server 2008 提供两种类型的数据库引擎，即默认实例和命名实例，并支持在同一台计算机上同时运行多个数据库引擎。

1．默认实例

默认实例与 SQL Server 早期版本的数据库引擎相同。默认实例仅由运行该实例的计算机的名称唯一标识，它没有单独的实例名。一台计算机上只能安装一个默认实例，默认实例可以由 SQL Server 的任何版本创建。

安装 SQL Server 2008 的计算机名称可以被修改，计算机名称修改后，对 SQL Server 实例没有影响，它将随计算机名的改变而改变，即默认实例的名称始终与计算机名相同。

2．命名实例

除默认实例外，SQL Server 2008 还可以安装命名实例，命名实例的名称在安装该实例时由用户自定义。

对于默认实例，实例启动后的服务名为"MSSQLServer"，代理服务名为"SQL Server Agent"；对于命名实例，实例启动后的服务名用"MSSQL$实例名"、代理服务名用"SQLAgent$实例名"表示，其中，"实例名"由用户创建实例时自定义。

3．使用实例

对于默认实例，只要应用程序在请求连接 SQL Server 时指定了计算机名，则 SQL Server 客户端组件将尝试连接到该计算机的默认实例；对于命名实例，应用程序必须提供准备连接的计算机名称和命名实例的名称才能建立连接。

如果一台计算机安装了多个实例，则每个实例都有各自唯一的一套组件，主要内容有：系统数据库、用户创建的数据库、SQL Server 和 SQL Server 代理服务、与 SQL Server 和 SQL Server 代理服务相关联的注册表键、使应用程序能连接特定实例的网络连接地址等。

2.2　SQL Server 2008 安装

安装 SQL Server 2008 之前，先检查计算机的软硬件环境是否满足要求，然后到微软官方网站

"http://msdn.microsoft.com/zh-cn/" 下载免费试用 180 天的"SQL Server 2008 Enterprise Evaluation"安装软件包，并对软件包解压缩。

2.2.1 安装默认实例

（1）首次安装 SQL Server 2008 时，先安装"默认实例"。双击"SETUP.EXE"程序图标开始安装，进入"SQL Server 安装中心"窗口，从窗口左侧选择"安装"选项，进入安装任务的选择，如图 2-1 所示。

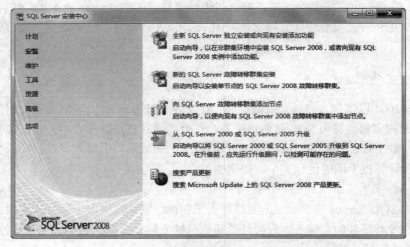

图 2-1　安装中心

（2）在"SQL Server 安装中心"窗口单击"全新 SQL Server 独立安装或向现有安装添加功能"选项，启动安装检查，进入"安装程序支持规则"窗口，检查状态栏的结果，如图 2-2 所示。如果某项规则不能通过，则该项在"状态"栏显示"失败"信息，这时需要重启计算机，然后重新安装。

规则	状态
最低操作系统版本	已通过
安装程序管理员	已通过
重新启动计算机	已通过
Windows Management Instrumentation (WMI)服务	已通过
针对 SQL Server 注册表项的一致性验证	已通过
SQL Server 安装媒体上文件的长路径名	已通过

图 2-2　安装程序支持规则

（3）单击"确定"按钮，进入输入产品密钥窗口，如图 2-3 所示，如果拥有产品密钥，则单击"输入产品密钥"单选按钮，在密钥输入框输入正确的产品密钥；如果没有产品密钥，则单击"指定可用版本"单选按钮，在列表中选择"Enterprise Evaluation"，该版本可免费试用 180 天。单击"下一步"按钮进入"许可条款"窗口。

（4）在"许可条款"窗口中阅读许可条款，如果接受许可条款，勾选"我接受许可条款"复选框，单击"下一步"按钮，进入"安装程序支持文件"窗口。

（5）在"安装程序支持文件"窗口中单击"安装"按钮，开始安装"安装程序支持文件"。安装完成后显示"安装程序支持规则"窗口，在该窗口的列表中如果存在某个程序支持文件安装失败，则在"状态"一列显示"失败"提示信息，否则显示"已通过"。如果存在一个或多个支持文件安装"失败"，需重启计算机，然后重新开始安装。单击"下一步"按钮，进入"功能选择"窗口，如图 2-4 所示。

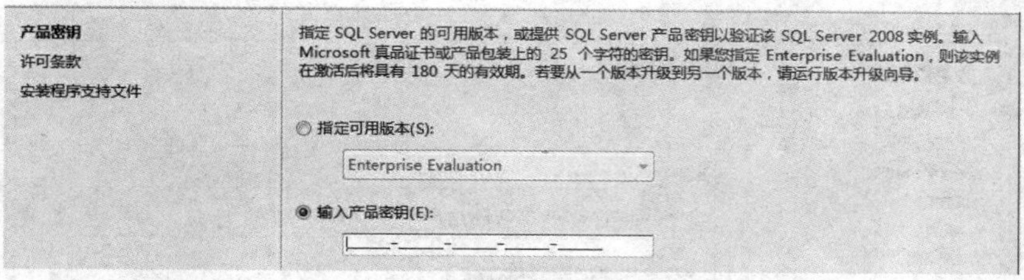

图 2-3　产品密钥

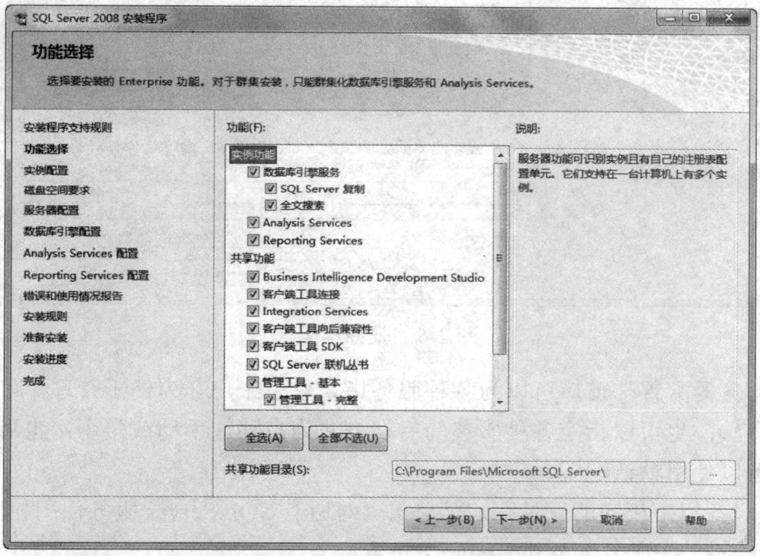

图 2-4　功能选择

（6）在"功能选择"窗口选择要安装的功能项，并通过单击"…"按钮选择程序要安装的目录位置。然后单击"下一步"按钮，进入"实例配置"窗口，如图 2-5 所示。

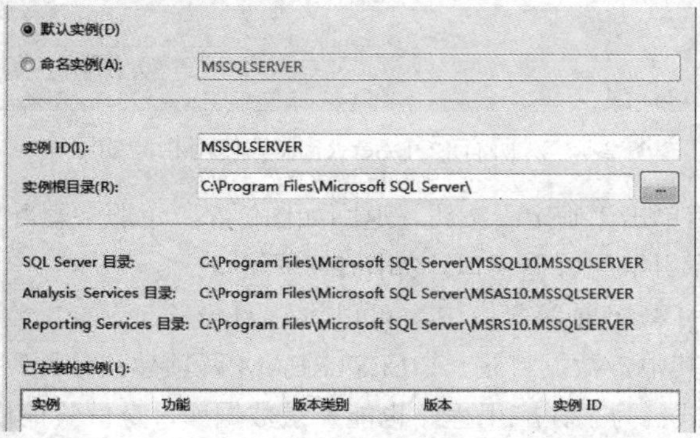

图 2-5　实例配置

（7）首次安装时，选择安装"默认实例"。单击"..."按钮，选择实例文件的安装目录位置，建议使用默认目录。单击"下一步"按钮，进入"磁盘空间要求"窗口。

（8）在"磁盘空间要求"窗口不需做任何设置，单击"下一步"按钮，进入"服务器配置"窗口，如图 2-6 所示。

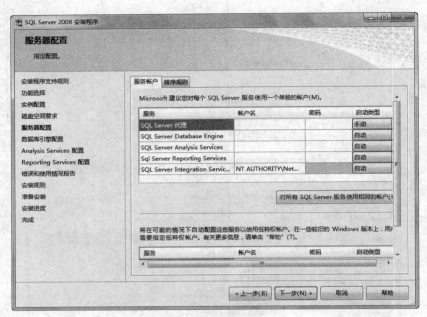

图 2-6　服务器配置

（9）在"服务器配置"窗口可以为各种服务指定登录账户（为便于管理，可以为各种服务配置相同的登录账户）；也可以指定各种服务的启动方式为自动、手动或禁用；也可以配置"排序规则"，排序规则可以使用默认配置。

如果为各种服务指定相同的登录账户，单击"对所有 SQL Server 服务使用相同的账户"按钮，进入如图 2-7 所示的"账户名"及其"密码"设置。

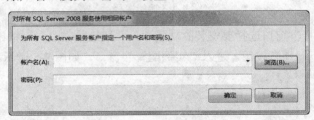

图 2-7　对所有 SQL Server 服务使用相同的账户

账户名及密码输入后单击"确定"按钮，返回如图 2-6 所示服务器配置操作界面。单击"下一步"按钮，进入"数据库引擎配置"窗口，如图 2-8 所示。

（10）在"数据库引擎配置"窗口中，可以设置身份验证模式，管理员账户、数据目录、FILESTREAM 等内容。其中，数据目录、FILESTREAM 两项建议使用默认值。

1）设置身份验证模式：为了让应用程序也能登录数据库，身份验证模式选择"混合模式"，并为"内置的 SQL Server 系统管理员账户（即"sa"账户）"设置一个强密码。

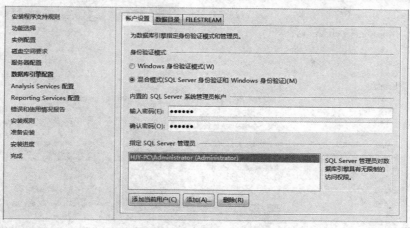

图 2-8　数据库引擎配置

2）指定 SQL Server 管理员：使用"添加当前用户"或"添加"按钮指定至少一个 SQL Server 管理员账户，也可以通过"删除"按钮删除列表中的管理员账户。单击"下一步"按钮，进入"Analysis Services 配置"窗口，如图 2-9 所示。

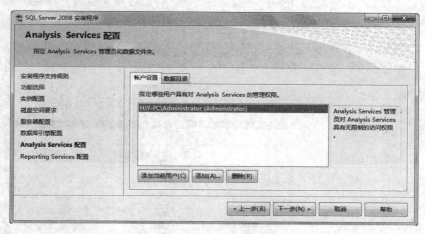

图 2-9　Analysis Services 配置

（11）在"Analysis Services 配置"窗口的"账户设置"选项卡设置拥有 Analysis Services 管理员权限的账户。使用"添加当前用户"或"添加"按钮为 Analysis Services 指定至少一个管理员账户，也可以通过"删除"按钮删除列表中的某个管理员账户。

单击"下一步"按钮，进入"Reporting Services 配置"窗口，如图 2-10 所示。

（12）在"Reporting Services 配置"窗口指定要创建的 Reporting Services 的安装类型，选择"安装本机模式默认配置"项。单击"下一步"按钮，进入"错误和使用情况报告"窗口。

（13）在"错误和使用情况报告"窗口中可以选择是否将错误报告或使用情况发送给微软公司以帮助解决问题或改善 SQL Server 2008 的使用。单击"下一步"按钮，进入"安装规则"窗口。

（14）在"安装规则"窗口列出了上述各步配置的检查情况，如果在"状态"一列某行显示"失败"，需重启计算机，然后重新开始安装，否则，安装设置基本完成。

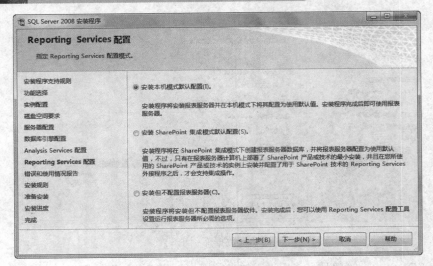

图 2-10 Reporting Services 配置

单击"下一步"按钮，进入"准备安装"窗口。在"准备安装"窗口中单击"安装"按钮，开始安装。安装过程将显示安装进度条，当进度条充满时，弹出各项功能的"安装进度"窗口，如图 2-11 所示。

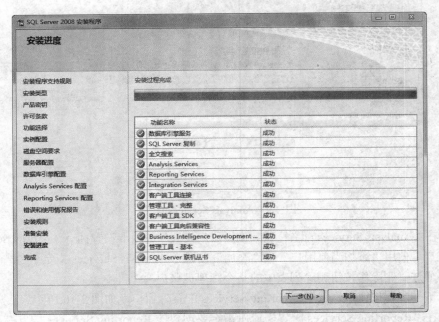

图 2-11 "安装进度"窗口

提示：如果在"状态"栏出现"数据库引擎服务"等关键项安装失败，则必须卸载 SQL Server 2008、清净注册表、核查 SQL Server 2008 版本的软、硬件需求，然后再重新安装。

（15）在图 2-11 的"安装进度"窗口中，如果"状态"列显示都是"成功"，表示 SQL Server 2008 已成功安装。单击"下一步"按钮，显示"完成"窗口。

（16）在"完成"窗口可以通过链接查看安装摘要日志文件的内容。如果是重要的数据库服务器安装，应该将安装日志内容另行备案。

（17）单击"关闭"按钮，完成 SQL Server 2008 默认实例的全部安装。安装完成后，建议马上重启计算机，计算机重启后可以继续安装"命名实例"，也可以对默认实例进行常规配置。

2.2.2 安装命名实例

有了默认实例，通过简单的配置，SQL Server 2008 就可以创建与维护数据库了，但是，有时出于某种需要，可能在一台计算机上需要安装多个实例。默认实例之外的实例都称为命名实例，命名实例的安装步骤与默认实例的安装步骤基本类同，不同之处是在图 2-5 的"实例配置"窗口中需要输入自定义的实例名称以及实例文件的存放位置等，设置如下：

（1）选择"命名实例"单选按钮，在右边的编辑框输入命名实例的自定义名称。

（2）在"实例 ID"编辑框输入命名实例的自定义 ID 名称。在多个实例中 ID 要唯一。

（3）在"实例根目录"编辑框输入命名实例的安装位置，也可以通过"…"按钮选择安装目录，但要注意，不同的实例不能使用相同的目录位置。

2.3 SQL Server 2008 配置

SQL Server 2008 安装结束后，需要进一步配置才能使用，常规的配置主要有 TCP/IP 协议配置、远程登录配置和"sa"管理员登录账户配置等，其他更多的配置（例如用户权限配置等）内容将在第 15 章"安全管理"中详细介绍。

2.3.1 SQL Server 网络配置

SQL Server 2008 数据库管理系统对实例操作时主要使用 TCP/IP 协议进行通信，所以，系统安装成功后，还要配置 TCP/IP 协议参数。操作过程如下。

1．进入 SQL Server 配置管理器

单击"开始"→单击"所有程序"→单击"Microsoft SQL Server 2008"→单击"配置工具"→单击"SQL Server 配置管理器"菜单项命令，弹出图 2-12 所示的 SQL Server 配置管理器窗口。

图 2-12　SQL Server 配置管理器

2．启用"实例"的 TCP/IP 协议

SQL Server 2008 安装后，TCP/IP 协议默认是"已禁用"的，必须把它设置为"已启用"状态。

展开窗口左边的"SQL Server 网络配置"显示出所有实例的协议项，单击默认实例"SQLEXPRESS 的协议"项，窗口的右边显示出该实例的协议状态，如图 2-13 所示。

图 2-13　TCP/IP 协议状态

右击"TCP/IP"项，弹出快捷菜单，如图 2-14 所示，单击"启用"菜单项，弹出"警告"窗口提示需要重新启动该实例的服务协议才能生效，如图 2-15 所示。

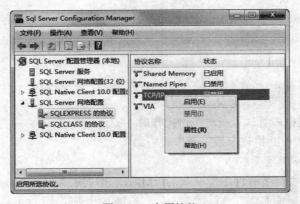

图 2-14　启用协议

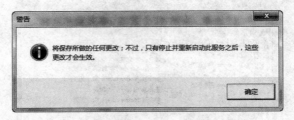

图 2-15　重启警告

3．配置 TCP/IP 协议属性

配置 TCP/IP 协议的属性主要是设置 TCP 端口号和端口的状态。SQL Server 默认使用的端口号为"1433"。在图 2-14 所示的窗口中，单击快捷菜单的"属性"项，在属性对话框中单击"IP 地址"选项卡，其中列出了各个 IP 地址的配置情况，通过滚动条找到本机的 IP 地址项，如图 2-16 所示，这时，将 TCP 端口设置为"1433"，将"活动"和"已启用"项设置为"是"。

继续向下拉动滚动条，找到本机的"IPALL"地址项，如图 2-17 所示，将 TCP 端口号也设置为"1433"。完成上述内容设置后，需要停止该项服务然后再重新启动该项服务或重启计算机。

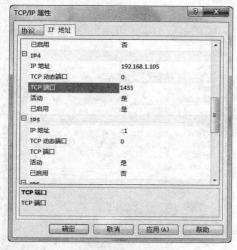

图 2-16　设置 IP4-TCP 端口号

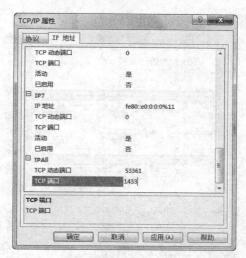

图 2-17　设置 IPALL-TCP 端口号

4. 操作 SQL Server 服务

在图 2-12 左边的区域单击"SQL Server 服务"项，右边区域显示已安装的所有服务项，如图 2-18 所示，右击"SQL Server（SQLEXPRESS）"默认实例服务项，弹出快捷菜单，如图 2-19 所示。

图 2-18　SQL Server 服务

图 2-19　SQL Server 服务快捷菜单

（1）对 SQL Server 服务进行操作

通过图 2-19 所示的快捷菜单，可以对该项服务进行启动、停止、暂停、继续、重新启动等设置操作。这些操作的效果与 Windows 操作系统中的"控制面板→管理工具→服务"操作命令所打开的"服务"窗口的相应操作功能一样。

（2）配置 SQL Server 服务属性

SQL Server 2008 安装时所设置的有关参数在"SQL Server 服务"的属性对话框可以进行修改。在图 2-19 所示的快捷菜单中，单击"属性"项，进入服务属性对话框，对话框中有四个选项卡。"登录"选项卡如图 2-20 所示，主要用于设置登录身份、管理员账户及其密码等，其中，"内置账户"通常选择"Local Service"，即"本地服务"。"服务"选项卡如图 2-21 所示，主要用于设置"服务"的启动方式，其中，"自动"方式是计算机开机时自启动，常用的服务通常设置为"自动"方式，"已禁用"方式表示该服务已被设置为"禁用"，"手动"方式表示需要时，才通过手工操作启动该项服务。

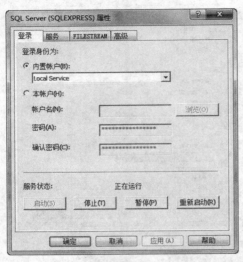
图 2-20 "属性-登录"选项卡

图 2-21 "属性-服务"选项卡

2.3.2 配置远程登录

配置 SQL Server 2008 远程登录的目的，一是解决应用程序与数据库服务器的分离，使得应用程序与数据库管理系统可以分别安装在不同的专用服务器上；二是使得数据库管理员可以远程登录到数据库服务器实现远程管理控制。远程登录主要使用主机名称或 IP 地址对异地服务器的数据库进行登录操作。远程登录配置的操作如下：

1. 连接到 SQL Server 2008 服务器

通过网络配置，安装 SQL Server 2008 的计算机已经可以连接到数据库服务器，操作如下：单击"开始"→"所有程序"→"Microsoft SQL Server 2008"→"SQL Server Management Studio"命令，弹出图 2-22 所示的"连接到服务器"窗口，操作如下：

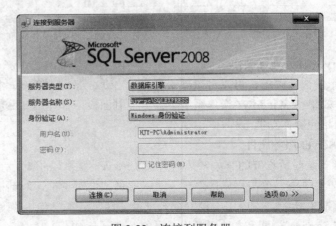
图 2-22 连接到服务器

（1）服务器类型：选用"数据库引擎"。

（2）服务器名称：在文本框输入或选择 SQL Server 2008 实例。这里要求连接到默认实例，通过上述 SQL Server 的网络配置，可用"."或"计算机名\SQLEXPRESS"或本机 IP 地址等方式设置服务器名称。

提示：服务器名称的命名格式为"计算机名\实例名"。如果要连接本机上的默认实例，服务器名称可用"计算机名、（local）、localhost、127.0.0.1、.（点）以及本机的 IP 地址"等多种方式来表示，默认实例名可以省略；如果要连接其他计算机中的 SQL Server 实例，则必须使用该计算机的名称或 IP 地址等方式来表示"计算机名"。

（3）身份验证：首次连接数据库服务器时，主要用于配置参数，所以，请使用管理员"administrator"身份登录操作系统。此处选用"Windows 身份验证"模式。

（4）单击"连接"按钮，如果前面的所有安装与配置有问题，则弹出错误提示窗口。否则，进入"SQL Server Management Studio 管理器"（简称 SSMS 管理器，SSMS 管理器是 SQL Server 2008 的重要管理工具，SQL Server 2008 的绝大部分操作将在该环境下完成）操作窗口，如图 2-23 所示。

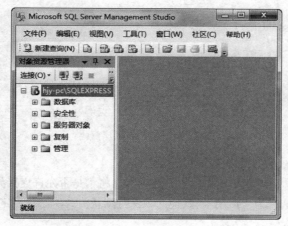

图 2-23　SSMS 管理器

2．配置远程登录

在图 2-23 左边区域的"对象资源管理器"中右击"hjy-pc\SQLEXPRESS"实例名称，弹出快捷菜单，单击"属性"命令，弹出"服务器属性"窗口，在窗口左边的"选择页"列表中，单击"连接"选项，然后勾选"允许远程连接到此服务器"复选框。

3．配置服务器身份验证

在"选择页"列表中单击"安全性"选项，然后在"服务器身份验证"一项中选择"SQL Server 和 Windows 身份验证模式"（即使用混合模式），其他保持默认值。单击"确定"按钮完成配置。

2.3.3　配置 sa 管理员账户

使用"Windows 身份验证"连接数据库服务器一般只限于数据库管理员操作，其他情况一般使用"混合模式"进行连接（下称"登录"），其中"sa"账户是系统内置的权限最高的管理员账户，拥有"sa"账户的密码，意味着操作员能完全控制 SQL Server 2008 数据库管理系统的一切操作。

其他账户一般需要"sa"账户授权后才允许使用。

配置"sa"登录账户的主要内容有密码设置、状态设置，其他数据项视需要而定，一般使用默认值即可。

1. 配置 sa 账户密码

在图 2-23 所示的"SSMS 管理器"窗口中，展开"安全性"节点，再展开"登录名"节点，右击"sa"项，在快捷菜单中单击"属性"，弹出"登录属性-sa"配置对话框。

在"登录属性-sa"对话框左上角单击"常规"选项卡，然后在右边区域设置"sa"账户的登录密码，如图 2-24 所示。因为"sa"账户具有最高级别的操作权限，所以，密码设置必须有足够的强度。

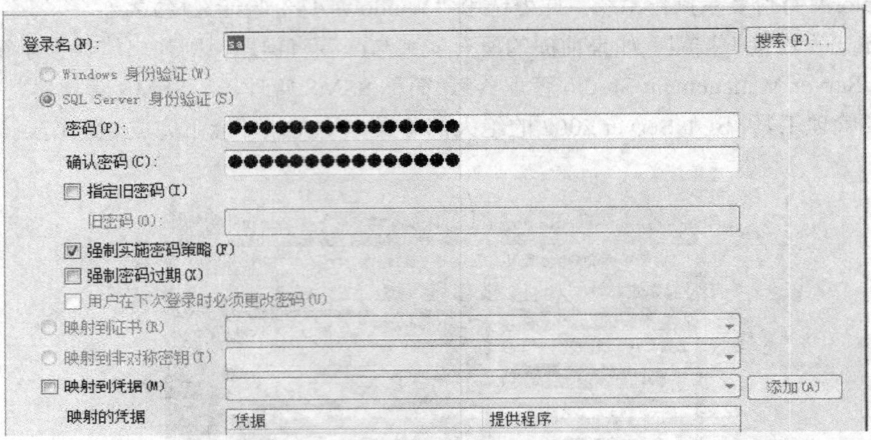

图 2-24 设置 sa 账户密码

2. 配置 sa 账户状态

在图 2-24 所示的对话框中，单击"状态"选项卡，将"是否允许连接到数据库引擎"项选择为"授予"，将"登录"项选择为"启用"。其他选项保持默认值，单击"确定"按钮完成 sa 账户的常规设置。

2.3.4 使用混合模式登录

数据库管理员远程登录管理数据库或应用程序、从数据库中提取数据等操作都是使用"混合模式"登录到实例；在安装数据库管理系统的计算机上也常用这种方式登录到实例进行操作。使用"混合模式"登录时，需要提供具有访问权限的账户名称及其密码。操作过程如下：

运行 SSMS 管理器，打开"连接到服务器"窗口，如图 2-22 所示，连接参数设置如下：

（1）服务器类型：选用"数据库引擎"。

（2）服务器名称：在文本框输入"."表示登录本计算机的默认实例。

（3）身份验证：使用"混合模式"时，只能选用"SQL Server 身份验证"。

（4）用户名：输入账户名称，这里使用"sa"管理员账户。

（5）密码：输入"sa"账户的密码。

（6）单击"连接"按钮，如果网络配置和"sa"账户的密码不正确，则弹出错误提示窗口。否则，进入"SSMS 管理器"窗口，如图 2-23 所示。

小结

（1）SQL Server 2008 提供了多种版本以满足各类不同用户独特的性能、运行时间以及价格的要求。安装 SQL Server 2008 之前，需要检查计算机系统的硬件和软件配置是否符合要求，然后才能进入安装阶段。

（2）SQL Server 2008 提供两种类型的数据库引擎实例，即默认实例和命名实例，默认实例与其早期的版本相兼容，命名实例则例外。每个实例有自己的一套不为其他实例共享的系统资源信息和用户数据；每个实例可以创建多个不同的数据库。

当一个服务器安装了多个实例时，如果各个实例的服务需要同时启动运行，则实例间的端口号必须设置为唯一值。SQL Server 2008 实例的默认端口号为 1433，该端口号通常应用于默认实例。

练习二

一、选择题

1. 下面是登录 SQL Server 2008 服务器时服务器名称的表达方式，错误的是（　　）。
   - A．计算机名\IP 地址
   - B．计算机名\实例名
   - C．"．"
   - D．（local）或 localhost

2. SQL Server 2008 对登录账户的身份验证模式有（　　）。
   - A．Windows 身份验证和混合模式
   - B．混合模式
   - C．Windows 身份验证模式
   - D．SQL Server 模式

3. SQL Server 2008 安装到最后阶段显示失败时，正确的处理是（　　）。
   - A．卸载 SQL Server 2008、清净注册表、核查版本的软、硬件需求，然后再重装
   - B．卸载 SQL Server 2008、核查版本的软、硬件需求，然后再重装
   - C．无须卸载 SQL Server 2008，再次重装即可
   - D．重装操作系统，然后再装 SQL Server 2008

4. SQL Server 的网络配置主要配置（　　）。
   - A．TCP/IP 协议
   - B．TCP/IP 协议及其属性、服务开启方式
   - C．端口号
   - D．开启服务

5. SQL Server 的默认实例与命名实例如果要求同时可以启用，则（　　）。
   - A．实例间使用相同协议
   - B．实例间使用相同的端口号
   - C．实例间使用不同的端口号
   - D．实例间使用相同的协议和端口号

6. 在 SQL Server 2008 的版本中，生成各种基于 Windows 平台的移动设备、桌面和 Web 客户端的独立和偶尔连接的应用程序的版本号是（　　）。

A．Compact 3.x 版   B．企业版（Enterprise）

C．标准版（Standard）   D．速成版（Express）

7．以下哪些是 SQL Server 2008 安装时的必备支持组件（   ）。

     A．.NET Framework 3.5 SP1 和 SQL Server Native Client

     B．SQL Server 安装程序支持文件和 Microsoft Windows Installer 4.5 或更高版本

     C．Microsoft Internet Explorer 6 SP1 或更高版本

     D．以上都需要

8．SQL Server 2008 实例中能兼容早期版本实例的是（   ）。

     A．命名实例   B．默认实例

     C．首次安装的实例   D．最后安装的实例

9．SQL Server Management Studio 是 SQL Server 2008 的一个集成环境工具，它的主要功能是（   ）。

     A．访问、配置、管理和开发 SQL Server 的组件

     B．使各种技术水平的开发人员和管理员都能使用 SQL Server 2008

     C．使用 UGI 方式使用 SQL Server 2008

     D．以上都是

二、填空题

1．SQL Server 2008 的主要特点有_____、_____和高效性。

2．SQL Server 2008 提供的主要版本有企业版、_____、_____、工作组版、Web 版、_____和 Compact 版等多种。

3．通常，64 位的 SQL Server 版本安装在 64 位的_____环境下使用；32 位的 SQL Server 版本安装在_____环境下使用。

4．SQL Server 实例是 SQL 的_____，每个实例有自己的一套_____的系统资源信息和用户数据库。

5．当一台计算机上安装有多个实例时，如果希望多个实例能同时启动，则必须保证实例间的_____不相同。

3

数据库管理

本章导读

    SQL Server 2008 安装成功之后，系统有了默认实例或命名实例，实例只是一个装载数据库等对象的容器，在此基础上，接着要做的是在实例上创建具体的数据库。

    本章重点介绍数据库的创建、修改、删除等操作方法。为了解决读者在接下来的章节中由于学习环境的变更而需要重新创建数据库及表的重复操作，本章提前介绍一种简单实用的数据库备份和恢复方法，即数据库的分离与附加操作。

本章要点

- 数据库的组成
- 数据库的创建、修改、删除、收缩与重命名
- 数据库的分离和附加

3.1 数据库的组成

    SQL Server 数据库是关系图、表、视图、存储过程、函数、触发器、用户、角色、规则、数据类型等对象的容器，数据库以操作系统文件的形式存储在磁盘上，它不仅可以存储数据，而且能够使数据的存储和检索以安全可靠的方式进行。

3.1.1 数据库文件分类

    SQL Server 2008 以默认方式创建数据库时，数据库包含一个主数据文件和一个事务日志文件，在需要时还可生成辅助数据文件和多个事务日志文件。这些文件的默认创建位置为"C:\Program Files\Microsoft SQL Server\MSSQL10.SQLEXPRESS\MSSQL\DATA"文件夹，该文件夹在安装实例时可以自定义。

1. 主数据文件

主数据文件是数据库的起点，它包含了数据库的启动信息和指向数据库中的其他文件的信息，同时，主数据文件也用于存放用户数据。一个数据库只有一个主数据文件，默认情况下，主数据文件的扩展名为".mdf"，但用户可以自定义。

2. 辅助数据文件

辅助数据文件也称为"次要数据文件"，专门用于存放数据。辅助数据文件不是必须的，有些数据库通常不生成辅助数据文件，只有当数据库可能非常大或有其他管理上的必要时才使用辅助数据文件。辅助数据文件的默认扩展名为".ndf"，但用户可以自定义。辅助数据文件可以建立在不同的硬盘上从而扩大文件空间，实现跨硬盘存放数据。

3. 事务日志文件

事务日志文件简称为日志文件，日志文件用于存放恢复数据库所需的所有信息。凡是对数据库中的数据进行维护操作时，都会在日志文件中进行记录，以便数据库遭到破坏时用于恢复数据库中的内容。每个数据库至少有一个日志文件，也可以有多个日志文件，日志文件的默认扩展名为".ldf"，但用户可以自定义。

3.1.2 数据库文件组

基于管理上的需要以及提高数据库服务器对数据的处理性能，SQL Server 2008 把文件组分为行文件组和 FILESTREAM 数据文件组。行文件组包含常规的数据文件和日志文件；FILESTREAM 数据文件组是一种特殊类型的文件组，它包含了 FILESTREAM 数据文件，用于存储大数据类型（BLOB）的数据。

行文件组有两种类型：主文件组和用户定义文件组。

1. 主文件组

每个数据库有一个主文件组。主文件组包含主要数据文件和未放入其他文件组的所有辅助数据文件。

2. 用户自定义文件组

用户自定义文件组是由用户创建的文件组。除非必要，SQL Server 2008 不一定使用用户自定义文件组。

SQL Server 2008 中的每个数据库有一个默认的文件组，在默认情况下，主文件组就是默认文件组。默认文件组中的文件必须足够大，能够容纳未分配给其他文件组的所有新对象。在数据库中创建对象时，如果没有指定对象属于哪个文件组，那么对象将被分配给默认文件组。图 3-1 给出了一个数据库与文件组文件的对应关系，虚线部分表示可有可无。需要注意的是，日志文件不属于任何文件组。

3.1.3 系统数据库

SQL Server 2008 有两种类型的数据库，一类是系统数据库，另一类是用户数据库。系统数据库用于存储系统有关的信息，在安装实例时自动创建；用户数据库是用户根据需要创建的数据库。在 SQL Server 2008 安装时，系统为实例创建了四个系统数据库，即 master、msdb、model 和 tempdb 数据库，在 SSMS 管理器中显示如图 3-2 所示。

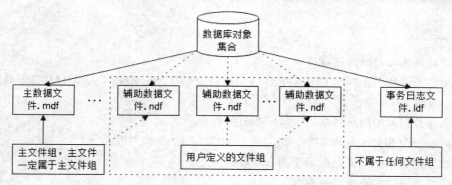

图 3-1　数据库文件与文件组的关系

图 3-2　系统数据库

1．master 数据库

master 数据库用于记录 SQL Server 实例的所有系统信息，包括实例范围的元数据、系统配置信息以及实例中所有文件的名称和存放位置等信息。如果 master 数据库受到破坏，则整个 SQL Server 2008 系统将无法启动。

2．tempdb 数据库

tempdb 数据库用于保存临时对象或中间结果集。数据库关闭后该数据库自动清空，系统每次重启时又重新建立。

3．model 数据库

model 数据库是所有用户数据库和 tempdb 数据库的模板数据库，当用户创建一个数据库时，model 数据库的内容会自动复制到新建的数据库，因此，用户可以对 model 数据库进行修改以便在新建的数据库中获得一致的基本对象。

4．msdb 数据库

msdb 数据库用于 SQL Server 代理计划的警报和作业，即供 SQL Server 代理程序调度警报和作业处理时使用。

3.2　使用 SSMS 方式管理数据库

使用 SSMS 管理器的图形界面方式（简称"SSMS 方式"）可以轻松方便地进行创建、修改、删除、重命名、收缩数据库等操作。

3.2.1　创建数据库

1．创建数据库之前的注意事项

（1）操作员必须至少拥有 CREATE DATABASE、CREATE ANY DATABASE 或 ALTER ANY DATABASE 权限。

（2）创建数据库的用户将成为该数据库的所有者。

（3）对于一个 SQL Server 实例，最多可以创建 32767 个数据库。

（4）数据库名称必须遵循标识符的命名规则。

2．创建数据库时需要确定的参数

（1）数据库名称：数据库名称是一个标识符，主要用于供 SSMS 管理器的对象资源管理器索引数据库、供 T-SQL 语句标识数据库对象、供应用程序连接数据库等操作。

（2）所有者：在默认情况下，数据库被创建后，创建数据库的用户自动成为该数据库的所有者。但是，数据库所有者也可以在数据库创建时人为地指定。

（3）逻辑名称：逻辑名称是 SQL Server 系统使用的名称，数据库中的所有逻辑名称必须唯一。

（4）物理文件名：物理文件名是数据库文件的存盘文件名，是包括目录路径的操作系统文件名，它必须符合操作系统文件名的命名规则。数据库、日志、辅助文件等都需要指定物理文件名。

（5）文件组名称：数据库除拥有 PRIMARY 主文件组外，还可以创建辅助文件组。辅助文件组用于归类数据库辅助数据文件。一个数据库可以创建多个辅助文件组，每个辅助文件组可以归类多个辅助数据文件。

（6）文件初始大小：文件初始大小是指创建数据文件时指定的初始容量的大小，默认单位为 MB。

（7）文件增长方式和最大文件大小：文件增长方式是指数据填满数据文件的初始大小的磁盘空间后，对磁盘空间的变更方式。文件增长方式有两种：一是按某个百分比增长；二是按指定的容量值增长。最大文件大小是指数据文件能增长到的最大容量值。设置最大文件大小时要参考磁盘容量、应用程序缓冲、虚拟内存的使用等综合因数。

（8）文件存放位置：文件存放位置用于指明数据库文件的存放文件夹。创建数据库时，指定的文件夹必须已存在，否则创建一定失败。

3．实例创建

【例 3-1】表 3.1 给出了一个适用于小型应用项目参考的数据库创建参数，请按照表中的参数创建人事管理数据库 rsgl。

表 3.1　人事管理数据库 rsgl 参数

参数	主文件组（PRIMARY）	日志文件
逻辑名称	rsgl	rsgl_log
文件名	d:\rsgl\rsgl.mdf	d:\rsgl\rsgl.ldf
初始大小	3MB	1MB
最大容量	1024MB	无限制
增量方式	2M	10%

操作过程如下：

（1）创建磁盘文件夹：在"D:"盘创建"\rsgl"文件夹。

（2）进入"新建数据库"窗口：展开创建数据库的"实例"节点，右击"数据库"节点，单击"新建数据库(N)…"命令，弹出如图3-3所示的"新建数据库"窗口。

（3）输入数据库名称：在"常规"选项页的右侧"数据库名称"编辑框中输入数据库名称"rsgl"。

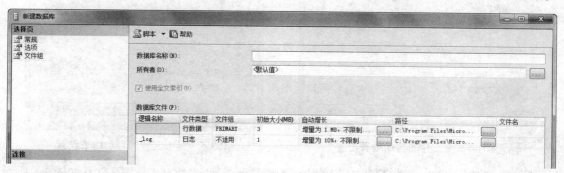

图 3-3　"新建数据库-常规"选项页

（4）确定数据库的所有者：在"所有者"组合框中输入数据库的所有者名称，或通过"…"按钮指定数据库的"所有者"。使用"默认值"时，创建数据库的用户即是数据库的所有者。

（5）输入逻辑名称：在"数据库文件"列表中，单击"逻辑名称"列的第一行单元格给主文件输入逻辑名称"rsgl"；单击"逻辑名称"列的第二行单元格给日志文件输入逻辑名称"rsgl_log"。

默认情况下，该列的值在步骤（3）输入数据库名称的时候能自动给出并显示，如果两者的名称一样，则此处使用自动给出的名称即可。

（6）输入物理文件名：单击"文件名"列的第一行单元格给主文件输入文件名"rsgl.mdf"；单击"文件名"列的第二行单元格给日志文件输入文件名"rsgl.ldf"。

默认情况下，如果该列的值不指定，则自动命名为 rsgl.mdf 和 rsgl_log.ldf，其中，"rsgl"是上述"数据库名称"编辑框中输入的数据库名称。如果指定的文件名与数据库名称一样，则此处不用再命名。

（7）确定文件组及组名：本例只需要"PRIMARY"主文件组，不需创建辅助文件组。

（8）输入文件初始大小：在"数据库文件"列表中，单击"初始大小"列的第一行单元格输入数据库主文件的初始大小"3"；单击"初始大小"列的第二行单元格输入日志文件的初始大小"1"。

（9）确定文件增长方式和最大文件大小：在"数据库文件"列表中，单击"自动增长"列的第一行单元格右侧的"…"按钮，显示"更改 rsgl 的自动增长设置"对话框，如图3-4所示。

在图3-4中，在"文件增长"项单击"按 MB"单选按钮，在其右边的编辑框输入"2"；在"最大文件大小"项单击"限制文件增长"单选按钮，在其右边的编辑框输入"1024"。单击"确定"按钮完成设置。

在"数据库文件"列表中，单击"自动增长"列的第二行单元格右侧的"…"按钮，显示"更改 rsgl_log 的自动增长设置"对话框，如图3-5所示。

在图3-5中，在"文件增长"项单击"按百分比"单选按钮，在其右边的编辑框输入"10"；在"最大文件大小"项单击"不限制文件增长"单选按钮。单击"确定"按钮完成设置。

（10）指定数据库文件的存放位置：在"路径"列，单击"路径"列的第一行单元格右侧的"…"

按钮，显示"定位文件夹"窗口，在该窗口展开"D:"盘节点，单击存放数据文件的"rsgl"文件夹，然后单击"确定"按钮完成设置。

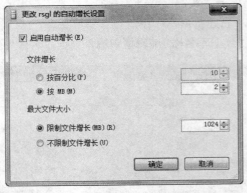 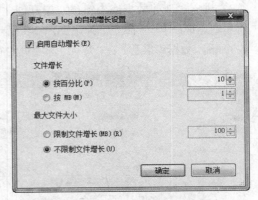

图 3-4　主文件的自动增长设置 　　　　　　　　　图 3-5　日志文件的自动增长设置

类似地，数据库日志文件的存放位置的设置操作与此类同。参数全部设置完成后如图 3-6 所示，单击"确定"按钮，开始生成数据库的数据文件，完成时自动关闭窗口。

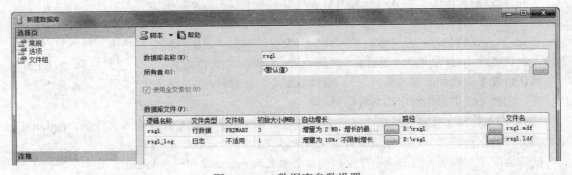

图 3-6　rsgl 数据库参数设置

3.2.2　修改数据库

数据库创建后还可以修改，但不是什么参数都可以调整，允许修改的主要内容有改变数据文件的大小和增长方式、增加或删除数据文件、改变日志文件的大小和增长方式、增加或删除日志文件、增加或删除文件组、更改数据库名称、更改数据库的所有者等，其中，大部分内容的操作过程与上述介绍的创建过程基本相同。

【例 3-2】将例 3-1 创建的数据库"rsgl"的主文件大小由原来的"1024MB"修改为"不限制文件增长"。

操作过程如下：

（1）进入"数据库属性-rsgl"窗口：展开数据库"实例"节点→展开"数据库"节点→右击"rsgl"数据库，在快捷菜单中单击"属性"命令，弹出"数据库属性-rsgl"窗口，单击"文件"选择页，如图 3-7 所示。

（2）修改主文件的最大文件大小：在"数据库文件"列表中，单击"自动增长"列的第一行单元格右侧的"…"按钮，显示"更改 rsgl 的自动增长设置"对话框，单击"不限制文件增长"单选按钮，将"最大文件大小"设置为"不限制文件增长"，单击"确定"按钮返回。

图3-7 数据库属性-rsgl

（3）结束修改：在"数据库属性-rsgl"窗口单击"确定"按钮完成修改操作。

3.2.3 重命名数据库

数据库创建完成后还可以重命名，但如果数据库已进入应用阶段就要慎重了。

【例3-3】将人事管理数据库"rsgl"重命名为"rsglxt"。

操作过程如下：

展开数据库"实例"节点→展开"数据库"节点→右击数据库名称"rsgl"，弹出快捷菜单，在快捷菜单中单击"重命名"命令，这时，"rsgl"数据库的名称自动变成编辑框，在编辑框中直接输入"rsglxt"，按回车键或在编辑框外单击鼠标完成重命名操作。

3.2.4 收缩数据库

数据库经过一段时间的应用，如果文件的大小原来设置的太大，则应对其进行收缩处理以节省磁盘空间。数据库文件可以成组或单独地手动收缩，也可以设置数据库参数使其自动收缩。

数据库文件的收缩处理是从尾部进行的。收缩后的数据库不能小于创建时设置的最小大小。例如，如果数据库文件创建时的初始大小为3MB，后来修改或增长到20MB，则该数据库文件最小只能收缩到3MB。

【例3-4】收缩"rsglxt"数据库，保留50%的未使用空间。

操作过程如下：

（1）进入"收缩数据库-rsglxt"窗口：展开数据库"实例"节点→展开"数据库"节点→右击需要收缩的数据库名称rsglxt→在快捷菜单中指向"任务"菜单项→指向"收缩"菜单项→单击"数据库"菜单项，弹出如图3-8所示的"收缩数据库"窗口。

（2）设置"收缩"参数：根据需要，可以选中"在释放未使用的空间前重新组织文件。选中此选项可能会影响性能"复选框。如果选中该复选框，必须在"收缩后文件中的最大可用空间"右侧的编辑框输入一个介于0~99之间的百分值，即保留百分之几的未用空间，本例设置为50%。

（3）单击"确定"按钮系统开始对数据库进行收缩处理，处理结束后自动关闭窗口。

3.2.5 删除数据库

使用SSMS方式删除数据库时，数据库的所有连接必须已经断开，同时，系统提供的四个数据库不能删除。

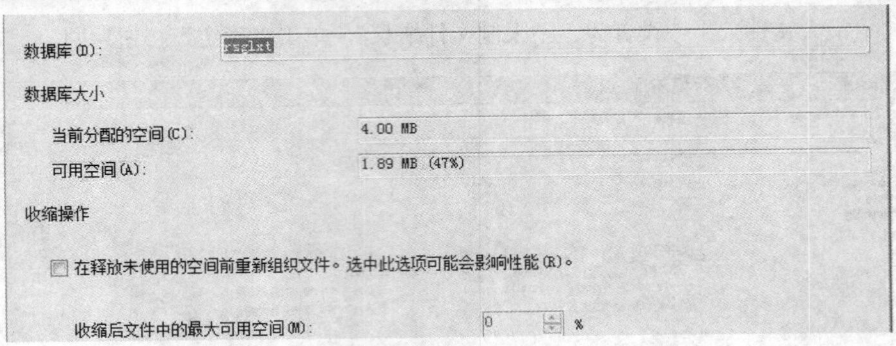

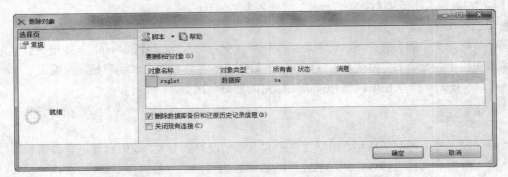

图 3-8　收缩数据库

【例 3-5】删除人事管理数据库"rsglxt"。

操作过程如下：

（1）进入"删除对象"窗口：展开数据库"实例"节点→展开"数据库"节点→右击数据库"rsglxt"→在快捷菜单中单击"删除"命令，弹出"删除对象"窗口，如图 3-9 所示。

图 3-9　删除对象

（2）确认删除：勾选"删除数据库备份和还原历史记录信息"和"关闭现有连接"两个复选框，然后单击"确定"按钮开始删除。

3.3　使用 T–SQL 语句管理数据库

使用 T-SQL 语句同样可以创建、修改、重命名和删除数据库，并且 T-SQL 语句方式更为常用、使用更为灵活。为了便于 T-SQL 语句的描述，表 3.2 给出了本书使用的 T-SQL 语句的书写符号约定。

表 3.2　T-SQL 语句的书写符号约定

序号	约定	用途
1	大写	T-SQL 语句中的关键字
2	<小写>	尖括号，表示括号内的小写内容是用户自定义的内容
3	[ ]	方括号，表示括号内的选项内容是可选的

续表

序号	约定	用途
4	|	竖线，表示在其前后的多项选择中必须选用一项
5	{ }	花括号，表示括号中的内容必选
6	[,…n]	表示它前面的那项内容可以重复定义 n 次，但各项之间以 "," 逗号分开
7	[…n]	表示它前面的那项内容可以重复定义 n 次，但各项之间以 " " 空格分开
8	[;]	分号，出现在语句的最后，表示一条 T-SQL 语句结束

注：除非特别声明，否则，上述 "<、>、[、]、\|、{、}" 等字符不是语句中的内容。

3.3.1　创建数据库

T-SQL 使用 "CREATE DATABASE" 语句创建数据库，语句的常用格式如下：

1. 语法格式

```
CREATE DATABASE <数据库名称>
[ON [PRIMARY]
    [<filespec> [,…n]
        [,<filegroup> [,…n]]
        [LOG ON {<filespec> [,…n]}]
    ]
]
```

语句中的 "<filegroup>" 文件组的定义格式为：

```
FILEGROUP <文件组名称>
    <filespec>[,…n]
```

语句中的 "<filespec>" 文件规范的定义格式为：

```
{
    (
        NAME=<逻辑名称>,
        FILENAME=<物理文件名>
        [,SIZE=<初始大小> [KB|[MB]|GB|TB]]
        [,MAXSIZE={<最大文件大小>[KB|[MB]|GB|TB]|UNLIMITED}]
        [,FILEGROWTH=<自动增量>[KB|[MB]|GB|TB|%]]
    )[,…n]
}
```

2. 使用说明

（1）<数据库名称>：定义要创建的数据库名称，最多可以包含 128 个字符。

（2）ON 关键字：用于指明其后的定义内容是对数据文件的描述。其中：

1）[PRIMARY]关键字用来声明定义的是主文件组，在其后的<filespec>项中定义的第一个数据文件将成为主文件。如果省略 "PRIMARY" 关键字，则其后的<filespec>项中定义的第一个数据文件默认为主文件。

2）<filespec>文件规范用来定义一个数据文件的参数。

3）<filegroup>文件组用来定义一个数据文件组。

（3）NAME=<逻辑名称>：用于定义 SQL Server 中使用的数据文件的逻辑文件名称。数据文件的 "逻辑名称" 在数据库中必须是唯一的，必须符合标识符规则。

（4）FILENAME=<物理文件名>：用于定义将要创建的数据文件的物理文件名，文件名包括路径和文件名称。

（5）SIZE=<初始大小>：用于定义数据文件创建时的初始大小，是一个整数值。省略本项时，则使用 model 数据库中预定义的大小。单位可以选择 KB、MB、GB 或 TB，省略时默认为 MB。如果给定的值大于 2147483647，请使用更大的单位。

（6）MAXSIZE=<最大文件大小>：用于定义数据文件的容量增长后的最大文件大小。可以是一个整数值或是"UNLIMITED"。如果给出的是整数值，则单位可以选择 KB、MB、GB 或 TB，省略时默认为 MB，给定的值如果大于 2147483647，请使用更大的单位；如果选用"UNLIMITED"关键字，则文件最大容量不受限制，直至磁盘被占满或达到 SQL Server 的极限大小为止。如果 MAXSIZE 指定为"UNLIMITED"即不限制增长，则日志文件的最大大小为 2TB，数据文件的最大大小为 16TB。

（7）FILEGROWTH=<自动增量>：用于定义数据文件的自动增量。数据文件的 FILEGROWTH 设置不能超过 MAXSIZE 设置。单位可以选择 KB、MB、GB、TB 或%，省略时默认为 MB。选用"%"时，则增量大小为发生增长时数据文件大小的指定百分比。当自动增量设置为 0 时，表明不允许增加空间。

默认情况下，数据文件的默认增长量为 1MB，日志文件的默认增长比例为 10%。

（8）LOG ON 选项：用于定义数据库日志文件。如果省略"LOG ON"选项，系统将自动创建一个日志文件，其大小为该数据库的所有数据文件大小总和的 25% 或 512KB，取两者之中的较大者。

3. 案例操作

创建数据库最快的方法是只指定数据库文件名，其他所有参数全部省略，即全部使用默认参数，实现代码如下：

```
CREATE DATABASE test
```

这种方法创建的数据库实用性很差，建议不要使用。

【例 3-6】使用 T-SQL 语句实现例 3-1 要求创建的人事管理数据库"rsgl"。

操作过程如下：

（1）打开"SQL 编辑器"窗口：在 SSMS 管理器的"标准"工具栏中单击"新建查询"按钮，在 SSMS 管理器的右边打开了一个"SQL 编辑器"窗格（该窗格常常被叫做"查询编辑器"窗格），用于编辑 T-SQL 语句，如图 3-10 所示。

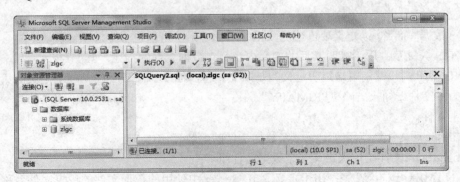

图 3-10　SQL 编辑器

在打开"SQL 编辑器"窗格的同时，也打开了"SQL 编辑器"工具栏，其中，工具栏中的"！

（执行）"按钮用于执行"SQL 编辑器"窗格中的 T-SQL 语句，"可用数据库"列表框用于选择当前使用的数据库。

　　提示：在上述工具栏中，只要将鼠标指向工具栏的按钮，系统将弹出该按钮的名称，读者可通过此方法来了解各个按钮的具体功能。

　　使用 T-SQL 语句创建数据库时，执行语句前必须使用"可用数据库"列表框将"master"系统数据库设置为当前使用的数据库。

　　（2）在"SQL 编辑器"窗格中输入或设计人事管理数据库"rsgl"的创建语句。所设计的语句必须满足上述介绍的数据库创建语句的语法格式，否则，将无法正确执行。

　　实现代码如下：

```
CREATE DATABASE rsgl              --创建 rsgl 数据库
ON PRIMARY                        --定义主文件组
(   NAME='rsgl',                  --定义文件的逻辑名称
    FILENAME='d:\rsgl\rsgl.mdf',  --定义数据库文件的存放路径和名称
    SIZE=3MB,                     --定义文件的初始大小
    MAXSIZE=1024MB,               --定义文件可增长到的最大大小
    FILEGROWTH=2MB                --定义文件的自动增量
)
LOG ON                           --定义日志文件
(   NAME='rsgl_log',
    FILENAME='d:\rsgl\rsgl.ldf',
    SIZE=1MB,
    MAXSIZE =UNLIMITED,
    FILEGROWTH =10%
)
```

　　（3）执行"SQL 编辑器"窗格的 T-SQL 语句：单击"SQL 编辑器"工具栏中的"！（执行）"按钮，执行"SQL 编辑器"窗格中的 T-SQL 语句。如果语句没有错误，则在"消息"窗格显示"命令已成功完成"，否则，以红色字体显示错误信息，双击错误信息时，将在"SQL 编辑器"窗格用深色定位错误所在的行。

　　【例 3-7】表 3.3 给出了适用于中大型应用项目参考的数据库创建参数，请按表中的参数使用 T-SQL 语句创建质量工程数据库"zlgc"。

表 3.3　质量工程 zlgc 数据库参数

参数	主文件组（PRIMARY）		辅助文件组（zlgc_g）		日志文件
逻辑名	zlgc_p1	zlgc_p2	zlgc_g1	zlgc_g2	zlgc_log
文件名	d:\zlgc\ zlgc_p1.mdf	d:\zlgc\ zlgc_p2.mdf	d:\zlgc\ zlgc_g1.ndf	d:\zlgc\ zlgc_g2.ndf	d:\zlgc\ zlgc.ldf
初始大小	512MB	1024MB	1024MB	1024MB	64MB
最大容量	204800MB	无限制	409600MB	无限制	无限制
增量方式	20%	256MB	1024MB	30%	10%

　　本例引入了主文件组和辅助文件组，每个文件组包含了两个数据文件。创建类似的数据库需要较大的磁盘空间，创建时执行的时间也较长，实现代码如下：

```
CREATE DATABASE zlgc              --创建数据库 zlgc
ON PRIMARY                        --定义主文件组
(   NAME='zlgc_p1',               --定义主文件组的 zlgc_p1 文件
```

```
                FILENAME='d:\zlgc\zlgc_p1.mdf',
                SIZE=512,
                MAXSIZE=204800,
                FILEGROWTH=20%
        ),
        (   NAME='zlgc_p2',                    --定义主文件组的 zlgc_p2 文件
                FILENAME='d:\zlgc\zlgc_p2.mdf',
                SIZE=1024,
                MAXSIZE=UNLIMITED,
                FILEGROWTH=256
        ),
        FILEGROUP zlgc_g                       --定义辅助文件组 zlgc_g
        (   NAME='zlgc_g1',                    --定义辅助文件组文件 zlgc_g1
                FILENAME='d:\zlgc\zlgc_g1.ndf',
                SIZE=1024,
                MAXSIZE=409600,
                FILEGROWTH=1024
        ),
        (   NAME='zlgc_g2',                    --定义辅助文件组文件 zlgc_g2
                FILENAME='d:\zlgc\zlgc_g2.ndf',
                SIZE=1024,
                MAXSIZE=UNLIMITED,
                FILEGROWTH=30%
        )
        LOG ON                                 --定义日志文件
        (    NAME='zlgc_log',
                FILENAME='d:\zlgc\zlgc.ldf',
                SIZE=10,
                MAXSIZE=UNLIMITED,
                FILEGROWTH=10%
        )
```

3.3.2 修改数据库

T-SQL 使用"ALTER DATABASE"语句修改数据库，语句的常用语法格式如下。

1. 语法格式

```
ALTER DATABASE <数据库名称>
{   ADD FILE <filespace> [,…n][TO FILEGROUP { <文件组名称> | DEFAULT}]
    | ADD LOG FILE <filespace> [,…n]
    | REMOVE FILE <逻辑名称>
    | ADD FILEGROUP <文件组名称>
    | REMOVE FILEGROUP    <文件组名称>
    | MODIFY FILE <filespace>
    | MODIFY FILEGROUP <旧文件组组名> {[DEFAULT|NAME=<新文件组组名>]}
    | MODIFY NAME=<新数据库名称>
}
```

2. 使用说明

（1）ADD FILE 子句：将数据库文件添加到指定的文件组，使用"DEFAULT"时添加到默认的主文件组。

（2）ADD LOG FILE 子句：给数据库添加日志文件。

（3）REMOVE FILE 子句：从数据库中删除一个指定的数据文件。被删除的数据文件名由"逻辑名称"指定。当删除一个数据文件时，逻辑文件和物理文件全部被删除。但文件非空时不能删除。

（4）ADD FILEGROUP 子句：将文件组添加到数据库。

（5）REMOVE FILEGROUP 子句：从数据库中删除指定的文件组，文件组必须为空，否则，应先将文件组的数据文件移走后才能删除。

（6）MODIFY FILE 子句：从数据库中修改指定数据文件的属性。可以更改的选项包括 FILENAME、SIZE、FILEGROUP、MAXSIZE 等，修改的文件由"<filespace>"中的 NAME 参数指定逻辑名称，如果修改的是文件大小，则改后要比改前大。需要注意的是，一次只能修改一个属性，并且建议 FILENAME 属性尽量不要修改。

（7）MODIFY FILEGROUP 子句：从数据库中修改文件组的组名，

（8）MODIFY NAME 子句：将数据库重命名。

（9）<filespace>项：与创建数据库语句介绍的功能一样。

3．案例操作

（1）为数据库主文件组增加数据文件

【例 3-8】为数据库"rsgl"增加一个数据文件，参数如下：逻辑名称为"rsgl_p1"，文件名为"d:\rsgl\rsgl_p1.mdf"，初始大小为"10MB"，最大容量为"不限制增长"，增量方式为"10%"。

实现代码如下：

```
ALTER DATABASE rsgl
ADD FILE
(    NAME='rsgl_p1',
     FILENAME='d:\rsgl\rsgl_p1.mdf',
     SIZE=10,
     MAXSIZE=UNLIMITED,
     FILEGROWTH=10%
)
```

（2）为数据库增加辅助文件组

【例 3-9】为人事管理数据库"rsgl"增加一个辅助文件组"rsgl_g"。

实现代码如下：

```
ALTER DATABASE rsgl ADD FILEGROUP rsgl_g
```

（3）向数据库辅助文件组增加数据文件

【例 3-10】为人事管理数据库"rsgl"的辅助文件组"rsgl_g"增加一个数据文件，参数如下：逻辑名称为"rsgl_g1"，文件名为"d:\rsgl\rsgl_g1.mdf"，初始大小为"5MB"，最大容量为"2048"，增量方式为"10"。

实现代码如下：

```
ALTER DATABASE rsgl
ADD FILE
(   NAME='rsgl_g1',
    FILENAME='d:\rsgl\rsgl_g1.mdf',
    SIZE=5,
    MAXSIZE=2048,
    FILEGROWTH=10
)
TO FILEGROUP rsgl_g
```

（4）修改数据库数据文件的属性值

【例 3-11】将人事管理数据库"rsgl"的数据文件"rsgl"（逻辑名称）的最大容量修改为"不受限制"。

实现代码如下：

```
ALTER DATABASE rsgl
MODIFY FILE
(   NAME='rsgl',
    MAXSIZE=UNLIMITED
)
```

（5）删除数据库中数据文件

【例 3-12】删除人事管理数据库"rsgl"中的数据文件"rsgl_g1"。

实现代码如下：

```
ALTER DATABASE rsgl REMOVE FILE rsgl_g1
```

3.3.3 重命名数据库

使用 T-SQL 语句对数据库重命名时，有两种常用的方法：一是使用 ALTER DATABASE 语句，二是调用存储过程实现。

1. 使用修改数据库语句对数据库重命名

【例 3-13】将人事管理数据库"rsgl"重命名为"rsglxt"。

实现代码如下：

```
ALTER DATABASE rsgl MODIFY NAME=rsglxt
```

2. 使用存储过程对数据库重命名

（1）语法格式

```
EXECUTE sp_renamedb   <数据库旧名>,<数据库新名>
```

（2）使用说明

EXECUTE 是执行存储过程程序的语句关键字，可以简写为"EXEC"；"sp_renamedb"是 SQL Server 2008 系统提供的用于数据库重命名的存储过程的名称；数据库新名与旧名之间用逗号","分开。

（3）案例操作

【例 3-14】将人事管理数据库"rsglxt"重命名为"rsgl"。

实现代码如下：

```
EXECUTE sp_renamedb rsglxt,rsgl
```

3.3.4 收缩数据库

收缩数据库分两种形式，一是收缩整个数据库，二是收缩数据库的某个数据文件。收缩数据库分两种机制，一是让 SQL Server 系统自动收缩，二是操作员手工收缩。

1. 自动收缩数据库

自动收缩是通过数据库修改语句来打开或关闭自动收缩功能来完成设置，收缩的大小由 SQL Server 系统预定义的参数决定。

（1）语法格式

```
ALTER DATABASE <数据库名称> SET AUTO_SHRINK {ON|OFF}
```

（2）使用说明

选用"ON"，将数据库设置为自动收缩；选用"OFF"，关闭数据库自动收缩功能。

2．手工收缩数据库

收缩数据库需在单用户环境下进行，由于 SQL Server 系统是多用户系统，所以，收缩数据库前先要将数据库设置为单用户模式。手工收缩数据库分三步进行。

（1）第一步，将数据库设置为单用户模式

将数据库设置为单用户模式使用存储过程"sp_dboption"来完成，格式如下：

```
EXEC sp_dboption <数据库名>,'single_user',TRUE
```

（2）第二步，收缩数据库空间

收缩数据库空间使用 DBCC 语句。DBCC 是 SQL Server 的数据库控制台命令，有一套完整的数据库处理命令。收缩数据库空间的语句格式如下：

```
DBCC SHRINKDATABASE (<数据库名>,<预留百分比空间>)
```

（3）第三步，将数据库恢复为多用户模式

```
EXEC sp_dboption <数据库名>,'single_user',FALSE
```

（4）案例操作

【例 3-15】手工收缩人事管理数据库"rsgl"的空间，收缩时预留 10%的未用空间。

实现代码如下：

```
EXEC sp_dboption rsgl,'single_user',TRUE        --设置为单用户模式
GO
DBCC SHRINKDATABASE (rsgl,10)                   --收缩处理
GO
EXEC sp_dboption rsgl,'single_user',FALSE       --设置为多用户模式
GO
```

3．收缩数据库的数据文件

（1）语法格式

```
DBCC SHRINKFILE (<逻辑名称>[,<收缩到大小>])
```

（2）使用说明

"逻辑名称"是数据文件的逻辑名称；"收缩到大小"是以 MB 为单位的数据文件要收缩到的大小，如果省略设置，数据库将收缩到默认的文件大小，即数据文件创建时指定的大小，但前提是文件中的数据还没有填满到创建时的大小。

（3）案例操作

【例 3-16】将人事管理数据库"rsgl"的"rsgl"数据文件空间收缩到 2MB。

实现代码如下：

```
DBCC SHRINKFILE (rsgl,2)
```

3.3.5　删除数据库

使用 T-SQL 语句一次可以删除多个数据库，操作比 SSMS 方式更为方便，效率更高。

1．语法格式

```
DROP DATABASE <数据名称>[,…n]
```

2．使用说明

同时删除多个数据库时，使用逗号","分隔各个数据库名称。

【例 3-17】将人事管理数据库"rsgl"删除。

实现代码如下：

```
DROP DATABASE rsgl
```

3.4 使用 SSMS 分离和附加数据库

本节先介绍一种常用的数据库备份和恢复方法，即数据库的"分离和附加"方法，目的是解决读者因学习环境的改变所带来的数据库重建问题。其他详细的数据库备份和恢复方法将在第 13 章介绍。

3.4.1 分离数据库

分离数据库是将数据库脱离 SQL Server 2008 数据库管理系统的管理，分离后的数据库其数据文件仍然保留在安装目录。分离数据库的主要目的：一是当数据库暂时不使用时，为了减轻 SQL Server 的承载压力，将其与 SQL Server 系统脱离；二是达到备份数据库的目的，分离后的数据库可以在操作系统中任意的复制与粘贴；三是为了将数据库从一个服务器迁移到另一个服务器，或从一个数据库实例迁移到另一个数据库实例。

【例 3-18】将质量工程数据库"zlgc"从 SQL Server 2008 中分离。

操作过程如下：

（1）执行"分离"菜单命令：展开数据库"实例"节点→展开"数据库"节点→右击需要分离的数据库"zlgc"→在快捷菜单中选择"任务"菜单项→选择"分离"菜单命令，弹出"分离数据库"窗口，如图 3-11 所示。

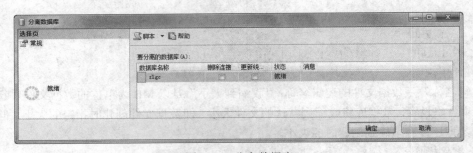

图 3-11　分离数据库

（2）确定分离数据库：在"分离数据库"窗口中，选中"删除连接"复选框，断开用户与数据库的连接，单击"确定"按钮，执行分离操作。

3.4.2 附加数据库

附加数据库是指将分离后的数据库重新加入到 SQL Server 2008 数据库管理系统。

【例 3-19】将质量工程数据库"zlgc"附加到 SQL Server 2008 系统。

操作过程如下：

（1）执行"附加"菜单命令：展开数据库"实例"节点→右击"数据库"节点，弹出数据库快捷菜单，单击"附加"菜单命令，弹出"附加数据库"窗口。

（2）定位数据库文件：在"附加数据库"窗口中，单击"添加"按钮，弹出"定位数据库文件"窗口，这时，展开"D:"盘，展开"zlgc"文件夹，选择"zlgc_p1.mdf"数据库文件，单击"确定"按钮，返回"附加数据库"窗口，如图 3-12 所示。

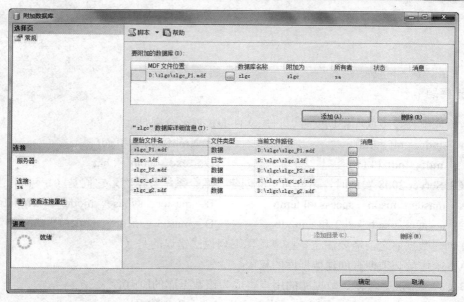

图 3-12　附加数据库

（3）继续"添加"数据库：SQL Server 2008 可以同时添加多个数据库。在"附加数据库"窗口中，再次单击"添加"按钮，可以继续往"要附加的数据库"列表中添加别的数据库。

（4）删除"要附加的数据库"：在"附加数据库"窗口中，单击"删除"按钮，可以删除"要附加的数据库"列表中已添加进来的某个数据库文件，这种删除并不是删除数据库文件，只是不附加而已。

（5）确定"添加"：在"附加数据库"窗口中，单击"确定"按钮，开始附加数据库，如果附加成功，则窗口自动关闭，返回"SSMS 管理器"窗口，否则，将显示错误提示信息。

小结

（1）实例是一个容器，可以在一个实例中创建一个或多个数据库。在实例中创建数据库时，数据库以数据文件的形式保存在某个文件夹下。数据库的数据文件主要包含主数据文件、辅助数据文件和事务日志文件等三类，同时，数据文件可以用文件组进行分类管理，文件组主要有主文件组和用户定义文件组两类。

（2）在 SQL Server 2008 安装时，系统为实例创建了四个系统数据库，即 master、msdb、model和 tempdb 数据库，这些数据库各自有专门的功能，用户应慎重使用，切不能删除。

（3）创建数据库时需要事先确定数据库的名称、逻辑名称、物理文件名、文件组名称、文件初始大小、文件增长方式和最大文件大小、文件存放位置等参数。

数据库的设计要根据应用项目的特点进行相关参数的设置，其中，应重点考虑文件初始大小和最大文件大小两个参数。文件初始大小如果设置太大，对于那些数据量不大的项目可能会浪费磁盘存储空间，对于数据量大的项目，可能引起文件增长操作频繁；最大文件大小建议设置为"不限制（UNLIMITED）"，特别是日志文件，如果限制了最大值，当日志文件填满时，会引起数据库的暂停服务。

练习三

一、选择题

1. 数据库文件、数据库辅助文件、日志文件的扩展名分别是（   ）。
   - A．.mdf、.tdf 和.ldf
   - B．.mbf、.ndf 和.sdf
   - C．.mdf、.ndf 和.ldf
   - D．.exe、.com 和.bat

2. SQL Server 2008 安装时，系统为实例创建了四个系统数据库，它们是（   ）。
   - A．master、msdb、access 和 temp
   - B．master、sybase、model 和 tempdb
   - C．master、msdb、db2 和 tempdb
   - D．master、msdb、model 和 tempdb

3. 在创建数据库之前需要注意一些事项，下列说法错误的是（   ）。
   - A．操作员必须拥有创建数据库的权限
   - B．默认情况下，创建数据库的用户将成为该数据库的所有者
   - C．对于一个 SQL Server 实例，最多可以创建 512 个数据库
   - D．数据库名称必须遵循标识符的命名规则

4. 在创建数据库的"CREATE DATABASE"语句中，"<filespace>"项用于（   ）。
   - A．定义一个主文件组
   - B．定义一个日志文件
   - C．定义一个数据文件
   - D．定义一个辅助文件组

5. 在修改数据库的"ALTER DATABASE"语句中，用于修改数据库文件属性的子句是（   ）。
   - A．MODIFY FILEGROUP
   - B．MODIFY FILE
   - C．MODIFY NAME
   - D．ADD FILE

6. 重命名数据库的正确语句是（   ）。
   - A．ALTER DATABASE <旧名> MODIFY NAME=<新名>
   - B．EXECUTE sp_renamedb <旧名> TO <新名>
   - C．ALTER DATABASE <旧名> UPATE NAME=<新名>
   - D．EXECUTE sp_renamedb <新名> FROM <旧名>

7. 删除数据库时，要求数据库（   ）。
   - A．是关闭的
   - B．在单用户环境下
   - C．有用户在连接
   - D．没有任何连接

8. 数据库的分离与附加是一种（   ）操作。
   - A．数据库文件的删除与创建
   - B．数据库的删除与建立
   - C．数据库的备份与迁移
   - D．数据库的复制

9. 自动收缩数据库的语句是（   ）。
   - A．ALTER DATABASE <数据库名称> SET AUTO_SHRINK OFF
   - B．ALTER DATABASE <数据库名称> SET AUTO_SHRINK ON
   - C．EXEC sp_dboption <数据库名>,'single_user',TRUE
   - D．EXEC sp_dboption <数据库名>,'single_user',FALSE

10. 以下（   ）是分离数据库的目的。

A．便于数据库从一个数据库实例迁移到另一个数据库实例

B．便于备份数据库

C．将数据库与 SQL Server 系统脱离，减轻 SQL Server 的承载压力

D．以上都是

二、填空题

1．数据文件包含主数据文件、_____和事务日志文件三类文件。文件组主要有主文件组和_____两类。

2．在 SQL Server 2008 安装时，系统为实例创建了四个系统数据库，即_____、msdb、_____和 tempdb 数据库。

3．创建数据库时需要预先确定数据库的_____、所有者、_____、物理文件名、文件组名称、_____、文件增长方式和最大文件大小、文件存放位置等参数。

4．收缩数据库数据文件的语句格式是_____。

5．删除数据库的语句格式是_____。

三、设计题

1．根据下表给定的参数使用 SSMS 方式创建数据库"qqtx"，然后将其重命名为"qqtxgl"，最后写出创建数据库"qqtx"的 T-SQL 语句，并执行创建操作。

参数	主文件组（PRIMARY）	日志文件
逻辑名	qqtx	qqtx_log
文件名	d:\qqtx\qqtx.mdf	d:\qqtx\qqtx.ldf
初始大小	3	1
最大容量	16	无限制
增量方式	10%	1

2．根据下表给定的参数写出创建数据库"oagl"的 T-SQL 语句，并执行创建操作。

参数	主文件组（PRIMARY）		日志文件	
逻辑名	oagl_p1	oagl_p2	oagl_log1	oagl_log2
文件名	d:\oagl\ oagl_p1.mdf	d:\oagl\ oagl_p2.mdf	d:\oagl\ oagl_log1.ldf	d:\oagl\ oagl_log2.ldf
初始大小	8MB	4MB	6MB	1MB
最大容量	100MB	无限制	32MB	无限制
增量方式	20%	8MB	2MB	10%

4

数据库表设计

本章导读

    上一章学习了在实例中创建与维护数据库的操作，其实，目前数据库也只是放置在实例内的一个子容器，还不能马上存储数据等对象，为此，接下来要做的是在数据库上创建能保存数据的表以及与其相关的其他对象。

    本章通过一个教务管理系统数据库的抽象模型的实现来介绍数据库表的创建、修改、删除等基本操作，其中，数据完整性约束的实现是学习的难点。该模型中的表将贯穿后续各章内容的应用性介绍，因此，要求读者对此模型中的表结构以及表间的约束关系必须有充分的认识和理解，否则，将有碍于后续各章的学习。

本章要点

- 表的结构与类型
- 数据类型
- 表的创建、修改、删除与重命名
- 数据完整性约束
- 表间依赖关系

4.1   数据库表概述

    SQL Server 2008 中的数据库是结构数据模型中关系模型的实现，关系模型中的"关系"对应着数据库中的表，即数据库表。因此，表的有关概念与第 1 章介绍的"关系数据库"的基本概念一一对应。

4.1.1 表的结构

为了更好地理解表的结构、理清关系和表的概念的对应关系，图4-1以本书教学数据库模型中"student"学生表的记录样例，给出了关系和表的有关概念的对应关系。

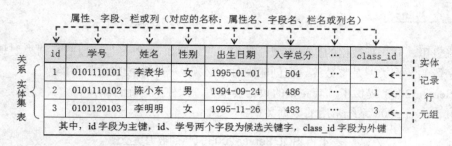

图 4-1 关系、表概念的对应关系

SQL Server 数据库的表包含两部分内容，一是存储在表中的数据记录；二是表结构的描述内容。从图4-1容易看出，一张表由零条或多条记录组成，而一条记录则由一个或若干个字段的原子数据构成；表结构主要由表名、一个或多个字段以及完整性约束规则等内容组成，每个字段又由字段名、字段的数据类型、数据长度、约束等基本属性构成。每张表通常有一个主键或多个候选键，如果一张表与另一张或多张表发生一对一、一对多或多对多的关联关系时，则表中还会出现一个或多个"外键"字段。

4.1.2 表的类型

在 SQL Server 系统中，把表分为四种类型，即用户表、分区表、临时表和系统表。每种类型的表都有其自身的作用和特点。

1. 用户表

用户表是数据库用户创建的自定义表，用于存放用户应用系统的具体数据。用户表创建后被存储在 SQL Server 系统的用户数据库中。

2. 分区表

分区表是指表很大时，水平地把大表的数据分割成多个单元，然后把某些单元放在多个文件组中以便于管理大表和索引，提高管理效率。

3. 临时表

临时表是临时存储数据的表，用户一旦断开与数据库的连接，临时表就会自动删除。临时表在创建时可指定为局部临时表和全局临时表，并存储在 tempdb 系统数据库中。

（1）局部临时表

局部临时表创建后，只对连接者可见，在用户断开数据库的连接时，局部临时表会自动删除，所以，局部临时表是私有的。

（2）全局临时表

全局临时表在创建后，所有连接到数据库的用户都可见，只有当引用全局临时表的所有用户都与 SQL Server 实例断开连接后全局临时表才自动删除，所以，全局临时表是公共的，为所有用户所共享。

4. 系统表

SQL Server 系统将数据库服务器的配置信息以及所有表的描述信息存储在一组特殊的表中,这组表称为系统表。操作系统表的用户需要有特殊的操作权限,一般用户不能修改或删除系统表。

4.2 数据类型

在一张表里,同一列数据的数据类型都是相同的。例如,"姓名"字段的数据类型是字符串、"年龄"字段的数据类型是整数等。在创建表时,必须为每个字段确定数据类型。

SQL Server 2008 提供了一套完整的数据类型集,此外,还允许用户自定义数据类型。表 4.1 列出了 SQL Server 2008 系统常用的数据类型。

表 4.1 SQL Server 2008 常用的数据类型集

数据类型		类型定义格式	说明
二进制		image	存放可变长的二进制数据,最大长度为 2^{31}-1 个字节
		varbinary[(n)]	存放可变长的二进制数据,最大长度为 8000 个字节
精确	整数	bigint	存放从 -2^{63} 到 2^{63}-1 范围内的整型数据
		int	存放从 -2^{31} 到 2^{31}-1 范围内的整型数据
	小数	decimal[(p[,s])]	存放从 -10^{38}+1 到 10^{38}-1 范围内的固定精度与小数位的数据
	定位小数	money	存放从 -2^{63} 到 2^{63}-1 范围内的货币数据,精确到小数点后四位
近似小数		float[(n)]	存放从 -1.79E+308 到 1.79E+308 范围内的浮点精度数据
位型数值		bit	存放 1 或 0;逻辑值 true 为 1、false 为 0
时间戳		timestamp	时间戳数据类型,数据库范围内唯一,记录值更新时自动更新
全球标识符		uniqueidentifier	存放全球唯一标识 GUID:由 MAC 地址+CPU 时钟组成
普通字符串		varchar[(n)]	存放可变长度的非 Unicode 字符数据,最大长度为 8000 个字节
		text	存放可变长度的非 Unicode 字符数据,最大长度为 2^{31}-1 个字节
Unicode 字符串		nvarchar[(n)]	存放可变长度的 Unicode 字符数据,最大长度为 4000 个字节
		ntext	存放可变长度的 Unicode 字符数据,最大长度为 2^{31}-1 个字节
日期和时间		datetime	存放 1753.1.1 到 9999.12.31 的日期和时间数据,精确度到 3% 秒
		date	存放 0001.1.1 到 9999.12.31 的日期,默认值 1900-01-01

4.3 了解教学数据库及表

本节给出了本书使用的数据库及表——教务管理系统数据库的抽象模型(简称"jwgl")。"jwgl"以满足本书内容需求为度,只包含了教务管理系统中的部分数据库表;此外,为了让初学者能够见文识意、易于理解,表中除了主键与外键之外,其他字段都转换成中文表示。

4.3.1　创建教学数据库

在"D:"盘创建存放数据库文件的文件夹"\jwgl"→打开 SQL Server 2008 SSMS 管理器→在 SSMS 管理器的"标准"工具栏中，单击"新建查询"按钮，打开"SQL 编辑器"窗格→将"master"数据库设置为当前使用的数据库→在"SQL 编辑器"窗格输入并执行如下 T-SQL 语句以创建"jwgl"数据库。

```
CREATE DATABASE jwgl
ON PRIMARY
(   NAME=jwgl,
    FILENAME='d:\jwgl\jwgl.mdf',
    SIZE=3,
    MAXSIZE= UNLIMITED,
    FILEGROWTH=1MB
)
LOG ON
(   NAME=jwgl_log,
    FILENAME='d:\jwgl\jwgl_log.ldf',
    SIZE=1,
    MAXSIZE=UNLIMITED,
    FILEGROWTH=10%
)
```

4.3.2　教学数据库表定义

1. 专业表（见表 4.2）

（1）表名：specialty。

（2）功能：存放专业的基本信息。

表 4.2　专业表

序号	字段名称	数据类型及长度	约束与说明
1	id	int	主键，自增 1
2	专业编号	varchar(4)	唯一，非空
3	专业名称	varchar(64)	唯一，非空

2. 班级表（见表 4.3）

（1）表名：class。

（2）功能：存放班级的基本信息。

表 4.3　班级表

序号	字段名称	数据类型及长度	约束与说明
1	id	int	主键，自增 1
2	班级编号	varchar(8)	唯一，非空
3	班级名称	varchar(64)	唯一，非空
4	年级	varchar(4)	非空
5	specialty_id	int	专业信息，外键，关联specialty表的 id 字段

3. 教师表（见表 4.4）

（1）表名：teacher。

（2）功能：存放教师的基本信息。

表 4.4　教师表

序号	字段名称	数据类型及长度	约束与说明
1	id	int	主键，自增 1
2	教师编号	varchar(8)	唯一，非空
3	教师名称	varchar(64)	非空

4. 专业课程开设表（见表 4.5）

（1）表名：course。

（2）功能：存放每个专业各个学期计划开设的课程信息。

表 4.5　专业课程开设表

序号	字段名称	数据类型及长度	约束与说明
1	id	int	主键，自增 1
2	specialty_id	int	专业信息，外键，关联 specialty 表的 id 字段
3	开课学期	int	取值范围：1 至 8
4	课程编号	varchar(6)	唯一，非空
5	课程名称	varchar(128)	非空
6	课时	int	课程总课时，非空
7	学分	decimal(4,1)	非空
8	周课时	int	周安排课时，取值范围：1 至 50

5. 学生信息表（见表 4.6）

（1）表名：student。

（2）功能：存放学生的基本信息。

表 4.6　学生信息表

序号	字段名称	数据类型及长度	约束与说明
1	id	int	主键，自增 1
2	学号	varchar(10)	唯一，非空
3	姓名	varchar(32)	非空
4	性别	varchar(2)	取值范围："男" 或 "女"，默认：男
5	出生日期	datetime	
6	入学总分	decimal(6,2)	
7	入学时间	datetime	
8	class_id	int	班级信息，外键，关联 class 表的 id 字段

6. 学期开课任务表（见表 4.7）

（1）表名：task。

（2）功能：存放每个学期各个班级所开的课程以及授课教师等信息。

表 4.7　学期开课任务表

序号	字段名称	数据类型及长度	约束与说明
1	id	int	主键，自增 1
2	学年	varchar(9)	格式：2011-2012
3	学期	int	取值范围：1 或 2
4	起止周	varchar(5)	格式：例：'1-15'
5	class_id	int	班级信息，外键，关联 class 表的 id 字段
6	course_id	int	课程信息，外键，关联 course 表的 id 字段
7	teacher_id	int	教师信息，外键，关联 teacher 表的 id 字段

7. 学生课程学习成绩表（见表 4.8）

（1）表名：score。

（2）功能：存放学生课程的学习成绩信息。

表 4.8　学生课程学习成绩表

序号	字段名称	数据类型及长度	约束与说明
1	id	int	主键，自增 1
2	student_id	int	学生信息，外键，关联 student 表的 id 字段
3	task_id	int	开课信息，外键，关联 task 表的 id 字段
4	成绩	decimal(6,2)	百分制成绩，取值：0.00 至 100.00，默认值：0

4.3.3　教学数据库关系图

　　数据库关系图是为了便于读者理解数据库表间的依赖关系而设计。数据库的表创建后，可以借助 SQL Server 2008 的"SSMS 管理器"创建数据库关系图，操作步骤如下：

　　展开"数据库"节点→展开数据库"jwgl"→右击"数据库关系图"项→在弹出的快捷菜单中单击"新建数据库关系图"命令→弹出"添加表"窗口→单击窗口中的"添加"按钮将所有表添加→单击窗口中的"关闭"按钮，在"数据库关系图"设计器窗格中根据表间关系自动生成了关系图→在"数据库关系图"设计器窗格中调整图例或设置表间关系，效果如图 4-2 所示。

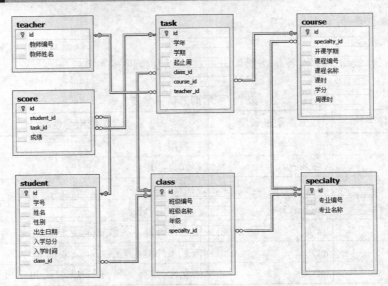

图 4-2　jwgl 数据库教学模型的数据库关系图

4.4　数据完整性约束概述

数据完整性约束是数据完整性在 SQL Server 系统中的具体实现，SQL Server 系统通过约束强制表中的数据合法化。数据完整性约束分为三种，且与数据完整性的种类一一对应。

1．实体完整性约束

实体完整性约束是表中记录与记录之间的约束，在 SQL Server 数据库表中由主键和唯一键字段的定义来实现。

（1）主键约束：是指将字段设置为主键。通过主键约束来实现记录的唯一标识。主键约束有非空和唯一键的特点。

（2）唯一键约束：是指将字段设置为唯一键来约束字段不允许有重复的数据出现。

2．域完整性约束

域完整性约束是针对字段的约束，在 SQL Server 数据库表中由空、非空、检查、默认值、自增量等约束实现。

（1）空或非空约束：如果字段设置为非空，则插入记录时，该字段必需提供数据。

（2）自增量键约束：如果将字段设置为自增量键，则字段的取值和维护都交由 SQL Server 系统来处理。

（3）检查约束：如果字段设置为检查约束，则字段的取值范围受到限制。当插入记录或修改数据时，数据要满足"检查表达式"的要求。

（4）默认值约束：如果字段设置了默认值，向表中插入新记录时，如果没有为该字段提供数据，则该字段自动填入默认值。

3．参照完整性约束

参照完整性约束是表与表之间的关联约束，在 SQL Server 数据库表中由外键字段的设置来实现。字段设置为外键后，字段的取值范围被限制在相关联的主键的现存记录的数据范围之内。外键约束还可以进一步定义"级联"规则：

（1）删除规则：如果外键设置了删除规则，当主键表中删除某一记录时，则外键表中与主键表被删记录相关联的所有记录将自动删除。

（2）更新规则：如果外键设置了更新规则，当主键表的某一记录的主键值被修改时，则外键表中与主键表被修改记录相关联的所有记录的外键字段的值将自动修改。

4.5　使用 SSMS 方式管理数据库表

在 SSMS 方式下使用"表设计器"创建、修改、删除表的操作比较简单、直观，容易上手，是初学者创建、修改、删除表的理想环境。

4.5.1　创建数据库表

创建数据库表时，需要在"表设计器"中输入各个字段的描述内容、创建各种约束关系、指定表保存的名称等内容。

【例 4-1】根据表 4.2 给定的参数创建"specialty"专业表。

（1）打开"表设计器"窗格。展开数据库"jwgl"节点→右击"表"节点→单击快捷菜单中的"新建表"命令，打开"表设计器"窗格，该窗格以表格的形式提供字段描述信息的编辑环境，它由列名、数据类型、允许 Null 值三列组成，每行描述一个字段的结构信息，如图 4-3 所示。

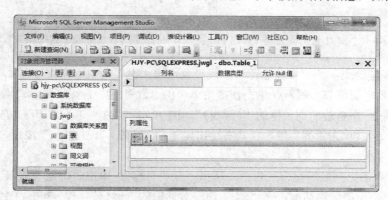

图 4-3　表设计器

1）列名：在该列的编辑框输入字段的"字段名"，例如，专业编号、专业名称。

2）数据类型：在该列输入或选择字段的数据类型，例如，选择整数数据类型"int"。

3）允许 Null 值：选中复选框，表示该字段的值允许为空，否则，必须提供数据。

（2）输入字段描述信息。在第一行的"列名"列输入"id"，在"数据类型"列选择整数类型"int"；在第二行的"列名"列输入"专业编号"，在"数据类型"列选择"varchar(50)"，将长度由"50"修改为"4"；在第三行的"列名"列输入"专业名称"，在"数据类型"列选择"varchar(50)"，将长度由"50"修改为"64"。输入内容如图 4-4 所示。

（3）设置字段的约束。

1）设置"非空"约束：在"表设计器"窗格，将三个字段的"允许 Null 值"列的复选框全部不选择（即把勾去掉），如图 4-5 所示。

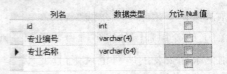

图 4-4 创建专业表　　　　　　　　　　　　　图 4-5 非空约束设置

2）设置主键约束：在"表设计器"窗格，选中"id"行，单击"表设计器"工具栏的"设置主键"按钮，这时，该行的左边出现一个代表主键的"钥匙"标志；在"表设计器"窗格右击鼠标，单击快捷菜单中的"索引/键"命令，显示"索引/键"对话框，如图 4-6 所示。

在"标识"项，单击"（名称）"项右边的编辑框，输入"主键"的名称，即将原值"PK_specialty"修改为"pk_spec"。主键名称可以使用系统默认的值，也可以自定义，但必须唯一。单击"关闭"按钮完成主键的约束设置。

3）设置"自增量"键：将"id"字段设置为"自增量1"的主键。在"表设计器"窗格选中"id"行，在"列属性"选项卡中，展开"标识规范"，将"（是标识）"的值由原值"否"改为"是"；"标识增量"的值设置为"1"；"标识种子"的值设为"1"。设置结果如图 4-7 所示。

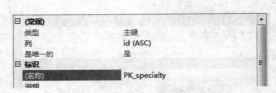

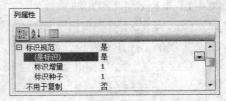

图 4-6 "索引/键"对话框　　　　　　　　　　图 4-7 字段"自增量1"设置

4）设置唯一键约束：为"专业名称"字段设置"唯一键"约束，操作过程如下：

在"表设计器"窗格右击鼠标，单击快捷菜单中的"索引/键"命令，显示"索引/键"对话框。单击"添加"按钮，在右边的列表框的"（常规）"项中单击"类型"项，在其右边出现的组合列表框中选择"唯一键"；单击"列"项，在其右边出现"…"按钮，单击"…"按钮，弹出"索引列"对话框，如图 4-8 所示。

在图 4-8 中单击"列名"组合列表框，选择"专业名称"，单击"确定"按钮退出"索引列"对话框，返回"索引/键"对话框；在"索引/键"对话框的"标识"项，单击"（名称）"项右边的编辑框，输入"唯一键"的名称，将原值"IX_specialty"修改为"uq_zymc"。至此，"专业名称"的唯一键约束设置完毕，内容设置如图 4-9 所示。

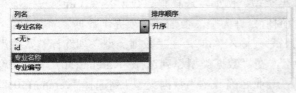

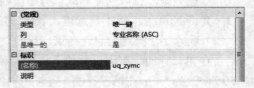

图 4-8 索引列　　　　　　　　　　　　　　图 4-9 专业名称-唯一键设置

使用同样的操作方法，也给"专业编号"字段设置一个名称为"uq_zybh"的唯一键约束。经过上述操作，专业表"specialty"的表结构设置完毕。

（4）保存创建的表。单击"标准"工具栏的"保存"按钮，弹出"选择名称"对话框，如图 4-10 所示，在"输入表名称"编辑框中输入表名"specialty"，单击"确定"按钮完成专业表创建的所有操作。

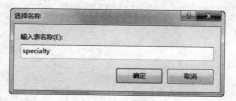

图 4-10　保存

【例 4-2】根据表 4.3 给定的参数创建"class"班级表。

创建过程与例 4-1 基本相同，操作完成后，以"class"名称保存，这时，"表设计器"窗格的内容如图 4-11 所示。下面重点介绍"外键约束"的设置方法，操作过程如下：

（1）进入"外键关系"窗口。在表设计器窗格右击鼠标，单击快捷菜单的"关系"命令，显示"外键关系"对话框，如图 4-12 所示。

图 4-11　创建 class 表

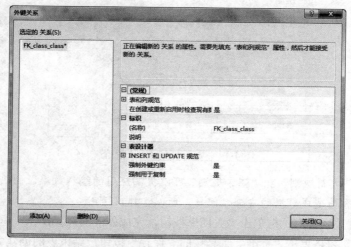

图 4-12　"外键关系"对话框

（2）定义"外键"。单击"添加"按钮，展开"（常规）"项，展开"表和列规范"项，在其右侧显示"…"按钮，单击该按钮显示"表和列"对话框，如图 4-13 所示，在该对话框中设置如下内容：

1）在"关系名"编辑框输入一个自定义的外键名称"fk_cl_sp"。

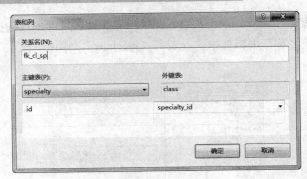

图 4-13　关系设置

2）单击"主键表"下面的列表框选择"specialty"表名，单击其下方的单元格，单元格变成下拉列表框，在下拉列表框中选择"id"字段。

3）在"外键表"下面的列表框显示有"class"表名，单击其下方的单元格，单元格变成下拉列表框，在下拉列表框中选择"specialty_id"字段。

上述三项设置完后，单击"确定"按钮，返回图 4-12 的"外键关系"对话框。

（3）设置级联规则。在图 4-12 所示的"外键关系"对话框中，在左边窗格中选中要设置级联规则的关系名称，例如，选择刚刚建立的外键名称"fk_cl_sp"；在右边的列表框中展开"INSERT 和 UPDATE 规范"项，单击"更新规则"项，在其右边显示出下拉列表框按钮，单击该按钮，从列表中选择"级联"；单击"删除规则"项，在其右边显示出下拉列表框按钮，单击该按钮，从列表中选择"级联"；单击"强制外键约束"项，在其右边显示出下拉列表框按钮，单击该按钮，从列表中选择"是"。设置后的内容如图 4-14 所示。

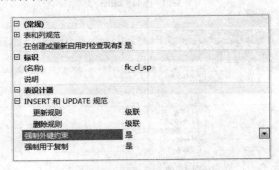

图 4-14　更新与删除规则设置

提示：级联的"更新规则"和"删除规则"可以提高应用的编程效率，但缺点是一改全改或一删全删太过危险，容易造成数据的安全性问题，所以，建议慎用。

（4）在"外键关系"对话框单击"关闭"按钮，完成外键的设置操作，返回"表设计器"窗格；在"表设计器"窗格单击"标准"工具栏的"保存"按钮，结束表的创建。

思考并操作：如何设置字段的默认值约束；如何设置检查约束？

4.5.2　修改数据库表

数据库表创建后，还可以使用 SSMS 方式或 T-SQL 语句进行修改，修改的内容主要包括更改表名，增删字段，修改字段的字段名、数据类型、长度、约束关系等基本内容。

1．修改字段属性、增删表字段

【例 4-3】把"class"班级表的"班级名称"字段的长度"64"修改为"32"；给表增加一个"人数"字段，其属性参数为字段名：人数；数据类型：INT；最后，将"年级"字段删除。

操作过程如下：

（1）在"表设计器"窗格中打开"class"班级表

展开"jwgl"数据库→展开"表"节点→右击要修改的"class"表→单击快捷菜单中的"设计"命令，打开"表设计器"窗格，如图 4-15 所示。

（2）修改"班级名称"字段的总长度

单击"班级名称"字段的"数据类型"列，将"64"修改为"32"。

（3）增加"人数"字段

在最后的空行里，在"列名"列输入"人数"；在"数据类型"列选择"int"，修改后的内容如图 4-16 所示。

图 4-15　修改表属性

图 4-16　修改-增加字段

（4）删除字段

鼠标指向"年级"字段所在的行，右击鼠标，单击快捷菜单中的"删除列"命令，则该字段被删除。

（5）调整字段顺序

鼠标指向"人数"字段左边的空白处，向上拖动鼠标到"specialty_id"字段的上方位置，然后释放鼠标即可调整字段的位置顺序。字段的位置顺序在"SELECT *"查询语句中对输出列的输出位置顺序有影响。

（6）保存退出

单击工具栏的"保存"按钮，结束修改。右击"SQL 编辑器"窗格的标题，在快捷菜单中单击"关闭"按钮，关闭"SQL 编辑器"窗格。

2．修改约束

修改表的约束内容的操作过程与创建表时设置约束的操作过程一样。

4.5.3　重命名表名

重命名表名可能会破坏表间关联关系或使相关的存储过程等内容失效，因此，要尽量避免修改表名。

【例 4-4】将"jwgl"数据库的"class"班级表重命名为"class_old"。

操作过程如下：

展开数据库"jwgl"节点→展开"表"节点→右击"class"表名→单击快捷菜单的"重命名"命令→"class"的表名称变成编辑框→输入新的（或修改）表名称为"class_old"→按回车键，或在窗口的其他位置单击鼠标即可结束修改。

4.5.4　删除数据库表

当表没有存在的必要时，可以把它从数据库中删除。删除表之前要检查表的主键是否被另一张表的外键关联，如果被关联，则该表不允许删除，否则，要先删除外键表。

【例 4-5】将"class_old"班级表删除。

操作过程如下：

展开数据库"jwgl"节点→展开"表"节点→右击"class_old"表名→单击快捷菜单的"删除"命令→弹出"删除对象"对话框→单击"确定"按钮，因为"class_old"表的主键还没有被其他表的外键关联，所以，删除操作成功。

4.6　使用 T–SQL 语句管理数据库表

在实际应用中，数据库管理员或信息系统的开发人员更乐于使用 T-SQL 语句来创建与维护数据库中的表。使用 T-SQL 语句具有方便灵活、便于交流、便于脚本保存等优点。

4.6.1　创建数据库表

T-SQL 使用"CREATE TABLE"语句来创建数据库表。"CREATE TABLE"语句的功能非常强大，一条语句就可以描述表结构的所有内容。常用的语法格式如下。

1. 语法格式

```
CREATE TABLE <表名>
(    <字段名> <数据类型>[(<长度>[,<小数>])] [<字段约束>]
    [,…n]
)
```

2. 使用说明

（1）创建表的数据库必须是正在使用的数据库。

（2）在语法格式中，括号内字段的描述（如字段名、数据类型）等各项内容之间用空格分开；当一个表有多于一个字段时，字段之间用逗号","分开。

（3）字段名：定义字段的名称。例如，id、专业编号、专业名称等。

（4）数据类型：给出字段的数据类型。例如，int、date、varchar 等。

（5）长度：定义字段数据的最大长度。例如，专业名称的最大数据长度设置为 64。有些字段如"int"等使用固定长度的字节数来存放数据，所以不用指定长度。

（6）小数：如果字段用于保存非整型的数值，则本项定义小数所占的位数。

（7）字段约束：用于设置字段数据的完整性约束。例如，非空、默认值、限制数据范围、外键等。

3. 字段的约束

在创建表的 T-SQL 语句的语法格式中，"字段约束"项用于定义字段的约束内容。

（1）定义空或非空

1）格式：{[NULL|NOT NULL]}

2）说明：非空选"NOT NULL"，允许空则选取"NULL"或省略。

3）例如：某字段不能为空，则约束设置为：

```
NOT NULL
```

（2）定义自增量键

1）格式：[IDENTITY(<初始值>,<步长值>)]

2）说明：将字段设置为由系统控制的自增量字段。"初始值"是系统生成的第一个值；系统生成下一个值的方法：取上一次生成的值加上一个"步长值"。

3）例如：设第一条记录字段的值取"1"，第二条记录取"3"，则约束设置为：

```
IDENTITY(1,2)
```

（3）定义主键约束

1）格式：[CONSTRAINT <约束名>] PRIMARY KEY

2）说明：用于将字段设置为主键。当省略[CONSTRAINT <约束名>]时，由 SQL Server 系统自动给出约束名称，下同。

3）例如：将某字段设置为主键，主键标识名称为"pk_id"，则约束设置为：

```
CONSTRAINT pk_id PRIMARY KEY
```

（4）定义唯一键约束

1）格式：[CONSTRAINT <约束名>] UNIQUE

2）说明：用于将字段设置为唯一键。

3）例如：将某字段设置为唯一键，当唯一键标识名称为"uq_zybh"时，约束设置为：

```
CONSTRAINT uq_zybh UNIQUE
```

（5）定义外键约束

1）格式：[CONSTRAINT <约束名>] FOREIGN KEY REFERENCES <引用表名>(<引用字段名>) [ON DELETE CASCADE][ON UPDATE CASCADE]

2）说明：用于将字段设置为外键。"ON DELETE CASCADE"选项用于定义级联的"删除规则"，"ON UPDATE CASCADE"选项用于定义级联的"更新规则"。

3）例如：设置某个字段为外键，它关联"specialty"专业表的主键字段"id"，且不设置级联规则，则该字段的外键约束设置为：

```
CONSTRAINT fk_spec FOREIGN KEY REFERENCES specialty(id)
```

（6）定义检查约束

1）格式：[CONSTRAINT <约束名>] CHECK (<检查表达式>)

2）说明：用于设置字段的取值范围。"检查表达式"是一个关系或逻辑表达式。

3）例如：设置"年龄"字段的取值范围为 1 到 200 的整数，则约束设置为：

```
CONSTRAINT ck_age CHECK (年龄>=1 and 年龄<=200)
```

（7）定义默认值约束

1）格式：[CONSTRAINT <约束名>] DEFAULT <默认值>

2）说明：为字段设置"默认值"。

3）例如：为"性别"字段设置默认值为"男"，则约束设置为：

```
CONSTRAINT df_sex DEFAULT '男'
```

4. 案例操作

【例 4-6】根据表 4.3 给定的参数使用 T-SQL 语句创建"class"班级表。

在 SSMS 管理器的"标准"工具栏中，单击"新建查询"按钮，打开"SQL 编辑器"窗格；将"jwgl"数据库设置为当前使用的数据库；在"SQL 编辑器"窗格输入如下 T-SQL 语句实现代码：

```
CREATE TABLE class
```

```
(   id INT IDENTITY(1,1) CONSTRAINT pk_clas PRIMARY KEY,
    班级编号  VARCHAR(8) NOT NULL CONSTRAINT uq_bjbh UNIQUE,
    班级名称  VARCHAR(64) NOT NULL CONSTRAINT uq_bjmc UNIQUE,
    年级  VARCHAR(4) NOT NULL,
    specialty_id INT CONSTRAINT fk_cl_sp FOREIGN KEY REFERENCES specialty(id)
```

单击"SQL 编辑器"工具栏中的"!（执行）"按钮执行 T-SQL 语句，如果 T-SQL 语句存在语法错误，则在"消息"窗格以红色字体显示错误信息，双击错误信息时，将在"SQL 编辑器"窗格用深色定位错误所在的行，如图 4-17 所示。

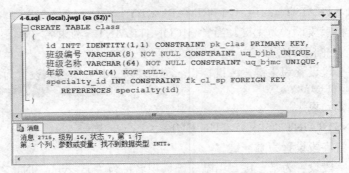

图 4-17　编辑、执行 T-SQL 语句-错误

检查语句发现，在"id"字段的数据类型"INTT"处多输入了一个"T"，返回"SQL 编辑器"窗格，将"INTT"修改为"INT"，然后再次执行。语句成功执行，在"消息"窗格显示"命令已成功完成"。

【例 4-7】根据表 4.4 给定的参数使用 T-SQL 语句创建"teacher"教师表。

实现代码如下：

```
CREATE TABLE teacher
(   id INT IDENTITY(1,1) CONSTRAINT pk_teac PRIMARY KEY,
    教师编号  VARCHAR(6) NOT NULL CONSTRAINT uq_jsbh UNIQUE,
    教师姓名  VARCHAR(32) NOT NULL
)
```

【例 4-8】根据表 4.5 给定的参数使用 T-SQL 语句创建专业课程开设表"course"。

实现代码如下：

```
CREATE TABLE course
(   id INT IDENTITY(1,1) CONSTRAINT pk_cour PRIMARY KEY,
    specialty_id INT CONSTRAINT fk_co_sp FOREIGN KEY REFERENCES specialty(id),
    开课学期  INT NOT NULL CONSTRAINT ck_kkxq CHECK(开课学期>=1 AND  开课学期<=8),
    课程编号  VARCHAR(6) NOT NULL CONSTRAINT uq_kcbh UNIQUE,
    课程名称  VARCHAR(128) NOT NULL,
    课时  INT NOT NULL,
    学分  DECIMAL(4,1) NOT NULL,
    周课时  INT NOT NULL CONSTRAINT ck_zks CHECK(周课时>=1 AND  周课时<=50)
)
```

【例 4-9】根据表 4.6 给定的参数使用 T-SQL 语句创建学生信息表"student"。

实现代码如下：

```
CREATE TABLE student
(   id INT IDENTITY(1,1) CONSTRAINT pk_stud PRIMARY KEY,
    学号  VARCHAR(10) NOT NULL CONSTRAINT uq_xh UNIQUE,
```

```
    姓名  VARCHAR(32) NOT NULL,
    性别  VARCHAR(2) NOT NULL CONSTRAINT ck_xb CHECK(性别='男' OR  性别='女'),
    出生日期  datetime,
    入学总分  DECIMAL(6,2),
    入学时间  datetime,
    class_id INT CONSTRAINT fk_st_cl FOREIGN KEY REFERENCES class(id)
)
```

【例 4-10】根据表 4.7 给定的参数使用 T-SQL 语句创建"task"学期开课任务表。

实现代码如下:

```
CREATE TABLE task
(   id INT IDENTITY(1,1) CONSTRAINT pk_task PRIMARY KEY,
    学年  VARCHAR(9),
    学期  INT CONSTRAINT ck_xq CHECK(学期>=1 AND  学期<=2),
    起止周  VARCHAR(5),
    class_id INT CONSTRAINT fk_ta_cl FOREIGN KEY REFERENCES class(id),
    course_id INT CONSTRAINT fk_ta_co FOREIGN KEY REFERENCES course(id),
    teacher_id INT CONSTRAINT fk_ta_te FOREIGN KEY REFERENCES teacher(id)
)
```

【例 4-11】根据表 4.8 给定的参数使用 T-SQL 语句创建"score"学生课程学习成绩表。

实现代码如下:

```
CREATE TABLE score
(   id INT IDENTITY(1,1) CONSTRAINT pk_scor PRIMARY KEY,
    student_id INT CONSTRAINT fk_sc_st FOREIGN KEY REFERENCES student(id),
    task_id INT CONSTRAINT fk_sc_ta FOREIGN KEY REFERENCES task(id),
    成绩  DECIMAL(6,2) CONSTRAINT ck_cj CHECK(成绩>=0 AND  成绩<=100)
    CONSTRAINT ck_df DEFAULT 0
)
```

5．创建临时表

（1）语法格式

```
CREATE TABLE #[#]<表名>
(    <字段名> <数据类型>[(<长度>[,<小数>])] [<字段约束>]
    [,...n]
)
```

（2）使用说明

创建临时表与创建一般表的差别在于"表名"前增加了一个或两个"#"符号。其中，"#<表名>"用于创建局部临时表；"##<表名>"用于创建全局临时表。

（3）案例操作

【例 4-12】根据表 4.4 的参数使用 T-SQL 语句创建"teacherTemp"教师局部临时表。

实现代码如下:

```
CREATE TABLE #teacherTemp
(   id INT IDENTITY(1,1) CONSTRAINT pk_teac PRIMARY KEY,
    教师编号  VARCHAR(6) NOT NULL CONSTRAINT uq_jsbh UNIQUE,
    教师姓名  VARCHAR(32) NOT NULL
)
```

临时表"#teacherTemp"是在"Tempdb"系统数据库中创建的。在 SSMS 环境中创建的临时表，在"表设计器"窗格关闭时即自行删除。在实际应用时，临时表通常在应用系统中以 T-SQL 语句方式临时创建。

6. 通过查询创建表

SQL Server 2008 系统可以使用查询语句创建数据库表，通过查询语句创建的表不但具有表结构而且还有记录数据。

（1）语法格式

SELECT * INTO <新表名> FROM <数据源对象> [WHERE <选择条件>]

（2）使用说明

本语句的作用是从 FROM 后面指定的"数据源对象"即数据库中的表或视图中查询出满足"选择条件"的记录；创建"新表名"指定的表，把查询的记录集插入到该表中。

（3）案例操作

【例 4-13】查询 "class" 班级表中的记录，把查询结果插入到 "classInfo" 表中。

实现代码如下：

SELECT * INTO classInfo FROM class

在"表设计器"窗格中打开"class"和"classInfo"两个表，比较可以发现，两个表的基本结构完全一样。但主要差别有两点：一是查询所创建的表没有了数据完整性的约束内容；二是如果查询有结果集，则查询所创建的表包含查询结果集的记录，否则该表没有记录，是一张空表。

4.6.2 修改数据库表

数据库表的修改使用"ALTER TABLE"语句，该语句可以对现有表的字段进行增、删、改等操作，也可对字段的约束内容进行增、删、改等操作。

1. 增加字段

（1）语法格式

ALTER TABLE <表名>
　　ADD <字段名> <数据类型>[(<长度>[,<小数>])] [<字段约束>] [,...n]

（2）使用说明

当一次增加多个字段时，字段间的描述使用逗号","分开。

（3）案例操作

【例 4-14】为 "teacher" 教师表增加两个字段，一是"职称"字段：字段名：职称、数据类型：VARCHAR、数据长度：12、默认值：助教；二是"年龄"字段：字段名：年龄、数据类型：INT。

实现代码如下：

ALTER TABLE teacher
ADD 职称 VARCHAR(12) CONSTRAINT df_zc DEFAULT '助教',年龄 INT

2. 删除字段

（1）语法格式

ALTER TABLE <表名> DROP COLUMN   <列名> [,...n]

（2）使用说明

被删除的字段不能是主键、外键、索引等有约束的字段，否则，应先删除约束关系，然后再删除该字段。一条语句可以同时删除一个或多个字段。

（3）案例操作

【例 4-15】把 "teacher" 教师表新增加的"年龄"字段删除。

实现代码如下：

ALTER TABLE teacher DROP COLUMN 年龄

3. 修改字段属性

（1）语法格式

```
ALTER TABLE <表名>
    ALTER COLUMN <字段名> <数据类型>[(<长度>[,<小数>])] [<字段约束>]
```

（2）使用说明

如果修改的字段原来允许空，现在修改为非空时，则表中不能有该字段为空的记录，否则操作失败。使用 ALTER TABLE 语句不能直接修改字段的名称。

（3）案例操作

【例 4-16】把"teacher"教师表中"教师姓名"字段的长度修改为"16"。

实现代码如下：

```
ALTER TABLE teacher ALTER COLUMN 教师姓名 VARCHAR(16)
```

4. 修改字段名

ALTER TABLE 语句虽然没有提供修改字段名的功能，但可以调用存储过程"sp_rename"来实现。语句格式如下：

```
EXECUTE sp_rename '<表名>.[<旧字段名>]', '<新字段名>', 'COLUMN '
```

【例 4-17】把"student"学生表的字段名"入学总分"修改为"高考总分"。

实现代码如下：

```
EXECUTE sp_rename 'student.[入学总分]','高考总分','COLUMN'
```

5. 修改约束

表的修改操作有时还涉及到约束内容的增加、修改和删除操作。下面给出相关的语句格式，读者可根据语句格式的要求自己举例验证。

（1）增加主键约束：当表还没有主键时使用。

```
ALTER TABLE <表名> ADD [CONSTRAINT <约束名>] PRIMARY   KEY(<主键字段名>)
```

（2）删除约束：删除指定名称的任意约束。

```
ALTER TABLE <表名> DROP CONSTRAINT <约束名>
```

（3）增加唯一键约束：将指定的字段设置为唯一键。

```
ALTER TABLE <表名> ADD [CONSTRAINT <约束名>] UNIQUE (<唯一键字段名>)
```

（4）增加检查约束：为表增加一个检查约束。

```
ALTER TABLE <表名> [WITH NOCHECK]
    ADD [CONSTRAINT <约束名>] CHECK(<检查表达式>)
```

（5）设置字段默认值：为指定的字段设置默认值。

```
ALTER TABLE <表名>
    ADD [CONSTRAINT <约束名>] DEFAULT <默认值> FOR <字段名>
```

（6）增加外键约束：将表中指定的字段设置为外键，同时可以定义"级联规则"。

```
ALTER TABLE <表名> [WITH NOCHECK]
    ADD [CONSTRAINT <约束名>] FOREIGN KEY(<外键字段名>) REFERENCES <引用表名>(<引用字段名>) [ON
DELETE CASCADE][ON UPDATE CASCADE]
```

4.6.3　重命名表名

T-SQL 语句重命名表名时，可调用存储过程"sp_rename"来实现。语句格式如下：

```
EXECUTE sp_rename <旧表名>,<新表名>
```

【例 4-18】把"classInfo"表改名为"classSrc"。

```
EXECUTE sp_rename classInfo,classSrc
```

4.6.4 删除数据库表

使用 T-SQL 语句删除数据库表的最大好处就是一次可以删除多个表，方便快捷。

（1）语法格式

```
DROP TABLE <表名>[,…n]
```

（2）使用说明

如果表中的主键被另一表的外键关联，必须先删除表间的关联关系，然后才能把表删除，否则，删除操作失败。

（3）案例操作

【例 4-19】把"jwgl"数据库中的"classSrc"表删除。

实现代码如下：

```
DROP TABLE classSrc
```

4.7 查看表间依赖关系

表间的依赖关系是指表与表之间使用主键与外键进行关联的约束机制。对表进行插入、修改或删除等操作时，操作员都必须十分清楚地知道被操作的表与其他表之间的依赖关系，否则，操作经常以失败告终。

当应用系统比较庞大时，表的数量比较多，表间的关系也比较复杂，靠记忆的方式记住各个表之间的依赖关系已不现实，所以，在进行数据的插入、修改、删除等操作或设计相应的 T-SQL 操作语句之前，操作员经常会先了解表间的依赖关系，知道了表间的依赖关系，就能确定操作的先后次序以及语句中有关参数的来源等。

【例 4-20】查看"class"班级表在"jwgl"数据库中的依赖关系。

操作过程如下：

（1）进入"对象依赖关系"窗口

展开"数据库"节点→展开数据库"jwgl"节点→展开"表"节点→右击"class"表名，弹出快捷菜单→单击"查看依赖关系"命令→弹出"对象依赖关系"对话框。

（2）查看依赖于"class"表的对象

在"对象依赖关系"对话框中选择"依赖于[class]的对象"单选按钮，在"依赖关系"窗格中显示出依赖于"class"班级表的对象，展开所有节点，可以清楚地看到依赖于"class"表的层次依赖关系，如图 4-18 所示。

（3）查看"class"班级表依赖的对象

在"对象依赖关系"对话框中选择"[class]依赖的对象"单选按钮，则在"依赖关系"窗格中显示出"class"班级表依赖的对象，展开所有节点，可以清楚地看到"class"表所依赖的其他表的层次依赖关系，如图 4-19 所示。需要注意的是，如果要查看依赖的对象，表中必须已有记录，否则，会显示"发现依赖项失败"的提示信息。

图 4-18 被依赖   图 4-19 依赖

小结

（1）数据库通过表存储记录数据，因此，数据库创建以后，必须在数据库上创建表；表结构主要由表名、一个或多个字段以及完整性约束规则等内容组成，每个字段又由字段名、字段的数据类型、数据长度、约束等基本属性构成。

（2）约束是数据完整性的实现，表通过约束机制，才使得字段、表、表与表之间的数据更具有完整性、有效性和实用性。常见的数据完整性约束主要有主键、外键、唯一键、域、检查等多种。

（3）表在创建之前应该使用范式进行科学合理的设计，并根据字段数据的特性和表间的关联关系确定字段的约束条件；表在创建之后虽然还可以根据需要进行修改、删除等操作，但是，当表存在约束或依赖关系时，修改、删除表的操作就要受约束条件的限制，甚至有些操作必须去掉约束后才能操作成功。所以，创建表前要认真设计表结构，创建表后建议要尽量少修改。

练习四

一、选择题

1. 在下列描述中，不属于表结构内容的是（　　）。
   A. 数据类型
   B. 表记录
   C. 表名
   D. 字段名

2. 下列是有关表的分类类型，正确的分类项是（　　）。
   A. 用户表，数据表，临时表，记录表
   B. 用户表，分区表，临时表，系统表
   C. 关系表，分区表，临时表，统计表
   D. 用户表，专业表，关系表，班级表

3. 下列哪组包含了不正确的 SQL Server 数据类型（　　）。
   A. image、varbinary[(n)]
   B. int、float[(n)]、real、bigint
   C. decimal[(p[,s])]、date、double
   D. varchar[(n)]、ntext、nvarchar[(n)]

4. 下列（　　）用于定义检查约束。
   A. CONSTRAINT pk_id PRIMARY KEY
   B. CONSTRAINT uq_zybh UNIQUE
   C. CONSTRAINT fk_specialty_id FOREIGN KEY REFERENCES specialty(id)
   D. CONSTRAINT ck_age CHECK (age>=1 and age <=8)

5. 下列（　　）用于创建数据库表。
   A. CREATE TABLE
   B. ALTER TABLE

C．DROP TABLE D．INSERT

6．下列（ ）用于对表或字段进行重命名。

A．CREATE RENAME B．ALTER RENAME

C．SP_RENAME D．EXEC SP_RENAME

7．下列哪个关键字用于定义外键（ ）。

A．IDENTITY B．DEFAULT

C．FOREIGN KEY D．PRIMARY KEY

8．下列哪些项不是 SQL Server 2008 的数据完整性约束类型（ ）。

A．参照完整性 B．实体完整性

C．关系完整性 D．域完整性

9．数据库关系图的主要作用是（ ）。

A．表达了表之间的关系 B．表达了表的字段及表之间的关系

C．表达了数据库之间的关系 D．表达了数据库之间、表之间的关系

二、填空题

1．表结构主要由表名、_____以及约束规则等内容组成，每个字段又由字段名、字段的_____、数据长度、约束等基本属性构成。

2．在 SQL Server 系统中，表分为_____、分区表、临时表和_____等四种类型。

3．SSMS 管理器中，"表设计器"窗格的主要作用是_____。

4．SSMS 管理器中，"SQL 编辑器"窗格的主要作用是_____。

5．SSMS 管理器中，"查询设计器"窗格的主要作用是_____。

三、设计题

1．根据下表给定的参数，使用 T-SQL 语句方式创建"provider"供应商信息表。

序号	字段名称	数据类型及长度	约束与说明
1	id	int	主键，自增 1
2	供货商编号	varchar(8)	唯一，非空
3	供货商名称	varchar(64)	唯一，非空
4	联系人	varchar(32)	非空
5	联系电话	varchar(40)	非空
6	QQ 号	varchar(16)	
7	域名	varchar(64)	
8	通信地址	varchar(128)	非空
9	邮政编码	varchar(5)	非空
10	业务范围	varchar(512)	

2．根据下表给定的参数，使用 T-SQL 语句方式创建"inventory"商品库存信息表。

序号	字段名称	数据类型及长度	约束与说明
1	id	int	主键，自增 1
2	商品编号	varchar(6)	唯一，非空
3	商品名称	varchar(64)	唯一，非空
4	型号	varchar(32)	非空
5	规格	varchar(32)	
6	条形码	varchar(64)	非空
7	库存量	int	
8	单价	decimal(12,2)	范围：大于 0
9	进货价	decimal(12,2)	范围：大于 0
10	仓位	varchar(24)	
11	进货日期	date	
12	最高预警数	int	默认：200
13	最低预警数	int	默认：10
14	provider_id	int	供应商信息，外键，关联 provider 表的 id 字段

3．为"student"学生表增加一个字段：字段名：生源地、数据类型：VARCHAR、数据长度：32；在例 4-17 中已将"入学总分"字段修改为"高考总分"，现将其恢复为"入学总分"；增加一个检查约束："入学总分"的范围限制在[0,1000]之间；为"生源地"字段增加一个默认值："广东"。请使用 SSMS 方式和 T-SQL 语句方式分别实现。

5

表数据的维护

上一章介绍了数据库表的创建与维护，本章介绍如何向数据库中的表插入新记录、修改表中的数据或删除表中的记录等操作，这些操作统称为表数据的维护。用户创建数据库和创建表的操作频率通常是很低的，它们一旦创建成功之后，就很少进行修改。在实际应用中，用户更多的操作是消耗在表数据的维护上面。

表数据的维护主要还是使用 SSMS 方式和 T-SQL 语句两种方法。当表的数量和表中的记录很少时，使用 SSMS 方式是可行的；当表的数量比较多、表的记录比较多、表间的依赖关系比较复杂时，使用 SSMS 方式就会显得举步维艰、效率低下。在实际应用中，主要是通过用户提交数据，在数据库服务器端使用 T-SQL 语句进行数据维护，因此，表数据的维护重点是学习如何使用 T-SQL 语句进行数据的增、删、改操作。

本章要点

● 表数据维护的注意事项
● 向表插入记录、修改数据、删除记录

5.1 数据维护注意事项

向表插入记录、修改数据、删除记录时由于字段具有数据类型、数据长度和约束等内容的限制，所以，进行数据维护时要符合相关的基本要求，否则，数据维护操作就会失败。

1. 插入记录注意事项

（1）对于非空字段，必须填入数据。

（2）对于"自增量"字段，不需要人工输入数据，其值由系统自动生成。

（3）对于主键、唯一键字段，该字段的值在表的所有记录中必须唯一。

（4）对于外键字段，字段值必须来自所引用表的主键字段。例如，"class"班级表中的外键"specialty_id"，该字段的取值必须包含于"specialty"专业表的现有记录的"id"主键字段的值范围之内，否则，班级表插入记录时就会失败。

（5）对于设置了默认值的字段，插入记录时，如果该字段有确定的值，则使用确定的值，否则，不需要输入数据，系统会使用默认值填入该字段。

（6）对于有检查约束的字段，输入的数据必须满足检查表达式的要求。

（7）其他字段在满足约束规则、数据长度及类型的情况下，可以随意填入数据。

2. 数据修改注意事项

（1）对于"自增量"字段，不允许人工修改。

（2）对于非"自增量"的主键，如果主键已被另一个表的外键引用，则建议不要随意修改。如果确实要修改，应该在设置了级联"更新规则"的情况下进行。

（3）其他字段在满足约束规则、数据长度及类型的情况下，可以随意修改数据。

（4）插入记录的注意事项在数据修改时同样适用。

3. 删除记录注意事项

（1）如果表中的主键没有被另一个表的外键引用，则可以任意删除记录。

（2）如果表中的主键已被另一个表的外键引用，这时删除记录有两种途径：

1）先删除外键表中外键引用了主键值的记录，然后才删除主键表的记录。

2）在主键表和外键表之间建立级联"删除规则"，当删除主键表的某行记录时，外键表中相应的记录会自动删除，这样能确保关系之间记录数据的参照完整性。

5.2 使用 SSMS 方式维护数据

使用 SSMS 方式向表插入、修改、删除记录的操作都是在"查询设计器"的"显示结果"窗格中以类似于编辑 Excel 电子表格的形式直接操作完成的。

5.2.1 插入记录

1. 设置"查询设计器"可编辑的记录数默认值

默认情况下，SQL Server 2008 的 SSMS 管理器在"查询设计器"中只允许插入或修改表中前 200 行记录的数据，如果需要插入或修改 200 行以后的记录数据，则需要修改系统设置的默认值，操作过程如下：

单击 SSMS 管理器的"工具"菜单→单击"选项"菜单项，显示"选项"对话框→展开"SQL Server 对象资源管理器"节点→单击"命令"项→在右边区域展开"表和视图选项"节点，如图 5-1 所示→单击"编辑前<n>行命令的值"右边的单元格→把系统默认的值 200 修改为某个整数值 →单击"确定"按钮完成设置。

2. 向没有外键字段的表插入记录

【例 5-1】向"jwgl"数据库的"specialty"专业表插入表 5.1 所示的全部记录（注意：id 字段的值自动生成）。

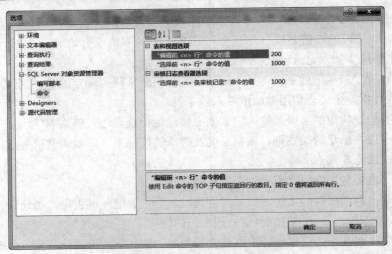

图 5-1　设置系统默认的"编辑前<n>行"的 n 值

表 5.1　插入专业表记录

id	专业编号	专业名称
1	0101	计算机应用技术
2	0102	计算机网络技术
3	0103	计算机多媒体技术
4	0104	动漫设计与制作
5	0301	城市轨道交通运营管理
6	0302	物流管理

操作过程如下：

（1）进入"查询设计器"

在 SSMS 管理器的"对象资源管理器"中，展开数据库"jwgl"节点→展开"表"节点→右击"specialty"表名→单击快捷菜单的"编辑前 200 行"命令→在 SSMS 的右边区域显示"查询设计器"窗格。

（2）输入记录

单击"专业编号"单元格，输入"0101"；单击"专业名称"单元格，输入"计算机应用技术"；"id"字段是自增量主键，其值不用人工输入，但"id"字段的值是否连续，要看另外两个字段输入数据时，是否存在唯一键约束的错误。

用同样的方法输入其他记录，前四行输入后窗格中的内容如图 5-2 所示，以同样的方法将后面的记录输入。

（3）保存退出

右击"查询设计器"窗格的标题，单击快捷菜单中的"关闭"命令，结束插入操作。

3．向有外键字段的表插入记录

【例 5-2】把表 5.2 的记录插入到"class"班级表。

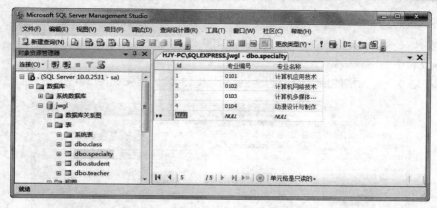

图 5-2　向没有外键字段的表插入记录

表 5.2　插入班级表记录

id	班级编号	班级名称	年级	specialty_id
1	01011301	计算机 13-1	2013	1
2	01011302	计算机 13-2	2013	1
3	01021301	网络 13-1	2013	2

【案例分析】先要弄清楚表 5.2 最后一列"specialty_id"数据的来源：因为，"计算机 13-1、计算机 13-2"两个班是"计算机应用技术"专业的班级，从图 5-2 专业表的记录中可查知，"计算机应用技术"专业的主键"id"字段值为"1"，所以，在"class"班级表中，外键"specialty_id"字段的值取"1"；同理，"网络 13-1"班是"计算机网络技术"专业的班级，该专业在专业表中的主键"id"字段值为"2"，所以，在"class"班级表中，外键"specialty_id"字段的值取"2"。操作结果如图 5-3 所示。

图 5-3　向有外键字段的表插入记录

5.2.2　修改数据

【例 5-3】把"class"班级表的"网络 13-1"班级名称修改为"网络技术 13-1"。
操作过程如下：
（1）在"查询设计器"中打开需要修改数据的表

在 SSMS 管理器的"对象资源管理器"中,展开数据库"jwgl"节点→展开"表"节点→右击"class"班级表表名→单击快捷菜单的"编辑前 200 行"命令。

（2）修改表中的记录数据

将"网络 13-1"单元格的内容修改为"网络技术 13-1",结果如图 5-4 所示。

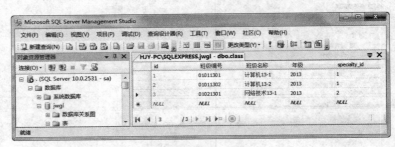

图 5-4　修改记录

5.2.3　删除记录

【例 5-4】将"specialty"专业表中的"物流管理"专业删除。

操作过程如下:

（1）在"查询设计器"中打开需要删除记录的表

在 SSMS 管理器的"对象资源管理器"中,展开数据库"jwgl"节点→展开"表"节点→右击"specialty"专业表的表名→单击快捷菜单的"编辑前 200 行"命令→在"查询设计器"窗格中显示表中的记录。

（2）删除记录

鼠标指向"物流管理"专业所在行左边的空白处→右击鼠标显示快捷菜单,如图 5-5 所示,单击"删除"命令,该行即被删除。

图 5-5　删除记录

5.3　使用 T-SQL 语句维护数据

使用 T-SQL 语句对表数据的维护处理主要通过三条语句实现,其中,记录的插入操作使用

"INSERT INTO"语句实现，数据的修改操作使用"UPDATE"语句实现，记录的删除操作使用"DELETE"语句实现。

5.3.1 INSERT 语句插入记录

1. 语法格式

INSERT [INTO] <表名> [(<字段名>[,…n])] VALUES (<表达式>[,…n])

2. 使用说明

（1）INTO 关键字

INTO 关键字在语句中可以省略，但为了语句的语意表达更清晰，建议写上。

（2）<字段名>[,…n]

该处列出表中的部分或所有字段名，多个字段时用","号分开，省略时代表全部字段。

（3）<表达式>[,…n]

表达式的个数要与前面列出的字段个数相同，多个表达式时用","号分开。表达式的值的数据类型要与前面列出的对应位置的字段的数据类型一一对应。

注意：如果"id"字段已设置为自增量的主键，则其数据由系统自动维护；如果"id"字段没有设置为自增量，则必须在语句中指定它的取值。

3. 案例操作

（1）单行记录插入：所有字段都提供数据

所有字段都提供数据是指在插入语句中每个字段都要指定具体的插入数据。

【例 5-5】向"specialty"专业表插入一条专业记录：专业编号等于"0403"，专业名称等于"集装箱管理"。

【案例分析】专业表有三个字段，插入语句原则上应提供三个数据，但"id"字段是否需要指定数据要看它是否已设置为自增量的字段，故插入语句要分两种情况考虑：

情况一："id"主键如果不是自增量的字段，则需要提供一个唯一的数据。这时，需要选定一个在专业表中还没有使用的"id"值，例如，"7"还没有使用。根据语句的语法要求，插入语句的代码设计如下：

INSERT INTO specialty (id,专业编号,专业名称) VALUES (7,'0403','集装箱管理')

上述语句因为全部字段都提供数据，因此，可以省略字段名列表部分，下面的写法与上述写法的功能完全一样：

INSERT INTO specialty VALUES (7,'0403','集装箱管理')

情况二："id"已设置为自增量的主键时，不需要人工维护"id"字段。语句修改为：

INSERT INTO specialty (专业编号,专业名称) VALUES ('0403','集装箱管理')

提示：为了便于交流和复用，T-SQL 语句应该以文件的形式保存起来，T-SQL 语句或使用 T-SQL 语句设计的程序简称为 SQL 脚本，其存盘文件简称为 SQL 脚本文件，文件默认的扩展名为".sql"。

（2）单行记录插入：部分字段提供数据

【例 5-6】向"student"学生表插入表 5.3 中"李表华"同学的记录。

【案例分析】已设置了默认值和允许为空的字段，在插入记录时可以暂时不填入数据，因此，插入语句可以只指定部分字段的数据，在这种情况下，字段名列表部分不允许省略。本案例中，第一行"出生日期"没有提供数据，因为该字段允许为空，所以，该记录能成功地插入到表中。

表5.3 插入学生表记录

id	学号	姓名	性别	出生日期	入学总分	入学时间	class_id
	0101110101	李表华	女		504	2011-09-01	1
	0101110102	陈小东	男	1994-09-24	486	2011-09-01	1
	0101110103	李档赤	女	1993-05-16	523	2011-09-01	1

代码实现如下：

```
INSERT INTO student(学号,姓名,性别,入学总分,入学时间,class_id)
VALUES('0101110101','李表华','女',504,convert(datetime,'2011-09-01'),1)
```

其中，"convert()"是将字符串数据类型的数据转换成日期类型的函数。语句执行后，"出生日期"字段的值为"NULL"。

（3）多行记录插入：通过已知数据插入多记录

INSERT语句一次可以插入多行记录，提高了记录插入的效率。根据语句的语法格式可知，一次插入多个记录时，语句中提供记录数据的括号之间使用"，"逗号分开即可。

【例5-7】向"student"学生表插入表5.3中"陈小东、李档赤"两位同学的记录。

代码实现如下：

```
INSERT INTO student(学号,姓名,性别,出生日期,入学总分,入学时间,class_id)
        VALUES('0101110102','陈小东','男',convert(datetime,'1994-09-24'),486,
        convert(datetime,'2011-09-01'),1) , ('0101110103','李档赤','女',
        convert(datetime,'1993-05-16'),523,convert(datetime,'2011-09-01'),1)
```

（4）多行记录插入：通过查询插入多行记录

INSERT语句还提供了一种通过查询将查询结果集插入到表的功能，因为查询结果集中可能有零行或多行记录，所以这种操作能实现一次插入多行记录的功能。

1）语法格式

```
INSERT [INTO] <表名> <SELECT 查询语句>
```

2）使用说明

SELECT查询语句负责从表中按给定的条件查询出满足条件的结果集，INSERT语句能够将结果集中的记录插入到指定的表中。查询语句在下一章中介绍。

【例5-8】使用创建表语句创建一个仅含"班级名称"和"专业名称"的班级专业信息表"cl_sp"，表中的记录来自"class"班级表的现有数据。

【案例分析】本案例有两项功能要求，需要分两步实现。因为班级专业信息表"cl_sp"还不存在，所以需要先创建；然后再使用查询插入语句插入多行记录。

代码实现如下：

```
CREATE TABLE cl_sp                      --创建 cl_sp 表
(  班级名称  VARCHAR(32),
   专业名称  VARCHAR(32)
)
GO
INSERT INTO cl_sp
    SELECT 班级名称,专业名称               --SELECT 查询语句
    FROM class AS cl,specialty sp WHERE cl.specialty_id=sp.id
```

插入记录与修改记录时需要注意数据的类型，对于数值型字段，数据直接以数的形式给出；对于字符型字段，数据要以单引号括起来；对于日期型字段，使用"convert()"函数将字符串格式的

日期值转换成日期类型等。

例如，例 5-6 这样写就会报错：

```
INSERT INTO student(学号,姓名,性别,入学总分,入学时间,class_id)
VALUES(0101110101,李表华,女,504,'2011-09-01',1)
```

查询插入记录的方法要求查询结果中字段个数、字段的数据类型、数据长度、约束关系要满足被插入表的字段要求，否则，插入操作失败。

5.3.2　UPDATE 语句修改数据

1．语法格式

```
UPDATE <表名> SET <字段名>=<表达式>[,…n] [WHERE <条件表达式>]
```

2．使用说明

SET 关键字后面的式子"<字段名>=<表达式>"就是修改项，即用"表达式"的值修改赋值号"="左边指定的字段的值。如果同时修改多个字段，则用逗号","分开；WHERE 关键字后面指定的是修改"条件"，当不指定"WHERE <条件表达式>"选项时，所有记录都要修改，否则，只修改满足条件的记录。有关"条件表达式"的知识在下一章的"WHERE 子句"中有详细介绍。

3．案例操作

（1）修改所有记录的字段数据

【例 5-9】把"class"班级表的所有记录的"年级"数据修改为"13"。

【案例分析】没有指定修改条件，所以，所有记录的"年级"字段都要修改为"13"。

实现的代码如下：

```
UPDATE class SET 年级='13'
```

（2）修改满足条件的记录的字段数据

【例 5-10】把"class"班级表的"网络技术 13-1"班的"班级名称"修改为"网络 13-1"。

【案例分析】已知条件是班名"网络技术 13-1"，所以，修改的限制条件是"班级名称='网络技术 13-1'"；修改的内容：班级名称='网络 13-1'。

实现的代码如下：

```
UPDATE class SET 班级名称='网络 13-1' WHERE 班级名称='网络技术 13-1'
```

（3）同时修改多个字段的数据

上面两个案例只修改一个字段的数据，其实，在修改语句中，"<字段名>=<表达式>[,…n]"表示同时可以修改记录的多个字段的值，只要用逗号","分开修改项即可。

【例 5-11】把"class"班级表的"网络 13-1"班的"班级编号"修改为"01011303"，"班级名称"修改为"计算机 13-3"。

实现代码如下：

```
UPDATE class SET 班级编号='01011303',班级名称='计算机 13-3',WHERE 班级名称='网络 13-1'
```

（4）修改外键字段值

表的外键字段用于关联主键表的主键，其作用是将两个表的记录有机地关联起来以扩大表记录的信息量，通过外键关联，相当于将两个表的字段并接在一起。

表的外键值修改要非常慎重，如果修改错误，则表间的参照完整性受到破坏。修改外键字段的值时，值的来源常常通过已知条件从主键表中的主键字段查询而来，只有这样，才能确保外键的值出现在主键表的主键字段内。

【例 5-12】把"class"班级表的"计算机 13-3"转入"计算机应用技术"专业。

【案例分析】例 5-11 已经将"网络 13-1"班的班名修改为"计算机 13-3",班级编码修改为"01011303",表面上看,"网络 13-1"班已经转到了"计算机应用技术"专业,实际上,如果将班级表与专业表进行关联查询时,"计算机 13-3"班仍然还是"计算机网络技术"专业的班级,究其原因,是因为该记录的外键字段"specialty_id"的值仍然为"2"。在专业表中,"id"主键值为"2"的记录是"计算机网络技术"。因此,实际上该班转专业还没有成功。

本案例是使用"specialty"专业表中"计算机应用技术"专业记录的"id"字段值去修改"class"班级表中"计算机 13-3"班记录的外键"specialty_id"字段的值。

如图 5-6 所示,在"SQL 编辑器"窗格输入并执行如下实现代码:

```
UPDATE class SET specialty_id=(SELECT id FROM specialty
                               WHERE  专业名称='计算机应用技术')
WHERE  班级名称='计算机 13-3'
```

本语句使用了子查询的概念及实现技术,其代码为:

```
specialty_id=(SELECT id FROM specialty WHERE  专业名称='计算机应用技术')
```

其作用是从"specialty"专业表中查询出"专业名称='计算机应用技术'"的记录,将其"id"字段的值赋给"class"班级表中满足"班级名称='计算机 13-3'"条件的那条记录的"specialty_id"字段。

图 5-7 是外键修改后的验证结果,从结果可以看到,这时的"计算机 13-3"班确实已转到了"计算机应用技术"专业,证明记录已被成功修改。

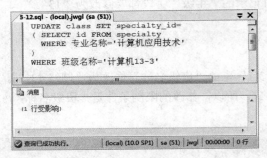

图 5-6　修改外键

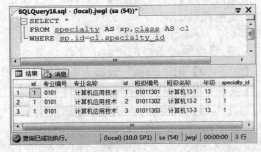

图 5-7　修改外键-查询验证

（5）条件来源于主键表的数据修改

有时,修改的已知条件源自主键表,而修改的对象是外键表的字段,这时需要像上一案例那样使用子查询的方法来定位被修改的记录。

【例 5-13】把班级表中"计算机应用技术"专业的班级的"年级"数据修改为"2013"。

【案例分析】已知条件是专业名称"计算机应用技术",那是专业表的内容,而修改的是班级表的"年级"数据。

实现代码如下:

```
UPDATE class SET 年级='2013' WHERE specialty_id=(SELECT id  FROM specialty WHERE 专业名称='计算机应用技术')
```

例 5-12 和例 5-13 都使用了子查询的概念,可见子查询在数据库应用中的重要作用,其中,例 5-12 使用子查询来获取修改值,例 5-13 则使用子查询来参与定位需要修改的记录。子查询的有关内容将在下一章详细介绍。

5.3.3   DELETE 语句删除记录

1. 语法格式

DELETE [FROM] <表名> [WHERE <条件表达式>]

2. 使用说明

在指定的表中删除满足条件的记录。不指定条件时，将表中的记录全部删除。

3. 案例操作

（1）删除一行记录

删除一行记录的操作是已知主键、唯一键字段的内容，并且在等值比较的条件下才能做到。例如，已知班级表中"id"字段的值、班级编号的值或班级名称的值，因为这些字段都有唯一键的特点。

【例 5-14】把"计算机 13-3"班的记录从"class"班级表中删除。

【案例分析】已知条件是"班级名称='计算机 13-3'"，由于班级名称字段在班级表中是唯一键字段，所以能唯一地删除"计算机 13-3"班的记录。实现代码：

DELETE class WHERE 班级名称='计算机 13-3'

（2）删除多行记录

删除多行记录是指在表中有多条记录满足"条件表达式"的要求，这种情况下，满足给定条件的记录全部删除。

【例 5-15】删除"specialty"专业表中"id"字段值大于"3"的记录。

【案例分析】已知条件是"id>3"，该条件代表"id"字段的值大于"3"的所有记录，所以，它能同时删除多行记录。

实现代码如下：

DELETE specialty WHERE id>3

（3）删除全部记录

当删除语句中省略 WHERE 选项、或所指定的条件能代表全部记录、或条件永远成立时，将删除表中的全部记录。

【例 5-16】把"student"专业表的记录全部删除。

实现代码如下：

DELETE student   --没有指定条件

或：

DELETE student WHERE 1=1   --条件"1=1"永远成立

或：

DELETE student WHERE id>=0   --id 字段的值从 1 开始，该条件能代表全部记录

（4）条件来源于主键表的记录删除

有时，删除的已知条件源自主键表，而删除的对象是外键表的记录，这时需要像例 5-13 案例那样使用子查询的方法来定位被删除的记录。

【例 5-17】把班级表中"计算机多媒体技术"专业的班级全部删除。

实现代码如下：

DELETE class WHERE specialty_id=(SELECT id FROM specialty WHERE 专业名称='计算机多媒体技术')

（5）使用级联的"删除规则"删除主键与外键表的相关记录

当主、外键表之间建立了级联的"删除规则"时，主键表的某行记录删除时，外键表中相关联

的记录也自动删除。

【例 5-18】把专业表中的"计算机应用技术"专业删除，同时也删除被依赖的表的相关记录。

【案例分析】由于"specialty"专业表的主键"id"被"class"班级表的外键"specialty_id"关联，这时，如果两表没有设置级联的"删除规则"，则删除"主键"表的记录时，先要删除"外键"表相关的记录，否则，主键表的记录不允许删除。这种情况下，删除操作要分两步进行。

第一步，删除"外键"表相关的记录。即删除"class"班级表中属于"计算机应用技术"专业的班级。实现的代码如下：

DELETE class WHERE specialty_id=(SELECT id FROM specialty WHERE 专业名称='计算机应用技术')

第二步，删除"主键"表的记录。即删除"specialty"专业表中的"计算机应用技术"专业记录。实现的代码如下：

DELETE specialty WHERE 专业名称='计算机应用技术'

如果两表已经设置了级联的"删除规则"，则使用"第二步"的删除命令即可。

小结

（1）向表插入记录、修改数据、删除记录时由于字段具有数据类型、数据长度和约束等内容的限制，所以，数据维护时要符合相关的基本要求。使用 SSMS 方式向表插入、修改、删除记录的操作都是在"查询设计器"的"显示结果"窗格中以类似于编辑 Excel 电子表格的形式直接操作完成的，但这种操作方式不常用，因此，要重点学习使用 T-SQL 语句方式进行数据的维护。

（2）为了便于交流和复用，T-SQL 语句应该以文件的形式保存起来，T-SQL 语句或使用 T-SQL 语句设计的程序简称为 SQL 脚本，其存盘文件简称为 SQL 脚本文件，文件默认的扩展名为".sql"。

（3）对数据进行维护操作时，记录的插入操作使用"INSERT INTO"语句实现，数据的修改操作使用"UPDATE"语句实现，记录的删除操作使用"DELETE"语句实现。

（4）修改数据与删除记录时，被修改或被删除的记录多少取决于"选择条件"的设置，一般情况下，修改或删除单一记录时，使用主键或唯一键的等值比较关系来定位目标记录，否则，使用可代表一定记录范围的关系或逻辑表达式来定位目标记录。

练习五

一、选择题

1. 给一个表插入一条记录的正确语句是（　　）。
   A. INSERT <字段名列表> VALUES (<表达式列表>)
   B. INSERT [INTO] <表名> [(<字段名列表>)] VALUES (<表达式列表>)
   C. INSERT INTO <表名> [(<字段名列表>)] VALUE (<表达式列表>)
   D. INSERT [INTO] <数据库名> [(<字段名列表>)] VALUES (<表达式列表>)

2. 下列（　　）用于创建数据库表。
   A. CREATE TABLE   B. ALTER TABLE
   C. DROP TABLE   D. INSERT

3. 向表插入记录时，如果每个字段必须填入数据，则哪些字段的数据不需要在语句中给出（　　）。

A．主键字段　　　　　　　　　　　B．默认字段、自增量字段

C．唯一键字段　　　　　　　　　　D．以上都错误

4．修改表中数据时，自增量的字段（　　　）。

A．不允许修改　　　　　　　　　　B．允许修改

C．允许修改，但要唯一　　　　　　D．以上都错误

5．删除表中的记录时，如果记录的主键被另一表的外键关联，且外键没有设置级联的"删除规则"，则该记录（　　　）。

A．可以删除　　　　　　　　　　　B．不能删除

C．由操作员的权限决定能否删除　　D．以上都错误

6．有"订单信息"表，将订单号为"3"的订货数量增加 50，下列语句正确的是（　　　）。

A．INSERT 订单信息 SET 数量=数量+50 AND 订单号=3

B．UPDATE 订单信息 SET 数量=数量+50 WHERE 订单号=3

C．UPDATE FROM 订单信息 SET 数量=数量+50 WHERE 订单号=3

D．ALTER 订单信息 SET 数量=数量+50 WHERE 订单号=3

7．使用 SSMS 方式给表输入记录信息时，存在的最大问题是（　　　）。

A．没有任何问题

B．记录多、表有依赖关系时，主、外键字段的值不易确定

C．容易输入重复记录

D．在 SSMS 方式下操作不安全

8．下列插入语句错误的是（　　　）。

A．INSERT INTO staff(name) VALUES('tom')

B．INSERT staff(name) VALUES('tom')

C．INSERT INTO staff(name) VALUES('tom'),('cat')

D．INSERT INTO staff(name) VALUES('tom');('cat');('dog')

9．下列删除语句错误的是（　　　）。

A．DELETE FROM ssmap WHERE id=20

B．DELETE ssmap WHERE id=20

C．DELETE ssmap WHERE id=20 && name='tom'

D．DELETE ssmap

10．下列删除语句错误的是（　　　）。

A．UPDATE staff SET name='tom'

B．UPDATE staff SET name='tom',sex='女'

C．UPDATE FROM ssmap SET staff_id=7

D．UPDATE ssmap SET staff_id=7 WHERE id=19

二、填空题

1．自增量字段在插入记录时不需要_____数据，其值由系统自动生成。

2．为了便于交流和复用，T-SQL 语句应该以文件的形式保存起来，T-SQL 语句或使用 T-SQL 语句设计的程序简称为_____，其存盘文件简称为_____，文件默认的扩展名为_____。

3．一般情况下，修改或删除单一记录时，使用_____的等值关系比较来定位目标记录，否则，使用_____的关系或逻辑表达式来定位目标记录。

4．对数据进行维护操作时，记录的插入操作使用_____语句实现，数据的修改操作使用_____语句实现，记录的删除操作使用_____语句实现。

5．当主外键表之间建立了级联的_____时，主键表的某行记录删除时，外键表中相关联的记录也自动删除。

三、操作与设计题

1．从 SQL Server 系统中删除"jwgl"数据库；从本书资源库中下载"jwgl"数据库教学模型的 T-SQL 脚本文件"jwglDB_zh 创建含记录表.sql"，在 SSMS 管理器导入并运行脚本以创建"jwgl"数据库，该数据库包含了相关的表、表中已插入了教学使用的相关记录，请使用查询设计器查阅并了解各个表已有的记录情况。

2．在完成第 1 题的情况下，设计 T-SQL 语句完成如下操作：

（1）为"specialty"专业表增加一条记录：专业编号：0201，专业名称：数控技术。

（2）为"class"班级表增加一个班级记录：班级编号：02011301，班级名称：数控 13-1，年级：2013。此外请问，外键"specialty_id"字段应该取什么值？

（3）把学号为"0102110103"的"李红红"同学从"student"学生表中删除。

（4）把"计算机 12-1"班从"class"班级表中删除。

（5）将"teacher"教师表中教师编号为"010104"的教师姓名修改为"刘博士"。

（6）将"黄听听"同学转到"计算机应用技术"专业，安排在"计算机 11-1"班。

（7）把"计算机 11-1"班"陈小东"同学的"JavaScript 程序设计"课程成绩由原来的"49"分修改为"85"分。

3．已知人事管理数据库"rsgl"含有如下定义的两张表。

（1）部门表：dept

序号	字段名	数据类型	约束与说明	
1	id	INT	主键	自增 1
2	name	VARCHAR(32)	部门名称	非空

（2）员工表：staff

序号	字段名	数据类型	约束与说明	
1	id	INT	主键	自增 1
2	dept_id	INT	外键	部门信息，关联 dept 表的 id 主键
3	number	VARCHAR (6)	编号	唯一
4	name	VARCHAR (32)	姓名	非空
5	sex	VARCHAR (6)	性别	范围：男或女
6	age	INT	年龄	默认：>0

请设计 T-SQL 语句完成如下操作:

（1）插入如下两表的记录。

dept 表

id	name
1	开发部
2	技术部
3	生产部
4	后勤部
5	财务部

staff 表

dept_id	number	name	sex	age
1	0001	张明明	男	39
2	0002	李小双	女	32
2	0003	王东兴	男	54
1	0004	陈肖青	女	42
4	0005	黄冰河	女	24

（2）将"生产部"修改为"市场部"。

（3）将"陈肖青"的年龄修改为"52"，所属部门修改为"市场部"。

（4）将"技术部"的所有员工的"年龄"增加 1 岁。

（5）将员工"黄冰河"划归"财务部"。

（6）将"王东兴"从员工表中删除。

（7）将"后勤部"及其员工记录全部删除。

6

数据查询

本章导读

上一章介绍了表数据的维护方法，已经将数据转变为信息保存在数据库的表中。本章详细介绍数据的查询方法以实现从数据库中获取用户所需的信息。数据查询使用 SELECT 语句来完成，该语句由多个子句组成，使用简单灵活，功能强大。本章从查询语句的各个子句入手，将常见常用的查询方法分散到各个子句中介绍，读者通过各子句的案例学习，能全面灵活地掌握查询语句的综合应用。

本章要点

- 查询语句的语法格式
- 常见常用的数据查询
- 查询结果集排序
- 分组查询、子查询
- 查询设计器的使用

6.1 SELECT 查询语句

所谓查询，是指用户向数据库服务器提交请求，数据库服务器接收到用户的请求后，通过对请求的分析处理，从数据库表中提取或统计出满足用户需求的结果集，并按用户的请求格式返回给用户。

查询操作是 SQL Server 系统的核心内容之一，在 SQL Server 系统中，查询通过 SELECT 语句实现。SELECT 查询语句能按给定的条件从指定的表、视图或派生表中查询出满足要求的信息。

6.1.1 SELECT 查询语句

SELECT 语句虽然结构清晰，容易理解，但可选的功能项比较多，常用的格式如下：

1. 语法格式

SELECT [ALL|DISTINCT] [TOP <n> [PERCENT]] [*|<输出列>[[AS] <别名>][,...n]]
[INTO <新表名>]
[FROM <表名|视图名|派生表> [[AS] <别名>] [,...n]]
[WHERE <选择条件表达式>]
[GROUP BY [ALL] <分组列名表达式> [,...n] [WITH CUBE|ROLLUP]]
[HAVING <分组选择条件表达式>]
[ORDER BY <排序列名表达式>[ASC|DESC][,...n]]

2. 使用说明

（1）SELECT 子句：指定查询返回的结果输出列。

（2）INTO 子句：创建新表并将查询结果集存储到新表中。

（3）FROM 子句：指定查询数据的来源：即表、视图、派生表等，数据来源于多个对象时，对象间用逗号分开。

（4）WHERE 子句：指定查询结果集的筛选条件。

（5）GROUP BY 子句：分组查询时用于指定分组字段名，多项分组时用逗号分开。

（7）HAVING 子句：分组查询时用于指定分组的筛选条件。

（8）ORDER BY 子句：指定查询结果输出行的排序方式。

6.1.2　SELECT 语句的执行过程

SELECT 语句的选项组合灵活多变，执行过程也就没有固定的次序，但典型应用的执行过程可概括如下：

（1）执行 FROM 子句，根据 FROM 子句提供的一个或多个数据源对象创建工作表。如果有多个数据源对象，SQL Server 系统将对它们进行交叉连接产生工作表。

（2）如果有 WHERE 子句，则按指定的条件对记录进行筛选，即将 WHERE 子句指定的选择条件作用于第（1）步生成的工作表，保留满足选择条件的行，删除不满足选择条件的行。

（3）如果有 GROUP BY 子句，SQL Server 系统将第（2）步生成的结果表中的行分成多个组，分组的依据是子句中的"分组列名表达式"的值，结果表中该值相同的行为一组。然后，将每组汇总为一行，并将汇总行添加到新的结果表中以代替第（2）步产生的工作表。

（4）如果有 HAVING 子句，SQL Server 系统将 HAVING 子句列出的选择条件作用于第（3）步生成的工作表中的每一行，即保留那些满足选择条件的分组行，删除那些不满足选择条件的分组行。

（5）将 SELECT 子句作用于结果表，删除结果表中不包含在"列名表达式"中的列。如果 SELECT 子句包含 DISTINCT 关键字，还将从结果中删除重复的行。

（6）如果有 ORDER BY 子句，按指定的排序规则对结果行进行排序。

（7）如果使用 INTO 子句，则创建新表，并将结果集插入到表中。

（8）对于交互式的 SELECT 语句，在屏幕上显示结果集；对于嵌入式 SQL，使用游标将结果集传递给宿主程序。

提示：上述执行过程仅是一种典型的应用例子，其他未列出的选项的执行次序请读者参考 SQL Server 联机帮助文档。

6.2 SELECT 选择输出列子句

SELECT 子句负责查询结果的输出，也就是说反馈给用户的信息都在 SELECT 子句中设置，下面根据常见的输出类型分别进行介绍。

6.2.1 查询所有列数据

在 SELECT 子句中用 "*" 表示输出 FROM 子句给出的数据源表所包含的全部字段。

【例 6-1】查询 "class" 班级表的所有记录信息。

操作过程如下：

（1）打开 "SQL 编辑器" 窗格

在 SSMS 管理器的 "标准" 工具栏单击 "新建查询" 按钮，打开 "SQL 编辑器" 窗格。

（2）选择当前使用的数据库 "jwgl"

在 "SQL 编辑器" 工具栏中单击 "可用数据库" 列表框，选择 "jwgl" 数据库，即将 "jwgl" 数据库设置为当前使用的数据库。

（3）在 "SQL 编辑器" 窗格输入如下实现代码。

```
SELECT * FROM class
```

（4）执行查询

单击 "SQL 编辑器" 工具栏的 "!（执行）" 按钮。查询结果如图 6-1 所示。

6.2.2 查询指定列数据

在实际应用中，根据需要往往只输出部分列，这时，只要在 SELECT 子句中直接列出需要输出的字段名即可，输出列多于一项时，使用逗号 "," 分开。

【例 6-2】查询 "class" 班级表的班级名称、年级信息。

实现代码如下，查询结果如图 6-2 所示。

```
SELECT 班级名称,年级  FROM class
```

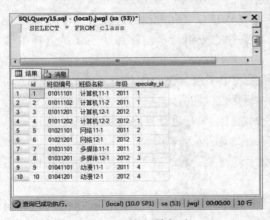

图 6-1 输出所有列

图 6-2 输出部分列

6.2.3　对输出列重命名

当输出列的字段名不能起到见文识意或输出列由派生表、聚合函数、自定义产生时，这些输出列的名称只有通过重命名处理，才能使查询的信息易于理解。

在 SELECT 子句中，给输出列重命名是在"<输出列>"后面使用"[AS] <别名>"格式进行处理，每个输出列都可以重命名。

【例 6-3】查询"class"班级表的班级编号、班级名称、年级信息，要求"班级编号"重命名为"编号"，"班级名称"重命名为"班名"。

实现代码如下，查询结果如图 6-3 所示。

```
SELECT 班级编号 AS 编号,班级名称 AS 班名,年级 FROM class
```

6.2.4　限制返回行数

如果查询结果集有多行记录时，可根据需要只返回结果集中前面的若干行或返回总行数的百分之几的行数。

在 SELECT 子句中，使用"[TOP <n>|TOP <n> PERCENT]"实现返回行数的限制。若省略这些选项，则查询结果的所有行都要返回；选用"TOP <n>"，n 是一个大于 0 的整数，则仅返回查询结果的前 n 行记录；选用"TOP <n> PERCENT"，则返回查询结果的前百分之 n 行的记录。

【例 6-4】查询"class"班级表的信息，要求输出前 5 行记录。

实现代码如下，查询结果如图 6-4 所示。

```
SELECT TOP 5 * FROM class
```

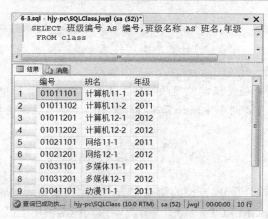

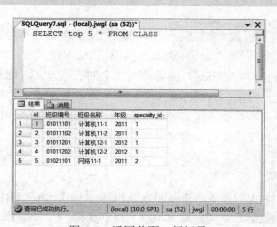

图 6-3　输出列重命名　　　　　　　　　　图 6-4　返回前面 5 行记录

【例 6-5】查询"class"班级表的班级编号、班级名称、年级信息，要求"班级编号"重命名为"编号"，"班级名称"重命名为"班名"，仅输出前 20%的记录。

实现代码如下：

```
SELECT TOP 20 PERCENT 班级编号 AS 编号,班级名称 AS 班名,年级 FROM class
```

6.2.5　去除查询结果集的重复行

表在主键的约束下不会有重复的记录，但使用 SELECT 语句进行查询时，如果语句含有投影操作，或输出列都是自定义列，则查询结果就有可能出现重复的行，通常重复行只须输出一行即可。

在 SELECT 子句中，可以使用"[ALL|DISTINCT]"实现这项功能。其中，"ALL"是默认项，可以省略，表示输出全部行；"DISTINCT"选项表示在查询结果中去掉重复的行。

【例 6-6】查询"class"班级表的年级、specialty_id 信息。

实现代码如下：

```
SELECT  年级,specialty_id FROM class
```

【例 6-7】查询"class"班级表的年级、specialty_id 信息，去掉重复记录。

实现代码如下：

```
SELECT DISTINCT  年级,specialty_id FROM class
```

比较上述两例的输出结果，可以发现例 6-7 去掉了例 6-6 的重复记录。

6.2.6 自定义输出列

查询除了从表中获取数据列之外，还可以自定义输出列，有时也称为计算列，意即这些列可以通过统计计算、表达式处理等得到。自定义输出列通常需要重命名列名。

【例 6-8】查询"class"班级表的班级名称、说明信息，其中"说明"列填入"本班级属于计算机应用专业"信息。

实现代码如下：

```
SELECT  班级名称,'本班级属于计算机应用专业' AS  说明  FROM class
```

在查询语句的返回结果集中,输出列如果不是某个表的字段,则该输出列一定是自定义输出列。自定义输出列可以通过常量、变量、字段、函数、派生表、查询等表达式自动生成。

【例 6-9】查询"class"班级表的班级名称、说明信息，其中"说明"列由班级的"年级"信息和"计算机应用技术专业"信息串组成。

实现代码如下：

```
SELECT  班级名称,说明=年级+'__计算机应用技术专业' FROM class
```

其中，"说明=年级+'__计算机应用技术专业'"是"年级+'__计算机应用技术专业' AS 说明"的另一种表达方式，两者都是别名的表达方式，意义一样。

提示：在实际应用中，由表达式生成自定义列的值是经常使用的技巧，例如，在库存管理中，库存表往往不设"金额"字段，金额通过单价与库存量两个字段计算而得；又如，工资签收单的签名列可在查询语句中自定义生成。

6.2.7 无数据源查询

无数据源查询是指 SELECT 语句中没有"FROM"子句，查询的结果完全由自定义输出列构成。无数据源查询原则上不属于查询操作，而只是借助 SELECT 语句的计算与输出功能常被用于显示表达式、系统变量等对象的值。

【例 6-10】用 SELECT 显示"10*100"的值，列名为"结果"；显示系统的版本号，列名为"版本"；显示系统的日期，列名为"日期"。

实现代码如下：

```
SELECT 10*100 AS  结果,@@version AS  版本,getdate() AS  日期
```

6.2.8 聚合函数查询

聚合函数分系统提供的聚合函数和用户自定义的聚合函数。聚合函数常在 SELECT、GROUP BY 或 COMPUTE BY 等子句中使用。其功能主要应用于统计记录数，求解最大值、最小值、平均

值等操作，这里主要介绍系统提供的聚合函数的使用。表6.1给出了常用的五个聚合函数及其功能。

表6.1　常用聚合函数

聚合函数	功能
SUM([ALL|DISTINCT] <表达式>)	求一组数据的和
MIN([ALL|DISTINCT] <表达式>)	求一组数据的最小值
MAX([ALL|DISTINCT] <表达式>)	求一组数据的最大值
COUNT({[ALL|DISTINCT] <表达式>}|*)	求一组数据中的项数
AVG([ALL|DISTINCT] <表达式>)	求一组数据的平均值

函数中的"表达式"由常数、变量、字段、函数和算术运算符组合而成，是一个数值型表达式，表达式不能包含聚合函数和子查询。除"COUNT"函数外，在表达式中对字段求值时，字段必须是数值型字段。

其中，"ALL"选项表示统计所有项的值，可以省略；"DISTINCT"选项表示对重复项只统计一次；"*"代表对所有项计数。

【例6-11】统计"student"学生表的学生人数、入学最高分、入学最低分、入学平均分、总分等信息。

实现代码如下：

```
SELECT COUNT(*) AS 学生人数,MAX(入学总分) AS 入学最高分, MIN(入学总分) AS 入学最低分,AVG(入学总分) AS 入学平均分,SUM(入学总分) AS 总分
FROM student
```

【例6-12】使用"COUNT()"函数通过"specialty_id"字段统计"class"班级表中的记录数。

实现代码如下：

```
SELECT COUNT(specialty_id) FROM class
```

【例6-13】使用"COUNT()"函数通过"specialty_id"字段统计"class"班级表中的记录数，要求重复值只统计一次。

实现代码如下：

```
SELECT COUNT(DISTINCT specialty_id) FROM class
```

6.3　FROM 提供数据源子句

虽然查询的数据都来自数据库的基表，但 FROM 子句对于数据的来源可指定为基表、视图和派生表等，因此，可以把基表、视图和派生表等统称为数据源对象。FROM 子句除了指定数据源对象外，还能给数据源起别名、对数据源对象之间进行连接等。

6.3.1　对数据源对象起别名

如果 FROM 子句后面仅指定一个数据源对象，则没有必要给数据源对象起别名，当数据源对象多于一个时，为数据源对象起别名就特别重要。对数据源对象重命名的目的是为了简化语句的书写格式，便于在语句中引用数据源对象的属性，便于语句的分析理解，缩短语句的字符表达内容等。对数据源对象起别名的格式为：

```
<表名|视图名|派生表> [[AS] <别名>]
```

如果对数据源进行了重命名，则在语句中的其他地方可以使用"<别名>.<字段名>"的格式对数据源对象的属性（即字段）进行引用，并以此来区别同名字段的来源。

【例6-14】查询"class"班级表的班级名称、年级信息，要求对"class"表起一个"cl"别名，并且要求班级名称、年级两个输出列使用别名进行引用。

实现代码如下：

```
SELECT cl.班级名称,cl.年级  FROM class AS cl
```

6.3.2　基表数据源对象查询

上述几个案例都使用单一的数据库基表作数据源对象，这种查询比较简单。而在实际应用中，查询的数据来自多个数据源对象的操作往往比来自单一数据源对象的操作更频繁，究其原因主要是因为应用系统中的数据库表都通过规范化处理。

在查询语句中，如果数据源对象有多个，对象之间用逗号","分开，并且建议对数据源对象进行重命名，以便更好地引用对象的字段属性。

【例6-15】查询输出各个班级的年级、班级名称、专业名称等信息。

【案例分析】专业名称是"specialty"专业表的内容，年级、班级名称是"class"班级表的内容，可见要查询的信息来自"class"班级表和"specialty"专业表。班级表通过外键"specialty_id"和专业表的"id"主键进行关联，表间关联的方法（即表间连接）在下面将要介绍，在本案例读者可暂时不考虑该内容的含义。

实现代码如下：

```
SELECT cl.年级,cl.班级名称,sp.专业名称    --通过别名引用数据源对象的字段
FROM class AS cl,specialty AS sp          --指定数据源对象并起别名
WHERE cl.specialty_id=sp.id               --表间连接
```

6.3.3　派生表数据源对象查询

派生表有时也称虚拟表，是指SELECT语句的查询结果集，该结果集的数据保存在内存当中，当引用派生表的SELECT语句执行完毕后，派生表即从内存中自动删除。

【例6-16】使用派生表技术完成例6-15的查询功能。

【案例分析】可以将例6-15中的"specialty AS sp"修改为使用派生表方式进行处理，即使用"(SELECT * FROM specialty) AS sp"来取代，这当中的SELECT语句就是派生表，通过该查询语句获得专业表的结果集，然后将结果集命名为"sp"，这个"sp"就是派生表的别名。

实现代码如下：

```
SELECT cl.班级名称,cl.年级,sp.专业名称
FROM class AS cl,                          --基表
     (SELECT * FROM specialty) AS sp       --派生表
WHERE cl.specialty_id=sp.id
```

6.3.4　视图数据源对象查询

有关视图的概念以及视图的创建和使用方法将在第7章"视图与索引"介绍，这里，读者只需知道"视图"是一张虚拟表，可以在FROM子句中作为数据源对象使用即可。

在"jwgl"数据库教学模型中预创建了一个"Vw_Specialty"视图，该视图引用了"specialty"专业表，视图的执行结果与"specialty"专业表的记录完全相同。

【例 6-17】使用视图技术完成例 6-15 的查询功能。

实现代码如下：

```
SELECT cl.班级名称,cl.年级,sp.专业名称
FROM class AS cl, Vw_Specialty AS sp          --Vw_Specialty 是视图
WHERE cl.specialty_id=sp.id
```

从例 6-15、例 6-16 和例 6-17 三个案例可以看出，数据源对象可以是数据库的基表，也可以是派生表和视图，尽管三者的数据源对象不同，但由于数据源对象的基表都是"class"班级表和"specialty"专业表，所以，查询的结果完全一样。

6.3.5 FROM 子句的连接查询

数据源对象之间的连接查询使用十分广泛，通过连接，把两个或多个数据源对象按某种条件关联起来以扩大记录的信息量。连接查询根据结果集记录的生成策略可分为内连接、外连接和交叉连接三种，而外连接又可细分为左外连接、右外连接和完全外连接三种。

连接查询操作可以通过 FROM 子句或 WHERE 子句实现，前面介绍的例 6-15 到例 6-17 三个案例中出现的"WHERE cl.specialty_id=sp.id"内容就是使用 WHERE 子句实现表间连接查询的方法之一。下面介绍 FROM 子句实现连接查询的几种常用方法。

1. 语法格式
FROM <表 1>[AS <别名 1>] <连接类型> <表 2>[AS <别名 2>] ON <连接条件>[...n]

2. 使用说明

（1）数据源对象

语法格式中的"<表 1>"和"<表 2>"是两个数据源对象。如果两个数据源对象是同一个数据源对象，则这种特殊情况是对象自己与自己连接，称自连接。

（2）连接类型

连接类型是下列五种情况之一，用于决定表间连接时查询结果集记录的生成方式。

① 内连接：[INNER] JOIN

② 左外连接：LEFT [OUTER] JOIN

③ 右外连接：RIGHT [OUTER] JOIN

④ 完全外连接：FULL [OUTER] JOIN

⑤ 交叉连接：CROSS JOIN

（3）连接条件

连接条件用于指定连接所基于的条件，即给出两个表字段的关联关系，连接关系分为等于、不等于、大于、大于等于、不大于、小于、小于等于、不小于等多种，对应的关系运算符是=、!=、>、>=、!>、<、<=、!<。实际使用时，等于"="连接常用于表间连接，因为等于连接符合表间主键与外键的约束关系。

3. 案例操作

（1）内连接

连接过程："表 1"的每条记录逐一地与"表 2"的每条记录按照"连接条件"进行比较，如果比较条件成立，则在查询结果集中生成一条新的记录，该记录中属于"表 1"的字段，则从"表 1"的当前记录中提取数据，属于"表 2"的字段，则从"表 2"的当前记录中提取数据。

【例 6-18】查询输出各个班级的班级编号、班级名称、年级、所属专业等信息。

【案例分析】从要求输出的信息分析可知，数据源来自"class"班级表和"specialty"专业表；两表的连接条件为：班级表的"specialty_id"外键等于专业表的"id"主键。

实现代码如下：

```
SELECT cl.班级编号,cl.班级名称,cl.年级,sp.专业名称 AS 所属专业
FROM specialty AS sp INNER JOIN class AS cl ON sp.id=cl.specialty_id
```

【例 6-19】查询输出所有学生的学号、姓名、性别、入学总分、年级、所属班级、所属专业等信息。

【案例分析】从要求输出的信息分析可知，数据源来自"class"班级表、"specialty"专业表和"student"学生表等三个表；表间的连接条件为：学生表的"class_id"外键等于班级表的"id"主键，并且，班级表的"specialty_id"外键等于专业表的"id"主键。

实现代码如下：

```
SELECT st.学号,st.姓名,st.性别,st.入学总分,cl.年级,cl.班级名称 AS 所属班级,sp.专业名称 AS 所属专业
FROM specialty AS sp INNER JOIN class AS cl ON sp.id=cl.specialty_id
    INNER JOIN student AS st ON cl.id=st.class_id
```

本案例的另一目的是给出当连接的表多于两个时，如何描述表间的连接方式。

（2）左外连接

连接过程："表1"的每条记录逐一地与"表2"的每条记录按照"连接条件"进行比较，如果比较条件成立，则在查询结果集中生成一条新的记录，该记录中属于"表1"的字段，则从"表1"的当前记录中提取数据，属于"表2"的字段，则从"表2"的当前记录中提取数据；如果"表2"的所有记录没有一条使得比较条件成立，则在结果集中也生成一条记录，该记录中属于"表1"的字段，则从"表1"的当前记录中提取数据，属于"表2"的字段，则其值填"NULL"。

【例 6-20】查询输出所有学生的学号、姓名、性别、入学总分、年级、班级名称等信息，同时要求将暂时还没有学生的班级也查询输出。

【案例分析】从要求输出的信息分析可知，数据源来自"class"班级表和"student"学生表；两表的连接条件为：学生表的"class_id"外键等于班级表的"id"主键；因为暂时没有学生的班级信息也要求输出，所以，使用外连接能达到查询目的，但是，写语句时要注意，班级表必须充当语句中<表1>的角色。

实现代码如下，查询结果如图 6-5 所示。

```
SELECT st.学号,st.姓名,st.性别,st.入学总分,cl.年级,cl.班级名称
FROM class AS cl LEFT JOIN student AS st ON st.class_id=cl.id
```

把"结果"窗格的滚动条拉到最后，从图 6-5 可以看出，最后的 4 行记录是条件比较失败时，左外连接要求在结果集中生成的记录，这些记录除来自班级表的字段外，其左边属于学生表的字段都填"NULL"值。

（3）右外连接

连接过程："表2"的每条记录逐一地与"表1"的每条记录按照"连接条件"进行比较，如果比较条件成立，则在查询结果集中生成一条新的记录，该记录中属于"表2"的字段，则从"表2"的当前记录中提取数据，属于"表1"的字段，则从"表1"的当前记录中提取数据；如果"表1"的所有记录没有一条使得比较条件成立，则在结果集中也生成一条记录，该记录中属于"表2"的字段，则从"表2"的当前记录中提取数据，属于"表1"的字段，则其值填"NULL"。

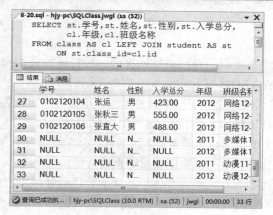

图 6-5　左外连接查询

【例 6-21】查询输出所有学生的学号、姓名、性别、入学总分、年级、班级名称等信息，要求用学生表的"id"字段与班级表的"id"字段进行右连接产生查询结果集。

【案例分析】分析要求可知，这是一个要求无意义的案例，因为两个表的"id"主键没有任何关联意义，连接的结果只能作为"右外连接"操作的验证。

实现代码如下，查询结果如图 6-6 所示。

```
SELECT st.学号,st.姓名,st.性别,st.入学总分,cl.年级,cl.班级名称
FROM class AS cl RIGHT JOIN student AS st ON st.id=cl.id
```

把"结果"窗格的滚动条拉到后面，从图 6-6 可以看出，因为班级表中只有 10 条记录，所以，结果集中，第 10 条记录后面的记录由于右连接的原因，其属于班级表的字段都填入了"NULL"值。

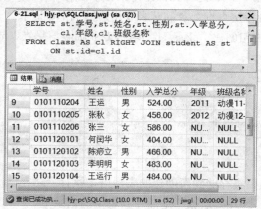

图 6-6　右外连接查询

（4）完全外连接

完全外连接的结果是"左外连接"与"右外连接"结果的合并，然后去掉重复的行。

（5）交叉连接

交叉连接的连接结果是两个表的笛卡儿乘积：左表的每条记录（设有 n 行）分别与右表的每条记录（设有 m 行）进行连接，都在结果集中生成一条新记录，故查询的结果集有 n×m 行记录。

在实现交叉连接的 T-SQL 语句中，不能指定连接条件，即语句中没有"ON"部分。交叉连接在结果集中产生很多没有实际价值的记录，所以使用非常少。

6.3.6 自连接查询

自连接查询是数据源对象自己与自己进行连接的一种特殊的查询操作。自连接查询主要使用"内连接"方法，并且，在 FROM 子句中必须给数据源起别名。

【例 6-22】学院要组织篮球比赛，以年级的班级为单位，实现主客场制，要求设计一条查询语句列出每个年级的"主场班级 VS 客场班级"的比赛配对情况。

【案例分析】这是一个典型的自连接案例，因为"class"班级表中包含了班级名称、年级的信息，所以，通过自连接操作可以设计出案例要求的查询语句。

自连接操作要把自连接的表看成是两个各自独立的表进行处理，例如，可设为"c1"和"c2"两个表，因为以年级为单位进行比赛，因此，自连接的条件之一是"c1.年级=c2.年级"；条件之二是"同一个班不能自己与自己比赛"，即"c1.班级名称!=c2.班级名称"，两个条件是"并且"关系。结果集使用"NEWID()"随机排序。实现代码如下：

```
SELECT c1.年级,c1.班级名称 AS 主场班级,'VS',c2.班级名称 AS 客场班级
FROM class AS c1 INNER JOIN class AS c2          --自连接
ON (c1.年级=c2.年级  and  c1.班级名称!=c2.班级名称)    --连接条件
ORDER BY NEWID()                                 --结果随机排序
```

代码中使用了"ORDER BY 子句"的排序功能，读者可暂时不用考虑它的存在意义。

6.4 INTO 创建并插入子句

借助 INTO 子句的功能，可以将查询语句的查询结果集以表的形式保存起来。在实际应用中，常常使用 INTO 子句生成带特定查询记录的基表或用户的局部临时表。

【例 6-23】使用查询语句创建"class_sp"班级专业临时信息表，表中包含年级、班级名称、专业名称等信息。

实现代码如下：

```
SELECT cl.年级,cl.班级名称,sp.专业名称
INTO #class_sp
FROM class AS cl INNER JOIN specialty AS sp ON cl.specialty_id=sp.id
GO
SELECT * FROM #class_sp          --查询#class_sp 临时表的内容
GO
```

INTO 子句把查询的结果集存储到新创建的表，语句执行后，在"消息"窗格中仅显示"（xxx行受影响）"的提示信息，其中的"xxx"是插入到表中的记录数。

6.5 WHERE 指定选择条件子句

WHERE 子句除了能对数据源对象进行连接之外，更重要的是能指定查询语句的"选择条件（也叫筛选条件）"，实现关系的"选择操作"。在数据源对象的所有记录中只有满足"选择条件"的记录才能作为查询结果集的输出内容。

在 WHERE 子句中，选择条件以关系表达式、逻辑表达式或具有特殊意义的关键字进行描述。有关表达式的使用方法在第 8 章"T-SQL 编程"中介绍。

6.5.1　关系比较查询

关系比较查询是使用关系表达式作为选择条件的查询，查询结果集中的记录必须满足关系表达式的要求。有关关系运算符及关系表达式的内容在 8.4.4 节有详细的介绍。

【例 6-24】从"student"学生表中查询出"入学总分"大于等于 500 分的学生的学号、姓名、入学总分等信息。

【案例分析】本例的选择条件是"入学总分"字段的值大于等于 500，选择条件可描述为"入学总分>=500"，使用关系运算符">="或"!<"都可以达到要求。实现代码如下：

```
SELECT 学号,姓名,入学总分 FROM student WHERE 入学总分>=500
```

6.5.2　逻辑运算查询

当选择条件中出现多个比较条件时，比较条件之间要使用逻辑运算符进行连接从而形成逻辑表达式。在逻辑运算查询当中，查询结果集中的记录必须满足逻辑表达式的运算条件。有关逻辑运算符及逻辑表达式的内容在 8.4.5 节有详细的介绍。

【例 6-25】查询"计算机 11-1"班"入学总分"大于 500 分的学生的学号、姓名、入学总分、班级名称等信息。

【案例分析】数据来源："学号、姓名、入学总分"等字段是"student"学生表的信息，"班级名称"是班级表的信息，所以，数据源对象是"class"和"student"两张表，设"class"班级表的别名为"cl"，"student"学生表的别名为"st"。

选择条件：条件之一是"st.入学总分>500"；条件之二是"cl.班级名称='计算机 11-1'"；条件之三是两个表通过主外键进行等值连接，即"cl.id=st.class_id"。三个条件是"并且（与）"的关系，用逻辑运算符"AND"连接。实现代码如下：

```
SELECT st.学号,st.姓名,st.入学总分,cl.班级名称
FROM class AS cl,student AS st
WHERE st.入学总分>500 AND cl.班级名称='计算机 11-1' AND cl.id=st.class_id
```

【例 6-26】查询"2012"级学生"入学总分"大于 550 分和小于 450 分的学生的学号、姓名、入学总分等信息。

【案例分析】数据来源："学号、姓名、入学总分"等字段是"student"学生表的信息，"2012"级即"年级"信息是"class"班级表中的信息，所以，数据源对象是"class"和"student"两张表，设"class"班级表的别名为"cl"，"student"学生表的别名为"st"。

选择条件：条件之一是"st.入学总分>550"；条件之二是"st.入学总分<450"；条件之三是"cl.年级='2012'"；条件之四是两个表通过主外键进行等值连接，即"cl.id=st.class_id"。在四个条件中，条件一与条件二是"或"的关系，用逻辑运算符"OR"连接，该关系的结果与其他两个条件是"并且（与）"的关系，用逻辑运算符"AND"连接。实现代码如下：

```
SELECT st.学号,st.姓名,st.入学总分,cl.年级
FROM class AS cl,student AS st
WHERE cl.年级='2012' AND cl.id=st.class_id AND (st.入学总分>550 OR st.入学总分<450)
```

本案例需要使用四个关系条件组合成选择条件。在分析设计选择条件的时候，要注意条件表达式的运算优先次序，否则，将无法获得正确的查询结果。

6.5.3　WHERE 子句的连接查询

FROM 子句实现的连接操作使用 WHERE 子句也能实现，而且使用 WHERE 子句更加灵活、

表达方式更加清楚。在实际应用中，使用最多的是内连接操作，在 WHERE 子句中通过关系运算符可以实现连接操作，其中，等值关系运算常常用于内连接操作。

例 6-25 和例 6-26 在 WHERE 子句中出现的"cl.id=st.class_id"等值比较关系就是两个表的内连接操作。当数据源对象来自多个表时，使用逻辑运算符连接各个不同的连接条件。在 WHERE 子句中，表间的连接操作也被视为选择条件，因此，WHERE 子句中的条件，往往是由连接操作条件和关系比较条件通过逻辑运算符组合而成的逻辑表达式，即由较为复杂的逻辑表达式充当查询的选择条件。

【例 6-27】查询"2012"级学生的学号、姓名、性别、年级、班级名称、专业名称等信息。

【案例分析】数据来源："学号、姓名、性别"等字段来自"student"学生表，设表的别名为"st"；"年级、班级名称"等字段来自"class"班级表，设表的别名为"cl"；"专业名称"字段来自"specialty"专业表，设表的别名为"sp"。

选择条件：条件之一是专业表与班级表通过主外键进行等值连接，即"sp.id=cl.specialty_id"；条件之二是班级表与学生表通过主外键进行等值连接，即"cl.id=st.class_id"；条件之三是选择班级表中"cl.年级='2012'"的记录。

三个条件之间都是"并且（与）"的关系，用逻辑运算符"AND"连接。其中，前两个条件实现表间的连接操作；第三个条件执行的是"选择操作"；之后可通过 SELECT 子句的"投影操作"获得所需的字段信息。实现代码如下：

```
SELECT st.学号,st.姓名,st.性别,cl.年级,cl.班级名称,sp.专业名称
FROM class AS cl,student AS st,specialty AS sp
WHERE sp.id=cl.specialty_id AND cl.id=st.class_id AND cl.年级='2012'
```

6.5.4 范围比较查询

范围比较查询通常是指在选择条件中给定一个包含字段名在内的表达式，查询出那些能使表达式的值在给定范围内的记录。范围比较查询的选择条件使用 BETWEEN 与 AND 关键字描述。

1. 语法格式
```
<表达式> BETWEEN <开始值> AND <结束值>
```

2. 使用说明

BETWEEN 与 AND 关键字的功能是判断"表达式"的值是否在指定的范围[<开始值>，<结束值>]之内，如果在给定的范围内，则条件成立，否则，条件不成立。

BETWEEN 与 AND 关键字的另一种变形格式为：
```
NOT <表达式> BETWEEN <开始值> AND <结束值>
```

其功能是判断"表达式"的值是否在指定的范围[<开始值>，<结束值>]之外，如果在给定的范围之外，则条件成立，否则，条件不成立。

【例 6-28】查询"student"学生表中入学总分大于等于 520 分且小于等于 550 分的学生信息。

实现代码如下：
```
SELECT * FROM student WHERE  入学总分  BETWEEN 520 AND 550
```

6.5.5 IN 存在查询

BETWEEN 关键字是在一个连续的数据区间中作比较，在离散的区间就不行，这时可以使用 IN 关键字来处理。IN 关键字的作用是使一个数据与一组数据进行比较，如果该数据存在于该组数

据当中，则比较条件就成立，否则比较条件就不成立。IN 关键字经常用于判断一个字段列的数据是否存在于另一个数据集合之中。

1. 语法格式

{<表达式 1>|<字段>} [NOT] IN({<表达式 2>[,…n]|[SELECT 语句]})

2. 使用说明

判断<表达式 1>或<字段>的值是否在表达式列表或查询语句的结果集中出现。NOT IN 是不存在比较，不存在时条件成立；IN 是存在比较，存在时条件成立。

例如，"20 IN(5,10,15,20,25)"，因为是"存在比较"，"20"存在于括号内，所以，作为条件比较，条件是成立的；又如，"20 NOT IN(5,10,15,20,25)"，因为是"不存在比较"，因为"20"存在于括号内，所以作为条件比较时，条件是不成立的。

【例 6-29】从 "class" 班级表查询出 2010、2011、2012 等年级的班级信息。

实现代码如下：

SELECT * FROM class WHERE 年级 IN('2010','2011','2012')

【例 6-30】使用 IN 存在查询查询出 "计算机应用专业"的所有开课课程信息。

实现代码如下：

SELECT * FROM course WHERE specialty_id IN(SELECT id FROM specialty WHERE 专业名称='计算机应用技术')

6.5.6 模糊匹配查询

按给定值查询记录时，有时需要按精确的匹配方式查询记录，有时则以模糊匹配的方式查询记录。精确匹配是指比较值必须相等，而模糊匹配则是按某种匹配模式包含比较值即可。例如，上述案例的选择条件"专业名称='计算机应用技术'"属于精确匹配查询，如果把条件改为专业名称包含"计算机"两个字，则是模糊查询的典型例子。

在 SQL Server 系统中，使用 LIKE 运算符作为选择条件来实现模糊查询。

1. 语法格式

{<字符表达式>|<字段表达式>} [NOT] LIKE <匹配格式字符串>

2. 使用说明

如果"字符表达式"或"字段表达式"的值的格式与"匹配格式字符串"匹配，则选择条件成立，否则不成立。其中，"匹配格式字符串"含有匹配符，简称通配符。通配符有四种类型，其符号及作用如表 6.2 所示。

表 6.2 通配符及含义

通配符	作用
%	表示任意一个字符串，含空串
_	（下划线）表示任意一个字符
[ ]	表示指定范围内的任一字符
[^]	表示不属于指定范围内的任一字符

通配符出现在"匹配格式字符串"当中，使得"匹配格式字符串"能表示广义的具有特定格式的字符串。只要"{<字符表达式>|<字段表达式>}"的值匹配该特定格式的字符串，则选择条件就成立。通配符可以在一个"匹配格式字符串"中的任意位置出现，也可以反复或混合多次出现。

3．案例操作

（1）"%"通配符的使用

"%"通配符代表任意一串字符。例如：

1）"计算机%"：表示以"计算机"开始的任意一串字符串。例如，"计算机应用技术"、"计算机网络技术"、"计算机世界"等。

2）"%计算机%"：表示含"计算机"三个汉字的任意一串字符串。例如，"电子计算机"、"我的计算机技术很高"、"计算机高效率"等。

3）"计算机%啊"：表示以"计算机"开头，以"啊"结尾的任意一串字符串。例如，"计算机真神奇啊"、"计算机发展真快啊"等。

【例6-31】从"course"专业课程开设表中查询出含"设计"两字的所有课程的课程编号、课程名称信息。

实现代码如下，查询结果如图6-7所示。

```
SELECT 课程编号,课程名称 FROM course WHERE 课程名称 LIKE '%技术%'
```

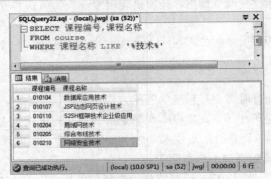

图6-7　模糊查询"%"

（2）"_"通配符的使用

"_"通配符代表任意一个字符。例如：

1）"_OK"：表示第一个字符任意，后两个字符为"OK"，长度为三个字符的字符串，例如，"2OK"、"OK"、"aOK"、"BOK"、"我OK"等。

2）"OK_"：表示前两个字符是"OK"，最后一个字符任意，长度为三个字符的字符串，例如，"OK2"、"OK"、"OKa"、"OKB"、"OK吗"等。

3）"t_a_e"：表示以"t"开头，第三个字符是"a"，最后一个字符是"e"，第二和第四个字符任意，长度为五个字符的字符串。例如，"teahe"、"tiafe"等。

【例6-32】从"student"学生表中查询出姓"张"，姓名中只有两个字的学生的学号、姓名、入学总分等信息。

实现代码如下，查询结果如图6-8所示。

```
SELECT 学号,姓名,入学总分 FROM student WHERE 姓名 LIKE '张_'
```

（3）"[ ]"通配符的使用

"[ ]"通配符代表指定范围内的任一字符。例如：

1）"[a-c]OK"：[a-c]表示可以是"a"到"c"之间的三个字符的任一字符。"[a-c]OK"代表如下三个字符串"aOK"、"bOK"和"cOK"。

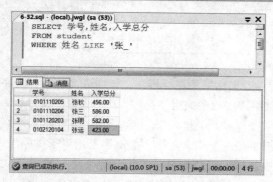

图 6-8　模糊查询"_"

2)"[YM]OK[TY]":表示第一个字符是"Y"或"M",第二、三个字符是"OK",最后一个字符是"T"或"Y",长度为四个字符的字符串。例如,"YOKY"、"MOKT"、"MOKY"等。

【例 6-33】从"student"学生表中查询出"入学总分"的十位数在 5 至 6 之间的学生的学号、姓名、入学总分等信息。

实现代码如下:

SELECT 学号,姓名,入学总分 FROM student WHERE 入学总分 LIKE '_[5-6]_.%'

(4)"[^]"通配符的使用

与"[ ]"的匹配相反,"[^]"通配符代表不属于指定范围内的任一字符。例如:

1)"[^a-c]OK":[^a-c]表示不是"a"到"c"之间的三个字符的字符。例如,"vOK"、"9OK"和"xOK"都匹配"[^a-c]OK"。

2)"[^YM]OK[^TY]":表示第一个字符不是"Y"或"M",第二、三个字符是"OK",最后一个字符不是"T"或"Y",长度为四个字符的字符串。例如,"7OKA"、"xOKb"、"rOK"等都匹配"[^YM]OK[^TY]"。

【例 6-34】从"student"学生表中查询出"入学总分"的十位数不在 5 至 6 之间的学生的学号、姓名、入学总分等信息。

实现代码如下:

SELECT 学号,姓名,入学总分 FROM student WHERE 入学总分 LIKE '_[^5-6]_.%'

6.5.7　空值比较查询

在实际应用中,有些允许空的字段插入记录时可能暂时没有填入数据,需要时才另行填入。要查询出字段值为空的记录需要使用空值比较查询。空值比较查询是指查询出字段值为空"NULL"或非空"NOT NULL"的记录。字段值为"空"时不能用等于、大于、小于等进行查询。

1. 语法格式

{<字符表达式>|<字段表达式>} IS [NOT] NULL

2. 使用说明

"IS NULL":如果表达式的值为"空",则作为选择条件时条件成立,否则条件不成立;"IS NOT NULL":如果表达式的值为"非空",则作为选择条件时条件成立,否则条件不成立。

【例 6-35】从"student"学生表中查询出"出生日期"字段值为空的学生记录。

实现代码如下:

SELECT * FROM student WHERE 出生日期 IS NULL

6.6 ORDER BY 查询结果集排序子句

ORDER BY 子句用于对查询结果集进行排序。排序分为升序和降序两种，根据排序关键字的个数，排序又可分为单关键字排序与多关键字排序，在多关键字排序中，当主排序关键字的值相同时，按次排序关键字进行排序，以此类推。

排序关键字与表的关键字是两个概念，排序关键字是指用于排序的"排序列名表达式"，主排序关键字是指首先按其值进行排序的"排序列名表达式"，当这些表达式的值相同时，如果需要，还可以再按次排序关键字排序。"排序列名表达式"可以是字段，也可以是由字段构成的表达式。

在查询语句中，如果不选用 ORDER BY 子句，则查询结果集输出是无序的，否则，按"排序列名表达式"的值进行排序。其中，如果选用"ASC"或省略，则结果集按升序输出，如果选用"DESC"，则按降序输出。当"排序列名表达式"有多个时，即有主、次排序关键字时，它们之间用逗号","分开。

6.6.1 单关键字排序查询

单关键字排序是指 ORDER BY 子句中只有一个"排序列名表达式"的排序。

【例 6-36】查询"student"学生表的信息，结果按"入学总分"从大到小输出。

实现代码如下：
```
SELECT * FROM student ORDER BY 入学总分 DESC
```

6.6.2 多关键字排序查询

多关键字排序是指 ORDER BY 子句中指定多于一个"排序列名表达式"的排序。其中，排在左边的第一个"排序列名表达式"是主排序关键字，第二个是次排序关键字，以此类推，每个排序关键字都可指定按升序或降序排序。

【例 6-37】查询"student"学生表的信息，结果按"性别"升序排序，如果"性别"相同，则按"入学总分"从大到小输出。

实现代码如下：
```
SELECT * FROM student ORDER BY 性别 ASC,入学总分 DESC
```

6.6.3 随机排序查询

随机排序的目的是使得表中记录以随机数的形式进行排序输出，这是实际应用中从表提取随机记录的一种快速方法。随机排序由于需要对表中记录进行扫描然后产生随机计算列，所以比较费时，记录多的表建议少用。

随机排序以 NEWID()函数进行处理，ORDER BY 后面给出该函数即可。

【例 6-38】查询"student"学生表的信息，结果按随机排序输出。

实现代码如下：
```
SELECT * FROM student ORDER BY NEWID()
```

6.6.4 自定义输出列排序查询

自定义输出列排序有时也称计算列排序。自定义输出列通过统计、计算、表达式处理等而来。

自定义输出列通常需要重命名列名。按自定义输出列排序时，在 ORDER BY 子句中使用重命名的列名称进行排序。

【例 6-39】从"specialty"专业表中生成专业的简称，专业简称由"专业名称"的第一个字符和第四个字符组成，例如，"计算机应用技术"专业简称为"计应"。

实现代码如下：

```
SELECT *,SUBSTRING(专业名称,1,1)+SUBSTRING(专业名称,4,1) AS 简称
FROM specialty
ORDER BY 简称
```

上述语句中，"SUBSTRING(专业名称,1,1)+SUBSTRING(专业名称,4,1)"为输出列表达式，"SUBSTRING()"是取子字符串函数，"简称"是重命名的列名称。自定义输出列排序使用非常普及，例如，在商品销售的应用中，销售表中的金额由数量和单价计算而得，查询输出时，可按金额大小进行排序输出。

6.7　GROUP BY 分组查询子句

分组查询也称分组、分类统计或分类汇总，分类汇总是数据处理必不可少的操作，例如，商场的商品销售情况可按时、日、周、月、季、年等进行分类汇总以判断营销业绩情况；高考可按地区、性别等进行分类汇总以了解各地区男女考生的考分情况。所有类似的操作，在查询语句中可使用 GROUP BY 子句配合聚合函数统计实现。

在 GROUP BY 子句中，"分组列名表达式"只有一项时，称单列分组；有多项时，称多列分组，多列分组时，表达式之间使用逗号","分开。

使用 GROUP BY 分组查询时，SELECT 子句的输出列允许出现两种列：一是在 GROUP BY 子句中参与分类的字段；二是自定义输出列。

6.7.1　单列分组查询

单列分组是指按一个分组列名表达式进行分组，例如，按"性别"进行分类统计。

【例 6-40】按"性别"统计"2012"级学生的人数、入学平均分、入学最高分、入学最低分等信息。

【案例分析】因为"年级"是"class"班级表的信息，而统计的是"student"学生表的信息，所以，两表需要通过主、外键关联操作。按"性别"统计必须按"性别"字段进行分组处理。实现代码如下：

```
SELECT 性别,COUNT(*) AS 人数,AVG(入学总分) AS 入学平均分,
       MAX(入学总分) AS 入学最高分,MIN(入学总分) AS 入学最低分
FROM student AS st,class AS cl
WHERE cl.年级='2012' AND cl.id=st.class_id
GROUP BY 性别
```

6.7.2　多列分组查询

多列分组是指先按第一个分组列名表达式进行分组，然后在各分组中再按第二个分组列名表达式进行分组，依此类推。

【例6-41】统计"2012"级各专业男女学生的人数、入学平均分、入学最高分、入学最低分等信息，查询结果按专业名称、性别排序输出。

【案例分析】本例牵涉到三个表的关联操作，各个专业来自"specialty"专业表，"年级"来自"class"班级表，入学总分来自"student"学生表。选择条件是"年级='2012'"。实现代码如下：

```
SELECT 专业名称,性别,COUNT(*) AS 人数,AVG(入学总分) AS 入学平均分,
       MAX(入学总分) AS 入学最高分,MIN(入学总分) AS 入学最低分
FROM student AS st,class AS cl,specialty AS sp
WHERE cl.年级='2012' AND cl.id=st.class_id AND cl.specialty_id=sp.id
GROUP BY 专业名称,性别
ORDER BY 专业名称,性别
```

6.7.3　HAVING 分组选择查询

上述案例的分组汇总行都返回给用户，而在实际应用中，经常只需要返回某些满足条件的分组，这时可通过使用 HAVING 子句达到目的。

在查询语句中，如果同时出现 WHERE 子句和 HAVING 子句，则 WHERE 子句负责分组前的记录选择，而 HAVING 子句则用于分组之后选择满足条件的分组。

HAVING 子句不能独立出现，必须伴随 GROUP BY 子句一起使用。同时，充当 HAVING 子句的"分组选择条件表达式"是一个含 GROUP BY 子句的分组字段或聚合函数的关系或逻辑表达式，其他字段不能出现在该表达式中，否则，操作失败。

【例6-42】按性别分组统计"2012"级各专业学生的人数、入学平均分、入学最高分、入学最低分信息，要求只返回"男"学生的分组，查询结果按专业名称、性别排序输出。

实现代码如下：

```
SELECT 专业名称,性别,COUNT(*) AS 人数,AVG(入学总分) AS 入学平均分,
       MAX(入学总分) AS 入学最高分,MIN(入学总分) AS 入学最低分
FROM student AS st,class AS cl,specialty AS sp
WHERE cl.年级='2012' AND cl.id=st.class_id AND cl.specialty_id=sp.id
GROUP BY 专业名称,性别
HAVING 性别='男'
ORDER BY 专业名称,性别
```

如果将 HAVING 子句的条件修改为"专业名称='计算机应用技术' AND AVG(入学总分)>500"，则查询结果只返回"计算机应用技术"专业男、女两个分组当中的"入学平均分大于500"的分组数据。实现代码如下：

```
SELECT 专业名称,性别,COUNT(*) AS 人数,AVG(入学总分) AS 入学平均分,
       MAX(入学总分) AS 入学最高分,MIN(入学总分) AS 入学最低分
FROM student AS st,class AS cl,specialty AS sp
WHERE cl.年级='2012' AND cl.id=st.class_id AND cl.specialty_id=sp.id
GROUP BY 专业名称,性别
HAVING 专业名称='计算机应用技术' AND AVG(入学总分)>500
ORDER BY 专业名称,性别
```

6.8　子查询

子查询是指在 SELECT、UPDATE、INSERT、DELETE 等语句中嵌入另一个 SELECT 查询语句，因此，子查询也称嵌套查询。通过子查询可以使用一个或多个简单的查询语句构造一个功能强

大的复合命令。

子查询以"(SELECT …)"的方式出现，即子查询总是使用括号括起来，作为 T-SQL 语句的一部分出现。因为子查询是一个查询语句，因此，查询的输出（或称返回）结果有两种类型：一是以类似聚合函数的结果那样，只返回一个数据；二是以表的形式返回一个结果集。设计 T-SQL 语句时，只有明确知道子查询返回的结果类型，才能有效地使用子查询。

6.8.1 在查询语句中使用子查询

在 SELECT 语句中，子查询也称为内部查询或内部选择或内查询，而包含子查询的查询语句称为外部查询或外部选择。在 SELECT 语句中，很多子句都可以使用子查询，下面介绍常见的使用方法。

1. 关系比较子查询

关系比较子查询是指子查询用于 WHERE 子句的选择条件，子查询的结果作为"选择条件表达式"的一部分出现在 WHERE 子句的选择条件中。

（1）语法格式

<表达式>{=|<>|!=|>|>=|!>|<|<=|!<}[{ALL|SOME|ANY}](<SELECT 语句>)

（2）使用说明

上述关系表达式中的最后一项即括号中的 SELECT 语句被称为子查询。关系比较运算符"=|<>|!=|>|>=|!>|<|<=|!<"的作用与前一章介绍的功能相同。

1）子查询的输出列只能有一个。

2）当返回的结果集只有一个数据时，"[{ALL|SOME|ANY}]"选项可以省略，否则必须选择一项：

选用 ALL 时：表达式与子查询结果集中的每个值进行比较，只有当子查询结果集中的每个值都满足比较条件时，选择条件才算成立，否则就不成立，即 ALL 具有"与"的含义。

选用 SOME 或 ANY 时：表达式与子查询结果集中的每个值进行比较，只要存在某个值满足比较条件，选择条件就算成立，即 SOME 与 ANY 具有"或"的含义。

3）表达式值的数据类型要与子查询的输出列的数据类型一致。

（3）案例操作

【例 6-43】查询输出"入学总分"大于等于"学号"为"0102120105"学生的"入学总分"的所有学生的信息。

实现代码如下：

```
SELECT * FROM student
WHERE 入学总分>=(SELECT 入学总分 FROM student WHERE 学号='0102120105')
```

【例 6-44】查询输出"入学总分"大于等于"计算机 12-2"班所有学生的"入学总分"的学生信息。

实现代码如下：

```
SELECT * FROM student
WHERE 入学总分>=ALL(SELECT 入学总分
                    FROM student AS st,class AS cl
                    WHERE cl.班级名称='计算机 12-2' AND cl.id=st.class_id)
```

【例 6-45】查询输出"入学总分"大于"计算机 12-2"班任一名学生的"入学总分"的学生信息。

实现代码如下：

```
SELECT * FROM student
WHERE  入学总分>ANY(SELECT 入学总分 FROM student AS st,class AS cl
                    WHERE cl.班级名称='计算机 12-2' AND cl.id=st.class_id)
```

2. IN 存在子查询

IN 存在子查询在 6.5.5 节简单介绍过，作为子查询，这里再举例介绍。IN 子查询是一种包含性质的查询，用于判断一个值是否包含在一个集合当中。

（1）语法格式

```
<表达式> [NOT] IN(<SELECT 语句>)
```

（2）使用说明

IN 子查询用于判断"表达式"的值是否包含在子查询的结果集中，如果包含，则条件成立，否则条件不成立。选择"NOT"选项时，条件取反。IN 子查询要求子查询的输出列只能有一个、表达式值的数据类型要与子查询的输出列的数据类型一致。

（3）案例操作

【例 6-46】查询没有学过编号为"010104"课程的学生的学号、姓名等信息。

实现代码如下：

```
SELECT 学号,姓名 FROM student WHERE id NOT IN(
    SELECT student_id FROM score AS sc,task As ta,course AS co
    WHERE sc.task_id=ta.id AND ta.course_id=co.id AND co.课程编号='010104')
```

3. EXISTS 存在子查询

（1）语法格式

```
[NOT] EXISTS(<SELECT 语句>)
```

（2）使用说明

使用 EXISTS 子查询作为选择条件时，只要子查询的结果集中有记录，不管记录多少，选择条件都成立，仅当子查询的结果集为空时，选择条件才不成立。选用"NOT"选项时，条件取反。

【例 6-47】如果在班级表中存在"2011"级的班级，则查询出专业表的所有记录，否则查询不返回任何结果。

实现代码如下：

```
SELECT * FROM specialty
WHERE EXISTS(SELECT * FROM class WHERE  年级='2011')
```

反之，如果在班级表中不存在"2011"级的班级，则查询出专业表的所有记录，这时，把"EXISTS"修改为"NOT EXISTS"即可。

4. 内外层嵌套子查询

内外层嵌套子查询不需要引入任何新的语法内容，它纯粹是查询语句的设计技巧问题，但使用非常广泛，因此，读者应认真理解其查询过程。

（1）内外层嵌套子查询的语句结构

外部查询的数据源对象的属性在内部子查询的"WHERE 子句"中被引用，这种结构的查询语句称之为内外层嵌套子查询。

（2）内外层嵌套子查询的查询过程

外部查询的数据源对象的每一条记录都分别作用于子查询，令子查询执行一次查询操作，每次子查询操作的结果集作为外部查询的选择条件的一部分内容参与外部查询的记录筛选。

【例 6-48】查询已经录入学生信息的班级记录。

实现代码如下：

```
SELECT * FROM class AS cl
    WHERE EXISTS(SELECT * FROM student AS st WHERE cl.id=st.class_id )
```

为了验证上述案例，向专业表插入"0301，城市轨道交通运营管理"记录。

```
INSERT INTO specialty
  (专业编号,专业名称) VALUES ('0301','城市轨道交通运营管理')
```

【例6-49】查询还没有班级的专业信息。

实现代码如下：

```
SELECT * FROM specialty AS sp WHERE id NOT IN(SELECT specialty_id
    FROM class AS cl WHERE sp.id=cl.specialty_id)
```

由于"城市轨道交通运营管理"专业的记录刚刚生成，还没有为其创建班级，所以，查询结果会列出"城市轨道交通运营管理"专业的记录。

5. 在各子句中使用子查询

在上述几个子查询案例中，子查询都出现在 WHERE 子句。在实际应用中，子查询还经常出现在 SELECT、FROM 等子句当中。子查询用于 SELECT 子句时，通常只返回一个数据，例如聚合函数查询等；子查询用于 FROM 子句时，就是前面已经介绍过的"派生表数据源对象查询"，把子查询的结果集看成是一张虚表，即派生表，外查询在派生表中查询数据。

【例6-50】查询各班学生的"入学总分"的最高分。

实现代码如下：

```
SELECT cl.班级名称,(SELECT MAX(入学总分)
    FROM student AS st
    WHERE cl.id=st.class_id) AS  最高分
FROM class AS cl
```

6.8.2　在插入语句中使用子查询

在第 5 章介绍过使用 SELECT 语句向表插入记录的方法，但那不是子查询的具体应用。子查询是出现在表达式当中的，所以，在 INSERT 语句中，子查询通常只返回一个数据，该数据用于为字段提供插入值。

【例6-51】向"class"班级表增加一个"计算机应用技术"专业的班级，其中，班级编号为"01011301"，班级名称为"计算机 13-1"，年级为"2013"。

【案例分析】本案例向班级表插入记录时，班级的"specialty_id"外键字段的值通过子查询的方法获取"计算机应用技术"专业的"id"字段的值来填写。实现代码如下：

```
INSERT INTO class VALUES('01011301','计算机 13-1','2013',(SELECT id FROM specialty WHERE  专业名称='计算机应用技术'))
```

6.8.3　在修改语句中使用子查询

在 UPDATE 语句中，可以引用子查询功能的地方有 SET 修改项和 WHERE 子句的条件表达式。在第 5 章的例 5-12 和例 5-13 中使用了子查询的功能。其中，例 5-12 使用子查询来获取修改值，例 5-13 则使用子查询来确定需要修改的记录。

【例6-52】将"网络 12-1 班，2012-2013 学年，2 学期"的教学起止周修改为"01-17"。

实现代码如下：

```
UPDATE task SET 起止周='01-17' WHERE 学年='2012-2013' AND 学期=2 AND class_id=(SELECT id FROM class WHERE 班级名称='网络 12-1')
```

6.8.4 在删除语句中使用子查询

在 DELETE 语句中，可以引用子查询功能的地方是"WHERE 子句"的条件表达式。在第 5 章的例 5-17 和例 5-18 中使用了子查询的功能。

【例 6-53】将"计算机 12-2 班，2012-2013 学年，2 学期，课程编号为 010106"的成绩记录从"score"成绩表中删除。

实现代码如下：

```
DELETE  score  WHERE  task_id  IN(SELECT  id   FROM  task  WHERE  学年='2012-2013'  AND  学期=2  AND
class_id=(SELECT id FROM class WHERE 班级名称='计算机 12-2') AND course_id=(SELECT id FROM course WHERE 课程
编号='010106'))
```

6.9 使用查询设计器设计查询

查询设计器是 SSMS 管理器中的一个功能部件，它以图形界面的方式自动生成规范的 T-SQL 语句以实现记录的插入、修改、删除和查询等操作。

6.9.1 关于查询设计器

1．打开查询设计器

展开某数据库节点→展开"表"节点→右击某个表的表名→单击快捷菜单的"编辑前 200 行"命令→在 SSMS 管理器的右边区域打开了"查询设计器"窗格。

2．查询设计器工具栏

"查询设计器"窗格打开后，其工具栏也被显示出来，工具栏从左向右各个按钮的名称及功能如下：

（1）"显示关系图窗格"按钮：单击"显示关系图窗格"按钮显示"关系图"窗格，该窗格用于显示数据源对象，即表、视图等。在该窗口中可以添加、删除数据源对象、选择查询输出的字段、建立与维护表间的关联关系等操作。

（2）"显示条件窗格"按钮：单击"显示条件窗格"按钮显示"条件"窗格，该窗格用于设置操作的列、表别名、表、排序方式、分组、筛选条件等内容。

（3）"显示 SQL 窗格"按钮：单击"显示 SQL 窗格"按钮显示 SQL 窗格，该窗格用于输入和编辑 T-SQL 语句。T-SQL 语句的内容可由其他窗格的设置内容自动生成，也可以从本窗格中直接编辑语句。

（4）"显示结果窗格"按钮：单击"显示结果窗格"按钮显示"结果"窗格，该窗格用于输出 T-SQL 语句的执行结果。

（5）"更改类型"按钮：单击"更改类型"按钮显示类型列表，该列表框用于选择在查询设计器中设计的目标对象，即设计什么语句。可选项有查询语句、插入语句、更新语句、删除语句、建表语句等。

（6）"执行 SQL 语句"按钮：单击"执行 SQL 语句"按钮执行设计的 T-SQL 语句，在"结果"窗格中显示语句的执行结果。如果语句有错误，则弹出对话框显示错误信息。

（7）"验证 SQL 语法"按钮：单击"验证 SQL 语法"按钮将对设计的 T-SQL 语句进行语法检

查，并以对话框方式显示检查结果。

（8）"添加分组依据"按钮：单击"添加分组依据"按钮将在"显示条件"窗格中显示或隐藏"分组依据"列，该列用于设置分组查询子句的内容。

（9）"添加表"按钮：单击"添加表"按钮将弹出"添加表"对话框，在该对话框中选择查询语句使用的表或视图。

（10）"添加新派生表"按钮：单击"添加新派生表"按钮将在"显示关系图"窗格显示一个派生表设计对象，操作者可以使用该对象为 FROM 子句生成一个 SELECT 子查询语句。

6.9.2　使用查询设计器设计查询

下面通过案例介绍"查询设计器"的详细使用方法。

【例 6-54】使用"查询设计器"设计一个查询，该查询返回各班级的专业信息"班级编号、班级名称、专业名称"，并按专业名称、班级名称的次序排序。

操作过程如下：

（1）打开查询设计器：展开"jwgl"数据库节点→展开"表"节点→右击"specialty"专业表的表名→单击快捷菜单的"编辑前 200 行"命令→在 SSMS 管理器的右边区域打开"查询设计器"窗格并显示该表的记录。

（2）打开相关的窗格：单击"显示关系图窗格"、"显示条件窗格"、"显示 SQL 窗格"和"显示结果窗格"四个按钮，将相应的窗格显示出来，如图 6-9 所示。

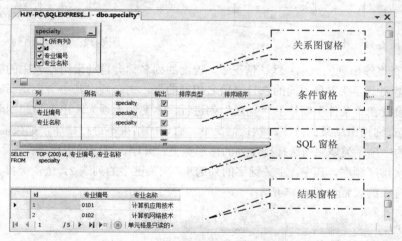

图 6-9　查询设计器常用窗格

（3）向关系图窗格添加表：因为本案例需要使用"specialty"专业表和"class"班级表，"specialty"已在"关系图"窗格中显示，还需要把"class"班级表添加进去。

在工具栏中单击"添加表"按钮，弹出如图 6-10 所示的"添加表"对话框。在对话框中选中"class"班级表，单击"添加"按钮，这时，"class"班级表图例出现在"关系图"窗格，单击"关闭"按钮关闭"添加表"对话框。

（4）确定表间关联关系："specialty"专业表和"class"班级表通过主、外键进行关联，因表间关联关系在数据库的基表中已建立，所以无须再创建它们的关系，两表的关联线会自动出现，如图 6-11 所示。如果两表还没有建立关联关系，则在"关系图"窗格中，用鼠标将专业表的"id"

字段拖向班级表的"specialty_id"字段以建立两表的关联关系。

图 6-10   向关系图窗格添加表

（5）确定查询输出列：本案例查询各班级所属的专业信息，其中"班级编号、班级名称"来自班级表，"专业名称"来自专业表，所以，需在关系窗格的"class"班级表中勾选"班级编号、班级名称"两个字段，在"specialty"专业表中勾选"专业名称"字段，如图 6-12 所示。

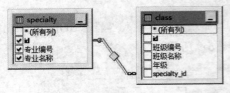

图 6-11   建立表间关联

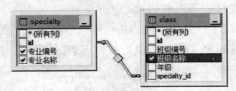

图 6-12   选择输出列

（6）确定查询输出列的列名：默认情况下，查询的列名称会自动采用基表中的字段名作列名。但是，如果输出列中存在来自不同的表且字段名相同的列，则必须对其中一列重新起个"别名"。输出列的别名设置在"条件"窗格的"别名"列进行，本案例无须为输出列另起别名。

（7）确定查询输出结果的排序：默认情况下，查询的结果不进行排序，如果需要排序，可在"条件"窗格的"排序类型"列选择排序列的排序类型：升序、降序或未排序；在"排序顺序"列选择它们的主次排序顺序，其中，主关键字的列选 1，次关键字的列选 2，依次类推，按专业名称、班级名称次序排序的设置如图 6-13 所示。

列	别名	表	输出	排序类型	排序顺序	筛选器
专业编号		specialty	☑			
专业名称		specialty	☑	升序	1	
班级名称		class	☑	升序	2	
			☐			

图 6-13   排序设置

（8）确定查询输出结果的筛选条件：这是使用查询设计器设计语句时最复杂、最容易弄错的一项操作。默认情况下，查询不对结果数据进行筛选，如果要设置筛选条件，可通过在"条件"窗格的"筛选器"列及其右边的各个"或…"列中输入某个输出列的"筛选值"的方式来实现。设置方法如下：

1）对于某一输出列，在同一行设置的所有条件都是"或"关系。

例如，如果仅筛选出班级名称为"计算机 11-1"班或"网络 11-1"班的专业信息，"条件"窗格的设置如图 6-14 所示。因为两个条件是"或"的关系，所以在同一行设置。

列	别名	表	输出	排序类型	排序顺序	筛选器	或...	或...
班级编号		class	☑					
▶ 班级名称		class	☑	升序	2	= '计算机11-1'	= '网络11-1'	
专业名称		specialty	☑	升序	1			
			◼					

图 6-14　或条件设置

2）对于不同的输出列，在不同的行对输出列设置"筛选器"的值时，这些行的条件关系是"与"关系。

例如，如果要求查询出专业名称为"计算机应用技术"且班级名称为"计算机 11-1"班的专业信息，"条件"窗格的设置如图 6-15 所示。因为两个条件是"与"的关系，所以在不同的行设置。

列	别名	表	输出	排序类型	排序顺序	筛选器	或...	或...
班级编号		class	☑					
班级名称		class	☑	升序	2	= '计算机11-1'		
▶ 专业名称		specialty	☑	升序	1	= '计算机应用技术'		
			◼					

图 6-15　与条件设置

3）对同一个输出列，如果有"与"的筛选条件，必须在"条件"窗格为该输出列增加一个新行。原则是，一个"与"关系多增设一行，两个"与"关系多增设两行，其余类推，但"输出"列只勾选一个即可。

例如，如果要求筛选出班级编号大于等于"01011102"，并且小于等于"01021101"的班级专业信息，条件窗格的设置如图 6-16 所示。

列	别名	表	输出	排序类型	排序顺序	筛选器	或...	或...
班级编号		class	☑			>= '01011102'		
班级名称		class	☑	升序	2			
专业名称		specialty	☑	升序	1			
▶ 班级编号		class	☐			<= '01021101'		

图 6-16　同一输出列的"与"条件设置

（9）执行查询：单击工具栏的"执行 SQL"按钮，将在"结果"窗格显示查询语句的执行结果。

从上述操作过程可以看出，操作主要是在"显示关系图"和"显示条件"两个窗格中进行，"SQL窗格"的内容是自动生成的。使用"查询设计器"设计 T-SQL 语句时，环境中没有提供保存脚本的功能，如果脚本需要保存，操作员需自行把"SQL 窗格"的语句复制粘贴到其他文件中保存。

小结

（1）常用的 SELECT 语句主要由 SELECT、FROM、WHERE、ORDER BY、GROUP BY 等子句组成。其中，SELECT 子句指定查询结果输出列；FROM 子句指定查询数据的数据源对象，即表、视图、派生表等；WHERE 子句指定查询结果的选择条件；ORDER BY 子句指定查询结果的排序方式；GROUP BY 子句指定数据的分组方式。

（2）数据源对象之间的连接查询可分为内连接、外连接和交叉连接三种，而外连接又细分为左外连接、右外连接和完全外连接三种。

（3）聚合函数分系统提供的聚合函数和用户自定义的聚合函数两种。聚合函数常在 SELECT、GROUP BY 或 COMPUTE 等子句中使用。其功能常用于统计记录数，求解最大值、最小值、平均值等操作。

（4）在模糊查询中，"%"通配符代表任意字符串；"_"通配符代表任意一个字符；"[ ]"通配符代表指定范围内的任一字符；"[^]"通配符代表不属于指定范围内的任一字符。

（5）分组查询用于对分组记录进行汇总，并返回分组的汇总值，如果需要对汇总结果进行选择操作，则使用 HAVING 子句实现。

（6）在 T-SQL 当中，SELECT、UPDATE、INSERT、DELETE 等语句在出现表达式的地方都可以引入子查询操作。

练习六

一、选择题

1. 在 SELECT 语句中，去除查询结果集中重复行的关键字是（　　）。
   A. ALL
   B. TOP
   C. DISTINCT
   D. PERCENT

2. 在 SELECT 语句中，常用的五个聚合函数是（　　）。
   A. COUNT，MAX，MIN，SUM，AVG
   B. SIN，MAX，MIN，TOP，AVG
   C. COUNT，MAX，DIV，SUM，PEN
   D. DIV，MAX，CON，SUM，AS

3. 在 SELECT 语句中，提供数据查询的对象称为数据源对象，从 SELECT 语句应用的角度出发，这些数据源对象主要有（　　）。
   A. 基表，视图，函数
   B. 数据库，视图，函数
   C. 基表，派生表，函数
   D. 基表，视图，派生表

4. 在 SELECT 语句中，使用（　　）表达式充当记录的选择条件。
   A. 关系表达式
   B. 关系表达式或逻辑表达式
   C. 逻辑表达式
   D. 算术表达式

5. 在 SELECT 语句中，下列（　　）用于模糊查询。
   A. [NOT] IN
   B. [NOT] LIKE
   C. BETWEEN … AND
   D. IS [NOT] NULL

6. 在 SELECT 语句中，如果需要对结果集进行排序，则降序排序的关键字是（　　）。
   A. DESC
   B. ASC
   C. WITH CUBE|ROLLUP
   D. NEWID

7. 在 SELECT 语句中，下面（　　）子查询不返回结果集。
   A. 关系比较
   B. IN
   C. EXISTS
   D. 内外层嵌套

8. 设有集合 A、B，下列（　　）运算从 A 中去除 B 中存在的记录。
   A. A UNION B
   B. A INTERSECT B
   C. A NOT IN B
   D. A EXCEPT B

9. 下列（　　）关键字用于关系子查询中。
   A. ALL|SOME|ANY
   B. NOT IN

　　C．WITH CUBE|ROLLUP　　　　　　　D．TOP

10．在 FROM 子句中，下列（　　　）可用作数据源对象。

　　A．数据表达式　　　　　　　　　　B．逻辑表达式

　　C．带别名的子查询　　　　　　　　D．内连接，外连接，满连接

11．带明细与汇总信息的查询是（　　　）。

　　A．GROUP BY　　　　　　　　　　B．COMPUTE BY

　　C．COMPUTE　　　　　　　　　　D．GROUP BY/HAVING

12．在 WHERE 子句中，主、外键表的连接条件与另一选择条件的关系是（　　　）。

　　A．OR　　　　　　B．NOT　　　　　　C．AND　　　　　　D．LIKE

二、填空题

1．在 SELECT 语句中，SELECT 子句指定查询结果_____；FROM 子句指定查询数据的_____；WHERE 子句指定查询结果的_____。

2．聚合函数分系统提供的聚合函数和用户自定义的聚合函数。聚合函数常在_____子句、_____或 COMPUTE 等子句中使用。

3．数据源对象之间的连接查询可分为内连接、_____和交叉连接三种，而外连接又细分为左外连接、_____和完全外连接三种。

4．当选择条件由逻辑表达式构成时，其运算优先次序为：括号()→算术表达式→_____→逻辑运算符。括号可以改变优先次序。

5．在模糊匹配查询中，"_____"通配符代表任意一串字符；"_____"通配符代表任意一个字符；"_____"通配符代表指定范围内的任一字符；"_____"通配符代表不属于指定范围内的任一字符。

三、设计题

1．设计一个 T-SQL 语句查询输出所有班级的详细信息。

2．设计一个 T-SQL 语句查询输出所有学生的详细信息。

3．设计一个 T-SQL 语句查询输出专业的课程设置的详细信息。

4．设计一个 T-SQL 语句查询输出所有学期开课任务的详细信息。

5．设计一个 T-SQL 语句查询输出所有学生的学习成绩的详细信息。

6．设计一个 T-SQL 语句查询输出"计算机应用技术"专业的所有开设课程信息。

7．设计一个 T-SQL 语句查询输出"2012"级所有姓"陈"学生的信息。

8．设计一个 T-SQL 语句查询输出"2012-2013 学年 1 学期"各班学生成绩的最高分、最低分、平均分、参试人次等信息，结果要求按平均分从大到小排序输出。

9．设计一个 T-SQL 语句查询输出"2012-2013 学年 1 学期"成绩不合格的学生信息"学号、姓名、专业、班级、学年、学期、成绩"，结果按学号排序输出。

10．使用子查询技术设计一个 T-SQL 查询语句查询出哪些专业开设了"计算机应用基础"课。

7

视图与索引

本章导读

视图是从数据安全性、简化复杂的查询操作和按需提取数据的基本目的出发而引入的技术，创建视图其实主要是设计所引用的 SELECT 查询语句，所以，掌握第 6 章"数据查询"的内容是学习视图应用的基础。

索引本质上与视图没有太多的联系，但由于索引中有"索引视图"等概念，所以人们习惯了把它与视图联系在一起。从应用的角度看，用户只负责创建与维护索引，至于如何使用索引，那是 SQL Server 系统内部的责任，因此，读者只关心如何创建与维护索引即可。

本章要点

- 使用视图与索引的目的
- 视图创建的准则
- 视图与索引的创建、修改和删除
- 视图的使用

7.1 视图概述

7.1.1 视图概念

视图是借助 SELECT 查询语句从数据库的基表中提取记录数据所形成的一张虚表。其中，虚表中的"虚"是指视图本身没有记录的字段描述内容，自身不存储记录数据（索引视图除外），视图中的记录数据是在视图被引用时，动态地从视图所引用的基表中提取；虚表中的"表"是指视图创建成功后可以像数据库的基表一样可以对其进行记录的插入、修改、删除、查询、分析、统计等操作。

视图分为标准视图、索引视图和分区视图三种，本书主要介绍常见的标准视图。

7.1.2　视图的作用

视图主要用于简化复杂的数据查询操作和提高数据库操作的安全性，除此之外，视图还能实现隐蔽有关数据、仅提取用户所关注的数据等安全性功能。

1. 简化复杂的查询操作

当查询语句十分复杂时，可以借助视图设计技术将查询语句设计成视图保存起来，这样，在每次执行相同的查询操作时，就不必重新设计这些复杂的查询语句，而是使用一条十分简单的引用该视图的查询语句就能达到相同的查询目的。

2. 提高数据库的安全性

因为视图的访问权限与视图中所引用的基表的访问权限的授权相互独立、互不影响，借助这种安全机制，通过用户授权，可以实现不同权限的用户访问不同安全级别的视图，提高了数据库操作的安全性。

3. 提取关注数据

基表中每个字段的数据不一定都是用户感兴趣的，特别是当查询引用多个基表时，一方面，查询结果可能包含大量用户不感兴趣的数据；另一方面，从数据的安全性考虑，大量的数据被查询出来，对数据的安全也是一种潜在的威胁。这时，可以借助视图技术，从查询的结果集中只提取用户感兴趣的数据。

7.1.3　视图的特点

视图主要有如下特点：

（1）视图的列可以来自不同的基表。

（2）视图是由基表产生的虚表。

（3）视图的建立和删除不影响基表。

（4）对视图进行插入记录、更新数据、删除记录时，实际上是对所引用的基表操作。

（5）当视图的数据来自多个基表时，其插入、修改、删除等操作有特殊限制。

7.1.4　创建视图的准则

创建视图时，用户必须有创建视图的权限，同时应遵循如下基本准则：

（1）只能在当前数据库中创建视图。

（2）视图名称必须遵循标识符的规则，且对每个架构都必须唯一。

（3）可以在其他视图的基础上创建视图。

（4）不能将规则或 DEFAULT 定义与视图关联。

（5）AFTER 触发器不能与视图相关联，只有 INSTEAD OF 触发器可以与视图相关联。

（6）视图中的查询语句不能包含 COMPUTE、COMPUTE BY 子句或 INTO 关键字；不能包含 ORDER BY 子句，除非在 SELECT 语句的选择列表中还有一个 TOP 子句；不能包含指定查询提示的 OPTION 子句；不能包含 TABLESAMPLE 子句等。

（7）不能为视图定义全文索引。

（8）不能创建临时视图，也不能对临时表创建视图。

（9）如果视图中的某一列是由函数、数学表达式、常量等产生，则必须为该列定义一个列名称；如果视图中的某些列来自多个表的相同字段，则必须为这些列定义一个唯一的列别名。

（10）当视图引用的基表或视图已被删除时，该视图就不能再使用。

（11）一个视图最多可引用 1024 个列；视图最多只能嵌套 32 层。

提示： 上述列举的准则中，有些准则需要学习后续章节的内容后，反过来复习才能更好地理解其意义。更详细的准则说明请参考 SQL Server 2008 联机帮助文档。

7.2　使用 SSMS 创建与维护视图

创建视图主要有 SSMS 方式、T-SQL 语句和模板资源管理器等三种操作方法。不管使用哪种方法，重点都是设计符合上述准则要求并能满足实际需求的 SELECT 查询语句。

7.2.1　创建视图

在 SSMS 管理器中，用户在可视化环境中可以十分方便地对视图进行创建、修改、删除等操作。视图创建在视图设计器中进行，下面通过案例简要介绍视图设计器的使用。

【例 7-1】设计一个"Vw_S_C"视图，该视图返回各班级的专业信息"班级编号、班级名称、专业名称"。

操作过程如下：

启动 SSMS 管理器，在对象资源管理器中展开"数据库"节点，展开"jwgl"数据库节点，右击"视图"节点，在快捷菜单中单击"新建视图"命令，弹出"添加表"对话框，其后的操作与 6.10.2 节"使用查询设计器设计查询"的操作过程一样。

7.2.2　修改视图

修改视图与创建视图的操作方法基本相同，仅仅是进入操作界面的步骤有所不同。

【例 7-2】修改"Vw_S_C"视图，使该视图返回学生的班级与专业信息"学号、姓名、班级名称、专业名称"等。

（1）执行修改视图命令

启动 SSMS 管理器，在对象资源管理器中展开"数据库"节点，展开"jwgl"数据库节点，展开"视图"节点，右击视图名称"Vw_S_C"，弹出视图快捷菜单。

（2）在视图设计器中修改视图

在快捷菜单中单击"设计"命令，进入视图设计器，视图设计器将视图恢复到上一次保存前的状态。这时，根据要求在"关系"窗格中添加学生表"student"，并勾选相关的输出列。修改后的视图如图 7-1 所示。单击"保存"按钮保存视图。

7.2.3　重命名视图

重命名视图的操作必须在视图没有被其他应用程序引用的前提条件下进行，否则，引用该视图的应用程序将无法继续使用。

【例 7-3】将视图"Vw_S_C"的名称重命名为"Vw_Student"。

（1）执行重命名视图命令

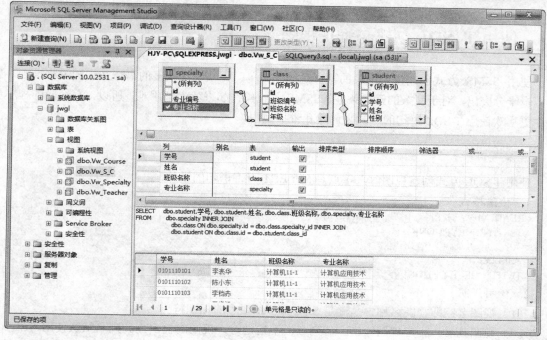

图 7-1   修改视图

启动 SSMS 管理器，在对象资源管理器中展开"数据库"节点，展开"jwgl"数据库节点，展开"视图"节点，右击"Vw_S_C"视图名称，弹出快捷菜单。

（2）重命名视图

在快捷菜单中单击"重命名"命令，这时，视图的名称自动变成可编辑的编辑框，在编辑框中修改或重新输入视图的名称，本例输入"Vw_Student"。

（3）结束重命名操作

修改或输入新的视图名称后，按 Enter 键或在窗口的其他位置单击鼠标，即可结束重命名操作。

7.2.4   删除视图

当视图没有存在的必要时，应该将其备份后删除，否则，对象太多会对应用系统产生干扰。同样，删除视图的操作必须在确保视图没有被其他应用程序引用的前提条件下进行操作，否则，将导致引用该视图的应用系统崩溃。

【例 7-4】删除"Vw_Specialty"视图。

（1）执行删除视图命令

启动 SSMS 管理器，在对象资源管理器中展开"数据库"节点，展开"jwgl"数据库节点，展开"视图"节点，右击"Vw_Specialty"视图名称，弹出快捷菜单。

（2）删除视图

在快捷菜单中单击"删除"命令，进入视图删除确认对话框，这时，单击"确定"按钮即可删除该视图。

7.3 使用 T–SQL 创建与维护视图

使用 SSMS 方式创建视图最大的特点是操作简单，无须记忆太多的语法知识和编程准则，但缺点也十分突出，对于复杂的筛选条件，SSMS 方式操作起来就十分困难，所以，有经验的程序员往往更喜欢使用 T-SQL 语句的方式来创建和维护视图。

7.3.1 创建视图

使用 T-SQL 方式创建视图时，重点是 SELECT 查询语句的设计。

1. 语法格式

```
CREATE VIEW <视图名> [(<视图列名>[,…n])]
  [WITH ENCRYPTION]
  AS
  <SELECT 语句>
  [WITH CHECK OPTION]
```

2. 使用说明

（1）视图名：即视图名称，是满足 SQL Server 要求的标识符。

（2）视图列名：指定视图输出列的列名，不指定时，视图的输出列和列名默认使用 SELECT 查询语句返回的字段及字段名。

（3）WITH ENCRYPTION：对视图进行加密。

（4）AS：用于指定视图要执行的操作，即后面接着出现的是 SELECT 语句。

（5）SELECT 语句：查询语句的执行结果即视图的返回结果，SELECT 语句可以引用一个或多个基表或其他视图。SELECT 语句是不含 ORDER BY、COMPUTE、COMPUTE BY 等子句和 DISTINCT 关键字的查询语句。总之，创建视图时要满足 7.1.4 节列出的基本准则。

（6）WITH CHECK OPTION：指定在视图上进行的插入、修改、删除等操作要满足查询语句所指定的限制条件，这样可以确保视图维护后的数据能在视图中得以反映。

（7）关于保存：SQL Server 系统只保存视图的命令语句，其数据只有在引用视图时才从基表或其他视图中提取。

3. 案例操作

【例 7-5】设计"Vw_Course"视图，该视图返回"计算机应用技术"专业所开设的课程信息"专业名称、开课学期、课程编号、课程名称、课时、学分、周课时"等。

【案例分析】视图的返回数据来源于两个表，一是专业表"specialty"，二是专业课程开设表"course"；专业课程开设表通过"specialty_id"外键与专业表的"id"主键进行关联操作；筛选条件是专业表的"专业名称"字段等于"计算机应用技术"；查询语句的 SELECT 子句返回专业表的"专业名称"字段、专业课程开设表的"开课学期、课程编号、课程名称、课时、学分、周课时"等字段；视图的输出列名对应于 SELECT 语句返回的字段名。

根据上述分析，创建视图的 T-SQL 语句如下：

```
CREATE VIEW Vw_Course (专业名称,开课学期,课程编号,课程名称,课时,学分,周课时)
AS
SELECT 专业名称, 开课学期,课程编号,课程名称,课时,学分,周课时
FROM specialty AS s,course AS c
WHERE s.id=c.specialty_id AND s.专业名称='计算机应用技术'
```

在 SSMS 的"SQL 编辑器"窗格中输入并执行上述 T-SQL 语句，视图"Vw_Course"创建完毕。

7.3.2　修改视图

使用 T-SQL 修改视图通常有两种方法：一是先删除需要修改的视图，然后通过打开创建该视图的 SQL 脚本文件在"SQL 编辑器"窗格中对脚本语句进行修改，修改后再执行即可；第二种方法是使用下面介绍的视图修改语句进行修改。在实际应用中，往往第一种方法用得更频繁，但前提是被修改的视图必须有脚本备份。

1. 语法格式

```
ALTER VIEW <视图名> [(<视图列名>[,…n])]
    [WITH ENCRYPTION]
    AS
    <SELECT 语句>
    [WITH CHECK OPTION]
```

2. 使用说明

参数的含义与创建视图命令完全一样。

3. 案例操作

【例 7-6】修改视图"Vw_Course"，使视图返回所有专业所开设的课程信息"专业名称、开课学期、课程编号、课程名称、课时、学分、周课时"，并对视图进行加密。

【案例分析】根据修改要求，需在修改命令中增加 WITH ENCRYPTION 加密关键字声明，同时，需要在原视图创建命令中的 WHERE 子句中删去"计算机应用专业"的筛选条件。修改语句如下：

```
ALTER VIEW Vw_Course (专业名称,开课学期,课程编号,课程名称,课时,学分,周课时)
WITH ENCRYPTION
AS
SELECT  专业名称, 开课学期,课程编号,课程名称,课时,学分,周课时
FROM specialty AS s,course AS c
WHERE s.id=c.specialty_id
```

操作过程与视图的创建过程基本一致。

提示：创建或修改视图的语句如果选用了加密关键字，用户应另行备份创建或修改视图的脚本语句，否则，对视图的修改，意味着要重新设计创建视图的语句。

7.3.3　重命名视图

视图的重命名通过调用 SQL Server 系统的"SP_NAME"存储过程来实现。

1. 语法格式

```
SP_RENAME <旧名>,<新名>
```

2. 案例操作

【例 7-7】将视图"Vw_Course"重命名为"Vw_CourseInfo"。

```
SP_RENAME Vw_Course, Vw_CourseInfo
```

7.3.4　删除视图

1. 语法格式

```
DROP VIEW <视图名称>
```

2. 案例操作

【例 7-8】删除"Vw_Teacher"视图。

```
DROP VIEW Vw_Teacher
```

7.4   视图的使用

视图一旦创建成功，就能像数据库的基表一样对其进行记录的插入、修改、删除、查询、分析、统计等操作，但是，对视图进行记录的插入、修改、删除操作实质上是针对视图所引用的基表进行的，由于这些操作需要满足某些限制条件才能成功进行，所以，使用受到限制。

7.4.1   使用视图查询

使用视图进行查询能简化查询操作。复杂的查询语句往往被创建成视图保存起来，在随后有重复的操作时，通过一条简单的 SELECT 查询语句引用该视图就能实现相同的查询功能，这是使用视图技术达到"一次复杂，永久简单"的编程目的。

【例 7-9】使用例 7-7 重命名后的视图"Vw_CourseInfo"查询各专业第一学期所开设的课程信息。

查询命令如下：

```
SELECT * FROM Vw_CourseInfo WHERE  开课学期=1
```

上述查询语句只引用了视图，避免了再次对基表进行字段的选择、避免了基表间主键与外键的关联设置，例 7-6 与例 7-9 功能一样，但从命令的复杂度比较，引用视图的例 7-9 的查询命令得到了简化。

7.4.2   使用视图维护数据

对视图进行记录的插入、修改、删除等数据维护操作实质上是针对视图所引用的基表进行操作，当视图引用的基表只有一个时，只要满足表的有关约束规则，对表进行记录的插入、修改、删除等操作与对基表的操作是一样的。但是，当表被其他表关联或表与另一表关联时，这些操作就受到了诸多限制。

在实际应用中，很少使用视图对表数据进行维护，同时也不提倡这样做，所以本书对此内容不做介绍，有兴起的读者可参考 SQL Server 2008 系统的联机帮助文档学习。

7.5   索引概述

索引是根据表中一列或多列按照一定的顺序建立的列值与记录行之间的对应关系表。索引与书本的目录类似，通过创建索引可以显著地提高数据库数据的查询性能，减少为返回查询结果集而必须读取的数据量，通过索引还可以强制表中的行具有唯一性，从而确保表的数据完整性。

索引是属于 SQL Server 系统内部运行机制的内容，数据库设计、管理与使用人员只关心如何建立和维护索引，至于如何使用索引那是数据库管理系统的内部问题。

7.5.1　索引的优缺点

1.　优点

（1）加速数据检索，提高数据存取速度。

（2）在使用 ORDER BY 或 GROUP BY 子句进行数据检索时，利用索引可以减少排序和分组的时间。

（3）在执行查询时，会对查询先进行优化，而查询优化器则依赖于索引才起作用

（4）索引能保证数据记录的唯一性，能确保表与表之间的参照完整性。

2.　缺点

（1）创建索引需要额外的空间开销，索引需要预处理时间。

（2）具有索引的表在进行数据的插入、修改、删除操作时，由于需要重新调整排序顺序，所以操作效率会降低。

7.5.2　索引的类型

索引可以理解为一种特殊的目录。SQL Server 提供了两种主要的索引类型：聚集索引（也称聚类索引、簇集索引）和非聚集索引（也称非聚类索引、非簇集索引）。

1.　聚集索引

聚集索引根据数据行的键值在表或视图中排序后存储这些数据行。每个表只能有一个聚集索引，因为数据行本身只能按一个顺序排序。

只有当表包含聚集索引时，表中的数据行才按照排序顺序进行存储。如果表具有聚集索引，则该表称为聚集表；如果表没有聚集索引，则其数据行存储在一个称为堆的无序结构中。

2.　非聚集索引

非聚集索引具有独立于数据行的结构。非聚集索引包含非聚集索引键值，并且每个键值项都有指向包含该键值的数据行的指针。

从非聚集索引中的索引行指向数据行的指针称为行定位器。行定位器的结构取决于数据页是存储在堆中还是存储在聚集表中。对于堆，行定位器是指向行的指针；对于聚集表，行定位器是聚集索引键。

除了聚集索引和非聚集索引的分类之外，SQL Server 2008 还提供了其他类型的分类索引，例如：唯一索引、包含列索引、索引视图、全文索引、空间索引、筛选索引、XML 索引等类型。

7.5.3　是否创建索引

索引需要额外的开销，不是创建越多越好。表是否创建索引要视操作的频度而定。

1.　下列情况建议建立索引

（1）经常被查询搜索的列，例如，经常在 WHERE 子句中出现的列。

（2）在 ORDER BY 子句中使用的列。

（3）外键或主键列。

2.　下列情况不适合建立索引

（1）对于增、删、改操作频繁的表或修改操作频繁的列。

（2）在查询中很少被引用的列。

（3）包含太多重复值的列。

（4）数据类型为 bit、text、image 等的列不能建立索引。

7.6　使用 SSMS 创建与维护索引

7.6.1　创建索引

创建表时，如果字段设置为主键或唯一键约束，则系统将自动对该字段创建索引。创建索引时，如果表中还没有聚集索引则建立聚集索引，否则建立非聚集索引。主键或唯一键约束的设置请参阅 4.5.1 节"创建数据库表"的介绍。下面通过案例说明索引的创建过程。

【例 7-10】为"course"课程表的"课程名称"字段创建索引，索引名为"ix_kcmc"。

操作过程如下：

（1）打开"表设计器"窗格及快捷菜单

在 SSMS 管理器的"对象资源管理器"中，展开数据库"jwgl"节点→展开"表"节点→右击"course"表→单击快捷菜单中的"设计"命令，打开"表设计器"窗格→在"表设计器"窗格右击鼠标，显示"表设计器"快捷菜单。

（2）打开"索引/键"窗格

在"表设计器"快捷菜单中，单击"索引/键"菜单命令，显示"索引/键"对话框，如图 7-2 所示。

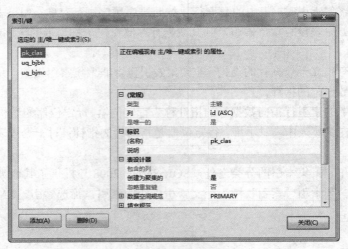

图 7-2　"索引/键"对话框

（3）设置索引项

在"索引/键"对话框，单击"添加"按钮，在右边的列表框的"（常规）"项中单击"类型"项，这时，在其右边出现组合列表框，在组合列表框中选择"索引"。

单击"列"项，在其右边出现"…"按钮，单击"…"按钮，弹出"索引列"对话框，单击"列名"组合框，在下拉列表框中选择"课程名称"，如图 7-3 所示。

单击"确定"按钮关闭"索引列"对话框，返回"索引/键"对话框。

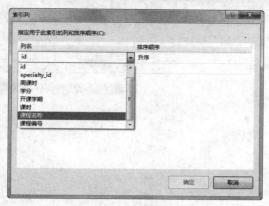

图 7-3　选择索引字段

（4）设置索引名称

在"索引/键"对话框的"标识"项，单击"（名称）"项右边的编辑框，输入"索引"的名称，将原值"IX_course"修改为"ix_kcmc"。

（5）设置聚集索引

如果表还没有设置"聚集索引"，则在"创建为聚集的"项右边的选择框中选择"是"，否则，默认为"否"，且不能修改。至此，"课程名称"的"索引"设置完毕。

7.6.2　修改索引

使用 SSMS 方式修改索引的操作与创建索引的操作基本相同，主要差别在于：进入"索引/键"对话框后，要先选择索引名然后才能修改相关的设置。

【例 7-11】将"course"课程表的"课程名称"字段的索引名"ix_kcmc"修改为"ix_course_kcmc"，排序顺序设置为"降序"。

操作过程如下：

（1）打开"表设计器"窗格及快捷菜单

操作过程同例 7-10。

（2）打开"索引/键"对话框

操作过程同例 7-10。

（3）选择要修改的索引名

在"索引/键"对话框左边的"选定的主键/唯一键或索引"列表框中选择"ix_kcmc"索引名。

（4）修改索引的排序顺序

在"索引/键"对话框，单击"列"项，在其右边出现"…"按钮，单击"…"按钮，弹出"索引列"对话框，单击"排序顺序"列表框，在列表框中选择"降序"，如图 7-4 所示。单击"确定"按钮关闭"索引列"对话框，返回"索引/键"对话框。

（5）修改索引名

在"索引/键"对话框的"标识"项，单击"（名称）"项右边的编辑框，将索引名称"ix_kcmc"修改为"ix_course_kcmc"，如图 7-5 所示。

（6）结束修改

单击"关闭"按钮，结束索引的修改操作。

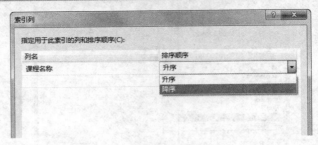

图 7-4　修改索引的排序顺序

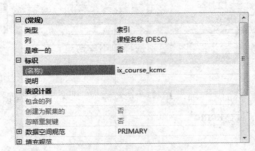

图 7-5　修改索引名

7.6.3　禁用索引

SQL Server 系统对表的某些操作需要禁用索引，禁用索引可以防止用户访问该索引，对于聚集索引，禁止索引意味着禁止用户访问基表。

【例 7-12】禁用"course"课程表的"ix_course_kcmc"索引。

操作过程如下：

在 SSMS 管理器的"对象资源管理器"中，展开数据库"jwgl"节点→展开"表"节点→展开"course"表节点→展开"索引"节点→右击"ix_course_kcmc"索引名，弹出快捷菜单→单击快捷菜单中的"禁用"命令，弹出"禁用索引"对话框→在"禁用索引"对话框中单击"确定"按钮，完成禁用索引操作。

7.6.4　重新生成索引

数据库表记录的插入、更新、删除操作都可能导致索引产生逻辑碎片，逻辑碎片所占比例超过一定程度时，会降低数据的查询效率，这时，重新建立索引能解决该问题。可以使用"DBCC SHOWCONTIG(<表名>,<索引名>)"语句查看索引数据的碎片情况。此外，索引禁用后如果要重新启用，也必须重新生成索引才能生效。

【例 7-13】将"course"课程表的"ix_course_kcmc"索引重新启用。

操作过程如下：

在 SSMS 管理器的"对象资源管理器"中，展开数据库"jwgl"节点→展开"表"节点→展开"course"表节点→展开"索引"节点→右击"ix_course_kcmc"索引名→单击快捷菜单中的"重新生成"命令，弹出"重新生成索引"对话框→在"重新生成索引"对话框中单击"确定"按钮，完成重新索引操作。

7.6.5　重新组织索引

重新组织索引不是重新建立索引，而是在原索引的基础上通过碎片整理以提高索引的扫描性能。

【例 7-14】将"course"课程表的"ix_course_kcmc"索引重新组织索引。

操作过程如下：

在 SSMS 管理器的"对象资源管理器"中，展开数据库"jwgl"节点→展开"表"节点→展开"course"表节点→展开"索引"节点→右击"ix_course_kcmc"索引名→单击快捷菜单中的"重新组织"命令，弹出"重新组织索引"对话框→在"重新组织索引"对话框中单击"确定"按钮，完成重新组织索引操作。

7.6.6　删除索引

索引会引起查询等操作的效率降低，数据更新频繁的字段的索引应将其删除。

【例 7-15】将"course"课程表的"课程名称"索引"ix_course_kcmc"删除。

操作过程如下：

在 SSMS 管理器的"对象资源管理器"中，展开数据库"jwgl"节点→展开"表"节点→展开"course"表节点→展开"索引"节点→右击"ix_course_kcmc"索引名→单击快捷菜单中的"删除"命令，弹出"删除对象"对话框→在"删除对象"对话框中单击"确定"按钮，完成删除索引操作。

7.7　使用 T–SQL 创建与维护索引

T-SQL 使用 CREATE INDEX 语句创建索引，使用过程中需要注意索引名称要唯一、一张表只能创建一个聚集索引等要求，违反这些要求时将导致索引失败。

7.7.1　创建索引

常用的语法格式如下：

1. 语法格式

```
CREATE [UNIQUE] [CLUSTERED|NONCLUSTERED]
INDEX <索引名> ON <表名> (<列名>[ASC|DESC][,…n])
[WHERE <选择条件>]
[ON {<文件组>|DEFAULT}]
```

2. 使用说明

（1）UNIQUE：创建唯一索引。

（2）CLUSTERED：创建聚集索引。

（3）NONCLUSTERED：创建非聚集索引。

（4）<索引名>：用户自定义的索引名称。

（5）<表名>(<列名>[ASC|DESC][,…n])：指定创建索引的表及其字段。

（6）[WHERE <选择条件>]：指定索引中要包含哪些行来创建筛选索引。筛选索引必须是表的非聚集索引。

（7）ON <文件组>：在指定的文件组上建立索引，所指定的文件组必须存在。

（8）ON DEFAULT：在默认文件组上建立索引。

3．案例操作

【例 7-16】为"class"班级表创建一个索引名为"ix_bjbh_nj"的非聚集复合索引，索引列为"班级编号，年级"字段。

实现代码如下：

```
CREATE NONCLUSTERED INDEX ix_bjbh_nj ON class(班级编号,年级)
```

7.7.2　修改索引

索引建立后，如果想改变索引的有关参数，必须将索引删除后重新创建才能实现。这里介绍的 ALTER INDEX 修改语句，用于禁用、重新生成或重新组织索引。常用的语法格式如下。

1．语法格式

```
ALTER INDEX {<索引名>|<ALL>} ON {<表名>|<视图名>}
{ REBUILD|DISABLE|REORGANIZE}
```

2．使用说明

DISABLE 用于禁用指定的索引；REBUILD 用于重新生成（启用）索引；REORGANIZE 用于重新组织索引。

3．案例操作

【例 7-17】禁用"class"班级表中的"ix_bjbh_nj"索引。

实现代码如下：

```
ALTER INDEX ix_bjbh_nj ON class DISABLE
```

【例 7-18】重新生成"class"班级表中的"ix_bjbh_nj"索引。

实现代码如下：

```
ALTER INDEX ix_bjbh_nj ON class REBUILD
```

7.7.3　删除索引

1．语法格式

```
DROP INDEX <表名>.<索引名>
```

或：

```
DROP INDEX <索引名> ON <表名|视图名>
```

2．使用说明

执行 DROP INDEX 语句时，SQL Server 释放索引所占的磁盘空间；不能删除主键约束或唯一键约束的索引，若想删除这些索引，必须先删除约束；删除表时，该表的全部索引也将被删除；当删除一个聚集索引时，该表的非聚集索引自动重新创建。

3．案例操作

【例 7-19】删除"class"班级表中的"ix_bjbh_nj"索引。

实现代码如下：

```
DROP INDEX class.ix_bjbh_nj
```

或：

```
DROP INDEX ix_bjbh_nj ON class
```

小结

（1）视图是借助 SELECT 查询语句从数据库的基表或视图中提取记录数据所形成的一张虚表。视图本身没有记录的字段描述、不存储记录数据。视图可以像基表一样使用，但视图引用多个基表时，其插入、修改、删除等操作有特殊限制，所以，一般情况下，视图只用于简化查询和安全管理等操作。

（2）索引是根据表中一列或多列按照一定的顺序建立的列值与记录行之间的对应关系表。通过创建索引可以显著地提高数据库查询和应用程序的性能。创建索引需要额外的空间开销，索引需要预处理时间，表在记录数据的插入、修改、删除操作时需要重新调整索引的排序顺序，所以，引入索引操作效率会降低。

练习七

一、选择题

1. 视图的分类主要有三种，它们是（　　）。
   A. 标准视图、分组视图和统计视图　　　　B. 统计视图、索引视图和分区视图
   C. 标准视图、索引视图和分区视图　　　　D. 标准视图、分组视图和分区视图

2. 在视图设计器中，用于设置筛选条件、排序方式等内容的窗格是（　　）。
   A. SQL 窗格　　　　　　　　　　　　　B. 关系窗格
   C. 条件窗格　　　　　　　　　　　　　D. 结果窗格

3. 创建视图时，如果某些输出列有多个相同名称，则列名必须（　　）。
   A. 另起别名　　　　　　　　　　　　　B. 删除
   C. 重选　　　　　　　　　　　　　　　D. 修改

4. 视图重命名使用如下（　　）命令。
   A. rename <旧名> <新名>　　　　　　　B. DROP VIEW <视图名称>
   C. SP_NAME <旧名> <新名>　　　　　　D. sp_name <旧名>,<新名>

5. 创建视图使用（　　）T-SQL 语句。
   A. CREATE TABLE　　　　　　　　　　B. ALTER VIEW
   C. CREATE VIEW　　　　　　　　　　　D. CREATE INDEX

6. SQL Server 索引的主要分类是（　　）。
   A. 聚集索引，非聚集索引　　　　　　　B. 主键索引，唯一键索引
   C. 视图索引，全文索引　　　　　　　　D. 空间索引、筛选索引

7. 表记录的插入、更新、删除操作会导致索引产生逻辑碎片，碎片会降低数据的查询效率，使用（　　）可查看索引数据的碎片情况。
   A. DBCC SHOW(<表名>,<索引名>)
   B. SHOW CONTIG(<表名>,<索引名>)
   C. DBCC SHOWCONTIG(<表名>,<索引名>)

D．RUN SHOW(<表名>,<索引名>)
8．重新索引的关键字是（　　　）。
　　A．REORGANIZE　　　　　　　　B．DROP INDEX
　　C．DISABLE　　　　　　　　　　D．REBUILD
9．下列哪一项不属于视图的准则（　　　）。
　　A．只能在当前数据库中创建视图
　　B．当视图引用的基表或视图已被删除时，该视图就不能再使用
　　C．当视图引用的基表或视图已被删除时，该视图还可以使用
　　D．可以在其他视图的基础上创建视图
10．在下列关于视图的叙述中，不正确的是（　　　）。
　　A．从基表中仅提取用户感兴趣的字段信息
　　B．通过对视图授权提高数据安全性
　　C．简化查询设计操作
　　D．提高查询处理速度
11．删除索引的 T-SQL 语句是（　　　）。
　　A．DROP INDEX <表名>.<索引名>
　　B．DROP INDEX <表名>
　　C．REMOVE INDEX <表名>.<索引名>
　　D．REMOVE INDEX <表名>
12．下列创建视图的语句中错误的是（　　　）。
　　A．CREATE VIEW <视图名> WITH ENCRYPTION AS <SELECT 语句>
　　B．CREATE VIEW <视图名> AS <SELECT 语句> WITH ENCRYPTION
　　C．CREATE VIEW <视图名> AS <SELECT 语句> WITH CHECK OPTION
　　D．CREATE VIEW <视图名> [(<视图列名>[,…n])] AS <SELECT 语句>

二、填空题

1．视图是一张＿＿＿＿表，其数据从引用的基表中＿＿＿＿。
2．视图可分为＿＿＿＿、索引视图和＿＿＿＿三种。
3．视图的＿＿＿＿和删除不影响基表。
4．使用 T-SQL 方式创建视图时，加密视图使用＿＿＿＿关键字声明。
5．使用 T-SQL 删除视图的语句的语法格式是＿＿＿＿。
6．索引是根据表中＿＿＿＿按照一定的顺序建立的列值与记录行之间的对应关系表。
7．ALTER INDEX 修改语句常用于禁用、＿＿＿＿或重新组织索引。

三、设计题

1．使用视图设计器设计视图"vTeachers"，要求视图返回教师表的全部信息。并写出视图的设计步骤。
2．使用视图设计器设计视图"vTeacherTask"，要求视图返回"2012-2013 学年第一学期"教师的授课课程信息。

3．使用 T-SQL 设计视图"vStudentScore"，要求视图返回"计算机 11-1"班"2012-2013 学年第二学期"各门课程学生的学习成绩。

4．使用 T-SQL 设计视图"vTask12132"，要求视图返回"2012-2013 学年第二学期"开课任务的详细信息。

5．创建"vClass"视图，该视图返回各个班级的详细信息。

6．创建"vCourse"视图，该视图返回各个专业所开设的课程的详细信息。

7．创建"vStudent"视图，该视图返回学生的详细信息。

8．创建"vTask"视图，该视图返回各个学期开课任务的详细信息。

9．创建"vScore"视图，该视图返回各个学生的课程学习成绩的详细信息。

8

T-SQL 编程

本章导读

前七章是 SQL Server 2008 的基础，后续各章则属于高级应用部分。只从事信息系统应用的非计算机专业的读者只要掌握前七章和第 13 章的内容即可满足一般数据库应用的岗位需求。从本章开始，后面的内容主要介绍 SQL Server 2008 的高级开发应用知识，主要供计算机应用专业的读者、数据库系统开发技术人员，BI 工程技术人员学习与参考。

在实际应用中，如果待解决的业务处理逻辑过于复杂，使用单个 T-SQL 语句已无法实现其功能，这时，可以借助 T-SQL 的编程机制来实现这些复杂的事务功能。T-SQL 编程属于数据库应用的高级主题，读者如果能够熟练地掌握 T-SQL 编程，意味着他对数据库的应用与管理技术已进入了高级应用阶段。

本章介绍 T-SQL 的基础编程知识，学习过计算机高级语言的读者可以快速阅读通过，没有高级语言基础的读者应认真学习、多做练习、扎实基础。本章是后续各章的应用基础，主要介绍 T-SQL 语言的基础语法知识、程序结构、流程控制与程序错误处理等内容。

本章要点

- 批处理、脚本的含义及使用
- 语句注释、常量、变量、运算符、表达式
- 语句块
- 顺序、分支、循环结构程序
- 程序错误处理

8.1 T-SQL 语言概述

8.1.1 T-SQL 的发展

结构化查询语言（Structured Query Language，简称 SQL）于 1974 年由 IBM 公司 San Jose 实

验室推出，1987 年，国际标准化组织（ISO）将其批准为国际标准；之后，ISO 先后推出了 SQL89 和 SQL92（即 SQL2）标准；1999 年，ANSI 和 ISO 联合发布了 SQL99 标准（即 SQL3）。目前，各种关系型数据库管理系统如 Oracle、SQL Server、DB2、Sybase、MySQL 等均支持并实现 SQL 的相关标准，并且，它们在 SQL 标准的基础上各自有所扩展从而形成自己的特色。

Transact-SQL（简称 T-SQL）是微软公司在关系型数据库管理系统 SQL Server 中的 ISO SQL 实现，通过 T-SQL，用户几乎可以完成 SQL Server 数据库中的所有基本操作。前面几章介绍的 T-SQL 语句都是 T-SQL 范围内的基本内容。

8.1.2　SQL 的功能

在 SQL Server 2008 系统中，T-SQL 主要由五部分组成：

1．数据定义语言（Data Definition Language，简称 DDL）

DDL 主要提供创建、删除、修改和维护数据库对象（如表、视图、触发器、存储过程、规则、默认、用户自定义的数据类型等）的功能。这些功能由 CREATE、ALTER、DROP 等语句来完成。

2．数据操纵语言（Data Manipulation Language，简称 DML）

DML 主要提供查询、添加、修改或删除数据库表数据的功能。这些功能由 SELECT、INSERT、UPDATE、DELETE、MERGE 等语句来实现。

3．数据控制语言（Data Control Language，简称 DCL）

DCL 主要提供对用户数据访问权限的授予和回收等功能。这些功能由 GRANT、DENY、REVOKE 等系统语句来实现。

4．事务管理语言（Transaction Management Language，简称 TML）

TML 主要提供数据库的事务管理功能。这些功能由 BEGIN TRANSACTION、COMMIT TRANSACTION、ROLLBACK TRANSACTION 等语句来实现。

5．附加的语言元素

附加的语言元素包括注释、变量、常量、运算符、表达式、数据类型、函数、控制流程语句、错误处理语句等基本内容。

8.2　批处理、脚本和注释

8.2.1　批处理

批处理是指将多条语句或命令组织在一起并以 GO 语句结束，系统执行时按顺序将该批处理的多条语句或命令逐一执行。

GO 不是 T-SQL 语句，它仅是 SQL Server 查询分析器能识别的命令。在 SQL Server 中，GO 的作用是将当前的 T-SQL 批处理语句发送给 SQL Server 系统执行处理。

【例 8-1】创建一个仅含"班级名称"和"专业名称"的班级专业信息表"cl_spe"，表中的记录来自"class"班级表的现有班级。

实现代码如下：

```
USE jwgl
```

```
GO
CREATE TABLE cl_spe (班级名称  VARCHAR(32),专业名称  VARCHAR(32))
GO
INSERT INTO cl_spe SELECT  班级名称,专业名称  FROM class AS cl,specialty sp
    WHERE cl.specialty_id=sp.id
GO
```

上述代码是例 5-8 的翻版，代码由三个批处理完成。为了确保表在"jwgl"数据库上创建，第一个批处理是将"jwgl"数据库设置为当前数据库；由于"cl_spe"表在数据库中还不存在，为了能实现将查询记录插入到"cl_spe"表，第二个批处理完成该表的创建功能；第三个批处理则通过查询将查询结果集存储到"cl_spe"表中。可见，GO 语句能按预定的次序调度执行 T-SQL 批处理。

使用批处理的常见规则：

（1）CREATE 命令通常在单个批处理中执行，但在创建数据库、表、索引时例外。

（2）调用存储过程时，如果调用语句不是批处理的第一条语句，则必须使用 EXECUTE 语句来调用。

（3）不能在同一批处理中先定义约束，然后马上使用与约束有关的操作。

（4）不能在同一批处理中修改表字段属性后，马上使用与该字段有关的操作。

8.2.2 脚本

为了便于交流和复用，T-SQL 语句通常以文件的形式保存起来，T-SQL 语句或使用 T-SQL 语句设计的批处理、存储过程、触发器等程序都统称为 SQL 脚本，其存盘文件简称为 SQL 脚本文件，脚本文件的默认扩展名为".sql"。

脚本文件可以重复使用，可以在查询设计器中执行。查询设计器是编辑、调试和使用脚本的操作环境，所有文本编辑器，例如记事本、Word 等应用程序都可以编辑 T-SQL 脚本文件。为了叙述方便，本书把 T-SQL 脚本程序也使用"程序"的简称来指代。

8.2.3 注释

对 T-SQL 语句或脚本代码进行解释说明的文字序列称为注释。注释仅仅起到说明作用，并不被数据库管理系统执行。在脚本程序中加入注释的目的是为了更好地分析、理解和维护程序，注释分行内注释和块注释两种。

1. 行内注释

--注释内容（以两个减号开始的行是注释行，可置于语句后面或独占一行）。

2. 块注释

（1）格式一

/*注释内容（这种注释常用于一行的注释，可置于语句后面或独占一行）*/

（2）格式二

/*

注释内容（这种注释常用于多行的详细注释，注释内容可占多行）

*/

【例 8-2】给例 8-1 的代码加上注释。

实现代码如下：

```
USE jwgl                              --选择 jwgl 数据库为当前数据库
GO                                    --执行批处理
CREATE TABLE cl_spe                   /*创建 cl_spe 表*/
(   班级名称  VARCHAR(32),
    专业名称  VARCHAR(32)
)
GO
/*
```

下面的插入语句从"class、specialty"两个表中通过关联查询出班级的班级名称和专业名称记录集，并把该记录集插入到 cl_spe 表中。

```
*/
INSERT INTO cl_spe
    SELECT 班级名称,专业名称              --插入语句中的 SELECT 子句
    FROM class AS cl,specialty sp
    WHERE cl.specialty_id=sp.id
GO
```

8.3　常量与变量

常量与变量是程序中数据的表达形式，任何编程语言都离不开这些基本内容。常量是表示一个特定数值的符号，而变量是用于在内存中保存数据的标识符。

8.3.1　常量

常量表示一个特定数值的符号，是指在程序中出现的在程序执行过程中其值一直保持不变的量。常量根据数据的类型不同可分为数值、字符、日期等多种类型。

1．数值常量

数值常量根据数值的类型不同可分为二进制常量、bit 常量、integer 常量、float 常量、real 常量、money 常量等。例如：50、64.73、0、1、23E+10、$54.66 等。

2．字符串常量

由单引号括住的由零个或多个字符组成的字符序列称为字符串。例如:'电子计算机'、'A8_3242'、'88'、'ok'、'date:2012-04-30'等。

当字符串中含有单引号时，用两个单引号表示；字符串常量如果用 Unicode 编码，则字符串左边单引号前用"N"字符开始。例如：N'HELLO'。

3．日期常量

日期常量是使用单引号括起来的具有特殊格式的字符串。例如，SQL Server 可以识别的日期常量为'20130913'、'13/10/3013'、'3013-10-12'、'September 13,2013'等；可以识别的日期时间常量为'September 13,2013 14:35:20'、'14:35:20'等。

8.3.2　局部变量

变量是在内存中保存数据的标识符,主要用于保存参与操作的原始数据或程序执行过程中由计算或统计而产生的数据。变量分为局部变量和全局变量两种。

局部变量是用户在程序中自定义的变量,一个变量可保存一个数据,仅在定义的批处理中有效,

离开该批处理则失效。局部变量以"@"开头。局部变量的使用要遵循先定义后使用的原则，并且不能与系统提供的全局变量有相同的名字。

1. 局部变量的声明

（1）语法格式

DECLARE @<变量名> <数据类型> [,...n]

（2）使用说明

1）变量名：以符号"@"开头的标识符。局部变量名必须符合标识符的命名规则，即以字母或_、@、#等字符开头，不能与保留字相同，最长为 128 个字符。

2）数据类型：指定变量保存的数据的数据类型，即变量的数据类型。变量的类型不能是 text、ntext 或 image 等数据类型。

（3）案例操作

【例 8-3】声明两个变量，第一个为"stCount"用于存放学生数量，第二个为"stName"用于存放"入学总分"最高的那个学生的姓名。

DECLARE @stCount INT, @stName VARCHAR(8)

2. 局部变量赋值

局部变量声明后的初值为 NULL，可以使用 SELECT 或 SET 语句对变量进行赋值。

（1）使用 SELECT 语句

SELECT <局部变量名>=<表达式|SELECT 子查询> [,...n]

将表达式的值或查询返回的值赋给指定的局部变量保存。对于简单数据类型的变量，如果使用子查询语句进行赋值，则子查询只能返回一个值，否则操作失败。

例如，将"100"赋给@stCount 变量，"黄小明"赋给@stName 变量。

SELECT @stCount=100,@stName='黄小明'

（2）使用 SET 语句

SET <局部变量名>=<表达式|SELECT 子查询>

功能与使用 SELECT 语句赋值相同。

例如：将"200"赋给@stCount 变量，"王明"赋给@stName 变量。

SET @stCount=200
SET @stName='王明'

3. 局部变量值的输出

局部变量的值一般只在脚本程序中使用，要求输出的机会很小，但有时在程序调试时需要了解变量的当前取值是多少，所以需要临时输出查看。局部变量的值可以使用 SELECT 语句和 PRINT 语句进行输出。

（1）使用 SELECT 语句输出

SELECT <局部变量名>[,...n]

使用查询语句可以直接以网格显示的方式输出局部变量的值。

例如，上述两个变量经赋值后可以这样输出它们的值。

SELECT @stCount,@stName

（2）使用 PRINT 语句输出

PRINT <表达式>

使用 PRINT 语句以消息显示的方式输出表达式（或变量）的值。

例如，上述两个变量经赋值后可以这样输出它们的值。

PRINT @stCount PRINT @stName

【例 8-4】查询"student"学生表的学生人数和"入学总分"最高的学生的姓名，把结果分别保存于"stCount"和"stName"两个变量，并用 SELECT 语句输出。

实现代码如下：

```
DECLARE @stCount INT, @stName VARCHAR(8)          --声明变量
SELECT @stCount=(SELECT COUNT(*) FROM student)    --查询结果保存到变量
SELECT @stName=(SELECT TOP 1 姓名 FROM student ORDER BY 入学总分)
SELECT @stCount AS 人数,@stName AS 最高分学生       --将变量的值输出
```

4. 局部变量的作用域

变量的作用域是指变量的有效空间，在该空间内变量可以存取，离开了该空间变量就无法访问或已从内存中释放。

在批处理中定义的变量，其作用域从定义开始，在所在的批处理区间中有效，离开该批处理则失效；在存储过程中定义的变量，其作用域从定义开始，到存储过程的程序结束之前有效；在触发器中定义的变量，其作用域从定义开始，到触发器的程序结束之前有效。其他如自定义函数等编程对象也有类似的作用域范围。

8.3.3　全局变量

全局变量是 SQL Server 2008 系统提供并赋值的变量，用于保存 SQL Server 服务器的当前活动状态信息。用户不能定义全局变量，只能读取使用。

1. 常用的全局变量

全局变量是一组特定的函数，它们的名称都以"@@"字符开头，使用时不带括号和参数，直接引用函数名称即可。表 8.1 列出了几个常用的全局变量，详尽的全局变量请读者参考 SQL Server 2008 联机帮助文档。

表 8.1　SQL Server 2008 常用全局变量

序号	变量名	用途
1	@@CONNECTIONS	返回自上次启动以来尝试的连接数，无论连接成功还是失败
2	@@CURSOR_ROWS	返回游标当前限定行的数目
3	@@ERROR	返回最后一次 T-SQL 语句执行错误的错误号
4	@@FETCH_STATUS	返回游标执行 FETCH 语句后的游标状态
5	@@IDENTITY	返回最后插入的标识值
6	@@LANGUAGE	返回当前所用语言的名称
7	@@LOCK_TIMEOUT	返回当前会话的当前锁定的超时设置（毫秒）值
8	@@MAX_CONNECTIONS	返回 SQL Server 实例允许同时进行的最大用户连接数
9	@@SERVERNAME	返回运行 SQL Server 的本地服务器的名称
10	@@VERSION	返回当前安装的版本、处理器体系结构、生成日期和操作系统

2. 查看全局变量的值

全局变量通常是在脚本程序中引用，如果需要查看全局变量的值可使用上节介绍的 SELECT 和 PRINT 语句。

8.4　运算符和表达式

运算符是一些具有特定操作功能的运算符号。在 SQL Server 2008 系统中，运算符主要有赋值、算术、位、关系、逻辑和字符串等多种运算符。表达式是使用运算符把参与运算的因子连接起来的满足 T-SQL 语法要求的具有确定的运算数值的式子。根据运算符的不同，表达式相应的有算术、关系、逻辑和字符串等多种表达式。

8.4.1　赋值运算符和赋值语句

赋值运算符使用等号"="来表示，在 T-SQL 程序中，赋值运算符出现在赋值语句当中。赋值语句是使用最频繁的语句，有时赋值语句也以子句的方式出现在 T-SQL 语句当中。

1. 语法格式

SET <变量>=<表达式>

2. 使用说明

赋值运算符"="在赋值语句中不能再称其为"等于"号，它已没有了"等于"的含义，而是拥有了"赋予"的含义，并且具有方向性。赋值语句的执行过程是，先计算"表达式"的值，然后将值赋给赋值号"="左边的变量保存起来。

例如：SET @stCount=200，是把整数"200"送给变量"@stCount"保存。

例如：SET @stCount=200*10/100，是先计算表达式"200*10/100"的值，等于"20"，然后再把"20"送给变量"@stCount"保存。

例如：SET @stCount=@stCount+20，是将"@stCount"变量的原有值加上"20"后，再把结果送给变量"@stCount"保存，从中可以看出"="已不具有"等于"的含义。

8.4.2　算术运算符和算术表达式

1. 算术运算符

算术运算符是指数学上的运算符号，即+（加）、-（减）、*（乘）、/（除）、%（取模）。加减乘除与数学上的运算没什么两样，取模是求余数运算，例如，"10%3"运算的结果是"1"。

2. 算术表达式

算术表达式是使用算术运算符把参与运算的因子连接起来的满足 T-SQL 语法要求的具有确定的运算数值的式子。算术表达式的数据类型是数值型，究竟属于哪种数值型，要看参与操作的因子，原则是，参与计算的因子中，使用字节最长的因子的数据类型就是算术表达式值的数据类型。例如，10/3，结果是整型；10/3.0，结果是浮点型。

算术运算符的运算优先级为：（*、/、%）→（+、-）。

8.4.3　位运算符和位表达式

1. 位运算符

位运算符是对整型数据及二进制数据进行位运算的操作符，位运算符主要有三种，其符号与运算规则如表 8.2 所示。

表 8.2　位运算符

序号	位运算符	运算规则
1	&（按位与）	两位为 1 时，结果为 1，否则为 0
2	|（按位或）	两位为 0 时，结果为 0，否则为 1
3	^（按位异或）	两位相同时，结果为 0，否则为 1

2. 位表达式

位表达式是使用位运算符把参与运算的因子连接起来的满足 T-SQL 语法要求的具有确定的运算数值的式子。位运算是整型数值与整型数值或二进制数值作为计算因子的操作。位运算的运算过程：先将参与运算的两个因子转换为二进制数，按小数点对齐，然后按位根据运算符做相应的运算。

【例 8-5】有两个整数 7 和 4，求它们的位与、或、异或运算的结果并输出。

```
DECLARE @a INT,@b INT        --定义两个变量
SET @a=7                     --赋值
SET @b=4
PRINT @a&@b                  --按位与运算并输出 4
PRINT @a|@b                  --按位或运算并输出 7
PRINT @a^@b                  --按位异或运算并输出 3
```

"7"的二进制数为"111"，"4"的二进制数为"100"。两数按位相"与"结果为"100"，所以输出为十进制数"4"；两数按位相"或"结果为"111"，所以输出为十进制数"7"；两数按位相"异或"结果为"011"，所以输出为十进制数"3"。

8.4.4　关系运算符和关系表达式

1. 关系运算符

关系运算符用于表达式的比较操作，如表 8.3 所示。

表 8.3　关系运算符

序号	关系运算符	含义	序号	关系运算符	含义
1	=	等于	5	!>	不大于
2	!= 或 <>	不等于	6	<	小于
3	>	大于	7	<=	小于等于
4	>=	大于等于	8	!<	不小于

2. 关系表达式

关系表达式是使用关系运算符把参与运算的因子连接起来的满足 T-SQL 语法要求的具有确定的运算数值的式子。关系运算的结果只有两个：要么关系成立或条件成立，即结果为真（TRUE）；要么关系不成立或条件不成立，即结果为假（FALSE）。

例如：设@a=7、@b=10，则：@a=@b，关系不成立；@a>@b，关系不成立；10*@a/2<=@b-15，相当于 35<=-5，关系不成立；@a!=@b，关系成立。

回顾第 5 章，例 5-8 中的"cl.specialty_id=sp.id"；例 5-10 中的"班级名称='网络技术 13-1'"；例 5-15 中的"id>3"等都是使用关系表达式作为选择条件的案例。

关系表达式的运算优先级：算术运算符→关系运算符。即，表达式中出现算术运算符和关系运算符时，先进行算术运算，然后才进行关系运算。

8.4.5 逻辑运算符和逻辑表达式

1. 逻辑运算符

逻辑运算符用于组合关系表达式或逻辑表达式，以描述复杂的逻辑关系。逻辑运算符原则上只有 AND、OR 和 NOT 三个，但在 T-SQL 中，把子查询使用的几个运算结果也是返回真（TRUE）和假（FALSE）的操作关键字也纳入到逻辑运算符的范围。逻辑运算符如表 8.4 所示。

表 8.4 逻辑运算符

序号	逻辑运算符	含义
1	AND	组合两个关系条件，仅当两个关系都为真时，AND 运算才为真，否则为假
2	OR	组合两个关系条件，仅当两个关系都为假时，OR 运算才为假，否则为真
3	NOT	将一个关系条件的结果取反，即关系为真时，NOT 运算为假
4	ALL	在多个关系比较中，当全部关系比较都为真时，ALL 运算才为真，否则为假
5	SOME	在多个关系比较中，当全部关系比较都为假时，SOME 运算才为假，否则为真
6	ANY	与 SOME 相同
7	BETWEEN…AND	当操作数在指定的范围之内时，BETWEEN…AND 运算为真，否则为假
8	IN	当操作数出现在指定的列表中时，IN 运算为真，否则为假
9	EXISTS	子查询结果集的记录数为零时，EXISTS 运算为假，否则为真
10	LIKE	操作数与给定的模式匹配时，LIKE 运算为真，否则为假

2. 逻辑表达式

逻辑表达式是使用逻辑运算符把参与运算的关系表达式连接起来的满足 T-SQL 语法要求的具有确定的运算数值的式子。因为逻辑表达式由运算符和关系表达式组成，所以，逻辑表达式的结果与关系表达式一样，也只有两个结果值：关系成立或条件成立时，结果为真（TRUE）；关系不成立或条件不成立时，结果为假（FALSE）。

在表 8.4 中，后七个运算符在第 6 章"数据查询"中已详细介绍，表 8.5 给出了前三种逻辑运算符的运算实例。

表 8.5 逻辑运算实例

关系 A	关系 B	AND 运算	OR 运算	NOT(关系 A)运算	NOT(关系 B)运算
TRUE	FALSE	FALSE	TRUE	FALSE	TRUE
TRUE	TRUE	TRUE	TRUE	FALSE	FALSE
FALSE	TRUE	FALSE	TRUE	TRUE	FALSE
FALSE	FALSE	FALSE	FALSE	TRUE	TRUE

回顾第 6 章，例 6-25 中的"st.入学总分>500　AND　cl.班级名称='计算机 11-1' AND　cl.id=st.class_id"；例 6-26 中的"cl.年级='2012' AND cl.id=st.class_id AND (st.入学总分>550 OR st.入学总

分<450)"等都是使用逻辑表达式作为选择条件的案例。

8.4.6　连接运算符和字符串表达式

连接运算符与算术运算符中的加法运算符相同，即"+"号。连接运算符用于将两个字符串连接成一个新的字符串。字符串表达式是使用连接运算符把参与运算的两个字符串连接起来形成一个新的字符串的式子。例如，"'计算机'+'新技术'"字符串表达式的结果为"计算机新技术"。

8.4.7　运算符的优先级

当一个表达式由多种运算符构成时，表达式的运算过程要根据运算符的优先级而定，优先级相同的运算符，按从左到右的顺序进行运算。表 8.6 是 SQL Server 常用的运算符，优先级别由高而低排序。

表 8.6　常用运算符优先级

优先级	运算符	优先级	运算符
1	（）	6	NOT
2	*、/、%	7	AND
3	+、+、-、&	8	ALL、ANY、SOME、BETWEEN…AND IN、LIKE、OR
4	=、>、>=、!>、<、<=、!<、!=、<>		
5	^、|	9	=

8.5　程序块

程序设计避免不了流程控制，在 T-SQL 中，程序流程使用流程控制语句来实现。流程控制语句用于控制程序中各语句的执行顺序。通过流程控制语句，可以把单个 T-SQL 语句组合成有意义的、能完成一定功能的逻辑模块。常见的程序流程控制方式有三种，即顺序结构、选择结构和循环结构。

程序块也称语句块，是指将一个或多个 T-SQL 语句组合成一个单元来执行。SQL Server 使用 BEGIN…END 语句来组织程序块。

1. 语法格式

```
BEGIN
    {<SQL 语句>|<另一程序块>}[…n]
END
```

2. 使用说明

BEGIN…END 语句用来设置一个程序块。在顺序结构的程序当中，整个程序可看作一个程序块来处理；在分支结构的程序中，程序块被用于在某种条件下控制执行一行或多行语句；在循环结构的程序中，程序块被用于控制循环体要执行一行或多行语句。

3. 案例操作

【例 8-6】设计一个程序，求一元二次方程的实数根。

实现代码如下，程序运行结果如图 8-1 所示。

```
DECLARE @a INT,@b INT,@c INT,@x1 REAL,@x2 REAL        --定义变量
SET @a=10              --方程的三个系数赋值
SET @b=100
SET @c=5
IF @b*@b-4*@a*@c>=0
    BEGIN          --程序块开始
        SET @x1=(-@b+SQRT(@b*@b-4*@a*@c))/(2*@a)      --求根
        SET @x2=(-@b-SQRT(@b*@b-4*@a*@c))/(2*@a)
        SELECT @x1 AS x1,@x2 AS x2                     --输出结果
    END              --程序块结束
ELSE
    SELECT '没有实数根！'
```

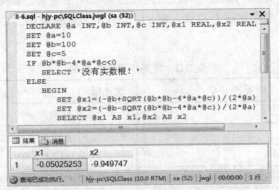

图 8-1　语句块

在上述求实数根的程序中，"IF...ELSE"是条件语句，后面会有详细介绍，当条件为真时，执行"BEGIN...END"块内求两个根并输出结果的三行语句，该三行语句被看成是一个整体单元来执行。

8.6　顺序结构

程序执行时严格按照语句的先后顺序从上至下逐行执行，这种程序结构称为顺序结构，如图8-2 所示。

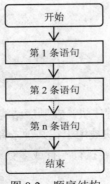

图 8-2　顺序结构

【例 8-7】已知有一梯形，上边、下边、高分别为 10、20、5 米，内切一个直径为 5 米的圆，

试设计程序求梯形面积去除圆面积后剩余的面积是多少。

程序的实现代码如下：

```
DECLARE @u INT,@b INT,@h INT,@s REAL
SET @u=10
SET @b=20
SET @h=5
SET @s=(@u+@b)*@h/2.0-(3.14*@h/2*@h/2)
SELECT @s AS  剩余面积
```

顺序程序解决了运算的先后次序已知的问题的求解，程序主要由已知数的获取、按顺序使用赋值语句进行计算、最后输出结果等三部分组成。

8.7　选择结构

选择结构是程序根据所给定的条件，判断执行不同的程序分支。选择结构也称为分支结构。选择结构主要有 IF…ELSE 和 IF…ELSE IF 两种实现方法。

8.7.1　IF…ELSE 选择结构

1. 语法格式

```
IF <条件表达式>
    <语句 1>|<语句块 1>
[ELSE
    <语句 2>|<语句块 2>
]
```

2. 使用说明

"条件表达式"由上述介绍的关系表达式或逻辑表达式充当。语句执行时，先判断"条件表达式"是否成立，如果条件成立，则执行"<语句 1>|<语句块 1>"；如果条件不成立，则执行"<语句 2>|<语句块 2>"。如果不使用程序块，"语句 1"或"语句 2"只能出现一条语句。"IF…ELSE"选择结构的执行流程如图 8-3 和图 8-4 所示。

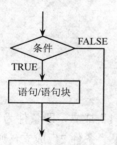

图 8-3　IF 单选择处理

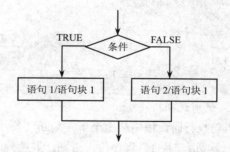

图 8-4　IF…ELSE 双选择处理

图 8-3 是省略了 ELSE 子句的执行流程，只处理条件成立时的情况，条件不成立时什么也不做，是"单选择"处理流程；图 8-4 是 IF…ELSE 结构的处理流程，对两种可能的结果都要做出处理，是"双选择"处理流程。

在语句或语句块中还可以出现另一 IF 语句，这是 IF…ELSE 语句的嵌套使用，但最多只能嵌套 32 层。

3. 案例操作

【例 8-8】如果"teacher"教师表已存在，则查询出该表的所有记录。

程序的实现代码如下：

```
IF EXISTS(SELECT * FROM sysObjects WHERE name ='teacher' And TYPE IN ('U'))
 SELECT * FROM teacher
```

本案例是"单选择"处理流程，如果"teacher"教师表不存在，则什么都不做。

【例 8-9】如果"teacher"教师表已存在，则查询出该表的所有记录，否则，先创建"#teacher"教师临时表，然后给出"教师记录数为零！"的提示信息。

实现代码如：

```
IF EXISTS(SELECT * FROM sysObjects WHERE name ='teacher' And TYPE IN ('U'))
    SELECT * FROM teacher
ELSE
   BEGIN
 CREATE TABLE #teacher(
    id   INT   IDENTITY(1,1),
    教师编号 VARCHAR(6),
    教师姓名 VARCHAR(32)
     )
    SELECT '教师记录数为零！'
   END
```

8.7.2　IF…ELSE IF 多选择结构

IF…ELSE 选择结构对于分支多于两种的情况要使用嵌套的方式才能描述，分支越多，嵌套越深，程序的逻辑结构就越复杂，不便于程序的分析和理解，这时可使用 IF…ELSE IF 多选择结构来描述，能使程序的逻辑结构变得简单、清晰，容易理解。

1. 语法格式

```
IF <条件 1>
    <语句 1>|<语句块 1>
ELSE IF <条件 2>
    <语句 2>|<语句块 2>
    …
ELSE IF <条件 n>
    <语句 n>|<语句块 n>
[ELSE
    <语句 n+1>|<语句块+1>
]
```

2. 使用说明

语句执行时，程序从上至下先判断"条件 1"，如果"条件 1"成立，即条件为真，则执行"语句 1"或"语句块 1"程序段，否则，继续判断"条件 2"，如果"条件 2"成立，则执行"语句 2"或"语句块 2"程序段，如此继续，如果"条件 1"到"条件 n"没有一个条件成立，这时，如果有 ELSE 选项，则执行"语句 n+1"或"语句块 n+1"程序段，否则什么也不执行。IF…ELSE IF 多选择结构的执行流程如图 8-5 所示。

3. 案例操作

【例 8-10】给定一个百分制的成绩，如 83，把它转换成等级制成绩：0-59：不及格、60-69：及格、70-79：中等、80-89：良好、90-100：优秀。

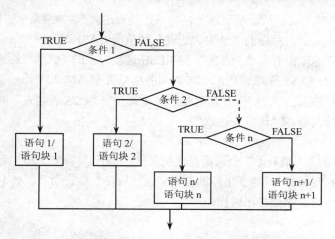

图 8-5　IF…ELSE IF 多选择结构

实现代码如下：

```
DECLARE @score float
SET @score=83
IF @score>=90.0
    PRINT '优秀'
ELSE IF @score>=80.0
    PRINT '良好'                              --本例输出结果为"良好"
ELSE IF @score>=70.0
    PRINT '中等'
ELSE IF @score>=60.0
    PRINT '及格'
ELSE
    PRINT '不及格'
```

8.7.3　CASE 多选择结构

CASE 语句的功能与 IF…ELSE IF 类似，但提供的语法格式更清晰，更易于阅读理解。从实现的原理上看，CASE 是一个特殊的函数，可以作为一个特殊的表达式来使用。

1. 语法格式

```
CASE [<表达式>]
    WHEN <比较表达式 1> THEN <结果表达式 1>
    WHEN <比较表达式 2> THEN <结果表达式 2>
    ……
    WHEN <比较表达式 n> THEN <结果表达式 n>
    [ELSE <结果表达式 n+1>]
END
```

2. 使用说明

语句执行过程如下：

（1）语句有"表达式"时：用"表达式"的值从上至下逐一与"比较表达式"的值比较，如果某个"比较表达式"的值与"表达式"的值相等，则该"比较表达式"所对应的"结果表达式"的值为 CASE 语句的结果，如果"比较表达式 1"到"比较表达式 n"的值没有一个与"表达式"的值相同，则 ELSE 选项对应的"结果表达式 n+1"的值为 CASE 语句的结果，如果没有 ELSE 选项，则 CASE 语句的结果为空"NULL"。

（2）省略"表达式"时：从上至下逐一判断"比较表达式"，如果某个"比较表达式"的值为"真"，则该"比较表达式"对应的"结果表达式"的值为 CASE 语句的结果，如果"比较表达式 1"到"比较表达式 n"的值没有一个为"真"，则 ELSE 选项对应的"结果表达式 n+1"的值为 CASE 语句的结果，如果没有 ELSE 选项，则 CASE 语句的结果为空"NULL"。

上述两种情况的差别是，第（1）种情况是"表达式"与"比较表达式"的值做等值关系比较；第（2）种情况是直接判断各"比较表达式"。

3．案例操作

【例 8-11】学生的"生活补贴"金额根据性别而定："男生"补助"20"元，"女生"补助"30"元，请编程生成一份"2012"级的学生补助金签字表"班级名称、学号、姓名、性别、补助金额、签字"，结果以班级名称、学号排序输出。

实现代码如下：

```
SELECT cl.班级名称,st.学号,st.姓名,st.性别,
    补助金额=CASE  性别
                WHEN '男' THEN 20
                WHEN '女' THEN 30
            END
    ,签字=' '
FROM class AS cl,student AS st
WHERE cl.id=st.class_id AND cl.年级='2012'
ORDER BY cl.班级名称,st.学号
```

【例 8-12】根据学生的"入学总分"对学生进行"等级"划分：大于等于 530 分为"优等生"，500 到 529 分为"中等生"，499 分以下为"普通生"，请编程查询"2012"级学生的"年级、班级名称、学号、姓名、等级"等信息，并以班级名称、学号排序输出。

实现代码如下：

```
SELECT cl.年级,cl.班级名称,st.学号,st.姓名,
    等级=CASE
                WHEN st.入学总分>=530 THEN '优等生'
                WHEN st.入学总分>=500 THEN '中等生'
                ELSE '普通生'
            END
FROM class AS cl,student AS st
WHERE cl.id=st.class_id AND cl.年级='2012'
ORDER BY  班级名称,学号
```

8.8 循环结构

循环结构是指在一定的条件控制之下，反复地执行一段程序代码，被反复执行的程序段称为循环体。程序采用循环结构可以解决一些按一定规则重复执行的问题。在 SQL Server 中循环结构使用 WHILE 语句来构造。

1．语法格式

```
WHILE (<条件>)
    BEGIN
    <循环体语句|语句块>
    [BREAK|CONTINUE]
    <循环体语句|语句块>
END
```

2．使用说明

语句执行过程如下：当指定的"条件"成立时，执行循环体语句或语句块，循环体语句或语句块执行完时，继续判断"条件"，如果"条件"仍然成立，则继续下一次循环，否则，结束循环语句的执行。

在循环体中，如果遇到 CONTINUE 语句则无条件地转移到 WHILE 语句的开始处再次判断"条件"以决定是否继续下一次循环；如果遇到 BREAK 语句，则无条件地跳出循环，结束循环语句。CONTINUE 和 BREAK 两者以语句的形式可以出现在循环体语句或语句块的任何地方。循环的执行流程如图 8-6 所示。

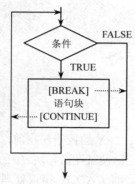

图 8-6　循环语句执行流程

3．案例操作

【例 8-13】设计程序求 s=1+2+3+…+100 的和。

实现代码如下：

```
DECLARE @s INT,@i INT          --定义变量
SET @s=0                       --s 用于存放累加和，赋初值 0
SET @i=1                       --i 用于计数，从 1 开始，赋初值 1
WHILE (@i<=100)                --循环控制，i 小于等 100 时，继续循环
    BEGIN
        SET @s=@s+@i           --累加每次循环时 i 的值
        SET @i=@i+1            --i 的值加 1
    END
PRINT @s                       --输出累加和：5050
```

构造循环时，要在循环体语句或语句块中设法改变条件中的变量值，否则容易造成死循环；循环体语句或语句块中可以出现另一循环语句，这种结构称为循环嵌套。

【例 8-14】设计一个程序，输出 1 到 1000 的偶数之和。

本案例用于说明 BREAK 和 CONTINUE 语句的使用方法，实现代码如下：

```
DECLARE @p INT,@s INT
SET @p=0                       --p 用于计数
SET @s=0                       --s 用于保存累加值
WHILE(1=1)                     --设置循环条件为 1=1，死循环
    BEGIN
        SET @p=@p+1            --数加 1
        IF @p>1000 BREAK       --大于 1000 时跳出循环
        IF @p%2=1 CONTINUE     --p 为奇数时继续下一循环
        SET @s=@s+@p           --p 为偶数时，累加起来
    END
PRINT @s
```

8.9　错误捕捉与处理

TRY…CATCH 语句是错误捕捉及处理语句，用于对语句或语句块的执行进行错误监控，被监控的语句或语句块在执行过程中一旦出现错误，TRY…CATCH 语句就会捕捉到错误，随后即转去执行错误处理部分的程序。

1.　语句格式

（1）TRY 监控子句

```
BEGIN TRY
    <被监控语句块>
END TRY
```

（2）CATCH 错误处理子句

```
BEGIN CATCH
    <错误处理语句块>
END CATCH
```

2.　使用说明

TRY…CATCH 语句由两部分组成：TRY 监控子句在前，用于完成对<被监控语句块>的 T-SQL 语句的监控；CATCH 子句在后，用于当<被监控语句块>中的语句执行出错时，进行错误处理。如果<被监控语句块>中的语句正常执行，则 CATCH 错误处理子句的内容不执行。<被监控语句块>和<错误处理语句块>可以是一行语句，也可以是多行语句。

3.　错误信息函数

（1）ERROR_LINE()：返回错误语句所在的行号。

（2）ERROR_NUMBER()：返回错误类型的编号。

（3）ERROR_MESSAGE()：返回错误的说明信息。

4.　案例操作

【例 8-15】随机产生值在[1,100]范围内的一元二次方程的三个系数 a，b，c 的值，然后求解该方程的实数根。

实现代码如下，有实数根与没有实数根的两次执行结果如图 8-7 和图 8-8 所示。

```
DECLARE @a INT,@b INT,@c INT,@x1 REAL,@x2 REAL
SET @a=FLOOR(1+RAND()*100)          --随机产生方程的三个系数
SET @b=FLOOR(1+RAND()*100)
SET @c=FLOOR(1+RAND()*100)
BEGIN TRY          --被监控语句块
   SET @x1=(-@b+SQRT(@b*@b-4*@a*@c))/(2*@a)
   SET @x2=(-@b-SQRT(@b*@b-4*@a*@c))/(2*@a)
   SELECT @x1 AS x1,@x2 AS x2
END TRY
BEGIN CATCH          --错误处理语句块
    SELECT '没有实数根！'AS  提示,ERROR_MESSAGE() AS  原因
END CATCH
```

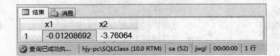

图 8-7　有实数根的执行结果

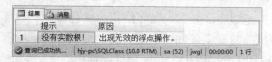

图 8-8　没有实数根的执行结果

　　程序执行时如果随机产生的系数使得"@b*@b-4*@a*@c"为负，则开根号处理出错，这时，系统捕捉到错误后转向 CATCH 子句处理，从而得到图 8-8 的错误提示结果。

　　T-SQL 的基础编程语句还有 GOTO、RETURN 等。GOTO 语句由于能随意地改变程序的执行流程，使得程序的逻辑结构复杂化，所以建议尽量少使用，本书也不予以介绍；RETURN 语句用于程序返回，安排在第 9 章"函数"里介绍。

小结

　　（1）常量、变量、表达式是程序的基本组成元素，其中常量以具体数据出现在程序当中；变量是保存已知数据或计算结果的标识符；表达式是通过计算最后具有确定值的算式。表达式的运算要根据运算符的优先级进行，同级运算符按从左到右的顺序处理。

　　（2）流程控制语句用于控制程序中各语句的执行顺序，通过流程控制语句，可以把单个 T-SQL 语句组合成有意义的、能完成一定功能的逻辑模块。常见的程序流程控制方式有三种，即顺序结构、选择结构和循环结构。

　　（3）顺序结构程序执行时严格按照语句的先后顺序从上至下逐行执行；选择结构程序执行时根据所给定的条件，判断执行不同的程序分支；循环结构程序执行时是在一定的条件控制之下，反复地执行一段程序代码。一个复杂的程序，通常是上述三种结构的综合体。

练习八

一、选择题

1．下面（　　）是 T-SQL 功能的缩写。

　　A．DDL、DML、DCL、TML　　　　　B．DDL、XML、DCL、MVC

　　C．OOP、DDL、EXE、COM　　　　　D．TCP、IP、UDP、PL

2．在 SQL Server 2008 中，下列（　　）变量是非法的。

　　A．@where　　　　　　　　　　　　B．@staff@Name

　　C．@na+me　　　　　　　　　　　　D．@01010101

3．已知@a=10，@b=100，则逻辑表达式"10*5/2>@a*10 AND @a=@b OR @a-100<@b/2"的值是（　　）。

　　A．FALSE（条件不成立）　　　　　　B．20

　　C．100　　　　　　　　　　　　　　D．TRUE（条件成立）

4．下面是关于程序结构的描述，错误的是（　　）。

　　A．顺序结构程序执行时严格按照语句的先后顺序从上至下逐行执行

　　B．选择结构程序执行时根据条件判断执行不同的程序分支

C. 复杂的程序结构是顺序、分支、循环结构的综合体

D. 循环结构程序执行时根据条件判断是否反复地执行同一段程序代码

5. 语句"WHILE(1=1) BEGIN...END"是死循环,使用(   )语句可以跳出循环。

   A. CONTINUE   B. RETURN   C. CASE   D. BREAK

6. 可用作条件语句和循环语句的"条件"的表达式是(   )。

   A. 算术表达式   B. 字符串表达式

   C. 关系表达式和逻辑表达式   D. 位处理表达式

7. TRY...CATCH 语句用于监控程序块的执行并对错误进行处理,下面是关于该语句应用的有关描述,错误的是(   )。

   A. TRY 子句在前,CATCH 子句在后

   B. TRY 子句负责监控,CATCH 子句负责对出错进行处理

   C. TRY 子句和 CATCH 子句可以单独出现

   D. TRY 子句与 CATCH 子句必须成对出现

二、将下列数学式子转换成 T-SQL 表达式

1. $2.5 \times 10 + (x-10) \div y \times 3.5$

2. $\dfrac{10a + \dfrac{10-c}{5+d}}{2b}$

3. $x \geq 100$ 或 $x < 10$

4. $50 \leq x < 100$ 或 $5x \leq y < 100 - x$

三、程序设计题

1. 任意给定三角形的三条边 a、b、c 的值,求三角形的面积。

已知:$area = \sqrt{s(s-a)(s-b)(s-c)}$ 其中:$s = (a+b+c)/2$

2. 任意给定一个 100 分制的成绩 x,将 x 转换成优、良、中、及格、不及格五等级制表示。

$$S = \begin{cases} 优 & 90 \leq x < 100 \\ 良 & 80 \leq x < 89 \\ 中 & 70 \leq x < 79 \\ 及格 & 60 \leq x < 69 \\ 不及格 & 0 \leq x < 59 \end{cases}$$

3. 一球从 100 米高落下,每次落地后反弹回原来高度的一半,求第十次落地时共经过多少米,第十次落地后反弹的高度是多少米?

4. 用一张 100 元面值的人民币换成 1 元、2 元、5 元、10 元、20 元、50 元的人民币零钱,求有多少种换法,每种换法的方案如何?

5. 编一程序求"2012"级各班学生成绩的及格率。

6. 已知成绩转换成"绩点"的计算方法是成绩<60,绩点=1;60<=成绩<80,绩点=1.5;80<=成绩<90,绩点=2.5;成绩>=90,绩点=3。试设计一个程序求"2012"级学生已学课程的总"绩点"值。

9 函数

本章介绍系统提供的常用函数以及用户自定义函数的设计方法。在实际应用中，系统函数往往无法满足应用需求，这时，只有通过用户自定义的方式设计函数来完成复杂的逻辑问题，因此，要求读者在了解系统函数功能及其使用方法的基础上，需重点学习与掌握自定义函数的设计和使用方法。

- 函数的作用和分类
- 系统函数的功能和使用方法
- 用户自定义函数的定义和使用方法

9.1　函数概述

函数是具有特定结构的能完成某个特定功能的程序段，函数可以传入零个或多个参数值，函数执行结束时能返回一个数值或返回一个结果集。

函数分为标量值函数、表值函数和内置函数。其中，标量值函数又分为内联标量函数和多语句标量函数；表值函数又分为内联表值函数和多语句表值函数。标量值函数是指函数执行后返回单一数值的函数；表值函数是指函数执行后以表的形式返回一个结果集的函数；内置函数是 SQL Server 2008 系统提供的函数，简称系统函数。

函数具有十分重要的作用，其一，函数是模块化程序设计的实现机制，函数一次设计可以随时重复调用；其二，因为函数一般是通过精心设计并经过严格测试的功能程序，所以，在实际应用中，灵活使用函数能提高应用系统的开发速度和程序效率；其三，对于需要通过多次查询或复杂的分析统计处理之后才能得到预期结果的操作，使用函数可以减少网络的信息流量，提高网络通信质量。因此，函数在数据库应用领域使用非常广泛。

9.2　系统函数

SQL Server 2008 提供聚合函数、配置函数、游标函数、日期时间函数、数学函数、元数据函数、层次结构 ID 函数、行集函数、安全函数、字符串函数、系统统计函数、文本和图像函数、排名函数、数据类型转换函数等十多种函数类型。

提示：限于篇幅，本章根据系统函数的使用频率，只重点介绍聚合函数、数学函数、字符串函数、日期时间函数、排名函数、数据类型转换函数中几种常用的系统函数的使用方法。其他类型的函数，例如配置函数就是第 8 章介绍的全局变量；游标函数、安全函数等将安排在相关的章节中介绍；本书没有介绍的其他系统函数，请读者参考联机帮助文档学习。

9.2.1　聚合函数

在 T-SQL 语句中，聚合函数属于统计应用类型的函数，一般用于 SELECT 语句的自定义列、COMPUTE 或 COMPUTE BY 子句以及 HAVING 子句的有关表达式中。聚合函数对一组数值进行计算，并返回单一数值。在聚合函数中，除 COUNT() 函数以外，其他聚合函数运行时都会忽略空值。

在第 6 章的 6.2.8 节曾介绍了常用的 5 个聚合函数的使用，表 9.1 给出了 SQL Server 2008 提供的聚合函数。

表 9.1　聚合函数

序号	聚合函数	功能
1	AVG([ALL|DISTINCT] <表达式>)	返回一组数据的平均值
2	CHECKSUM_AGG([ALL|DISTINCT] <表达式>)	返回一组数据的校验和
3	COUNT({[ALL|DISTINCT] <表达式>}|*)	返回一组数据中的项数
4	COUNT_BIG([ALL|DISTINCT] <表达式>)	返回一组数据中的项数
5	GROUPING(<列表达式>)	指示聚合 GROUP BY 中的指定列表达式
6	MAX([ALL|DISTINCT] <表达式>)	返回一组数据的最大值
7	MIN([ALL|DISTINCT] <表达式>)	返回一组数据的最小值
8	SUM([ALL|DISTINCT] <表达式>)	返回一组数据的和
9	STDEV([ALL|DISTINCT] <表达式>)	返回一组数据的标准偏差
10	STDEVP([ALL|DISTINCT] <表达式>)	返回一组数据的总体标准偏差
11	VAR([ALL|DISTINCT] <表达式>)	返回一组数据中所有值的方差
12	VARP([ALL|DISTINCT] <表达式>)	返回一组数据的总体方差

【例 9-1】统计"student"学生表的学生人数、入学最高分、入学最低分、入学平均分、总分等信息。

实现代码如下：

```
SELECT COUNT(*) AS 学生人数,MAX(入学总分) AS 入学最高分, MIN(入学总分) AS 入学最低分,AVG(入学总分) AS 入学平均分,SUM(入学总分) AS 总分
FROM student
```

【例 9-2】统计"student"学生表的学生人数，入学总分的标准偏差、总体标准偏差、所有值的方差、总体方差等信息。

实现代码如下：

```
SELECT COUNT(*) AS 学生人数,STDEV(入学总分) AS 标准偏差,
    STDEVP(入学总分) AS 总体标准偏差,VAR(入学总分) AS 所有值的方差,
    VARP(入学总分) AS 总体方差
FROM student
```

9.2.2 数学函数

数学函数用于对整型、浮点型、实型、货币型等数值类型的数据进行运算。它包含三角函数、反三角函数、角度与弧度转换函数、幂函数、取近似值函数、符号函数、随机函数等，表 9.2 给出了常用的若干个数学函数。

表 9.2 数学函数

序号	数学函数	功能
1	ABS(<表达式>)	返回表达式的绝对值
2	CEILING(<表达式>)	返回大于或等于表达式值的最小整数
3	COS(<表达式>)	返回表达式中以弧度表示的指定角的余弦值
4	COT(<表达式>)	返回表达式中所指定角度（以弧度为单位）的三角余切值
5	EXP(<表达式>)	返回表达式的指数值
6	FLOOR(<表达式>)	返回小于或等于表达式的最大整数
7	LOG(<表达式>)	返回表达式的自然对数
8	LOG10(<表达式>)	返回表达式的常用对数（以 10 为底的对数）
9	PI()	返回 PI 的常量值
10	POWER(<表达式>,幂)	返回表达式的指定幂的值
11	RAND([<表达式>])	返回一个[0,1）之间的随机值
12	ROUND(<表达式 1>,<表达式 2>)	返回一个数值，舍入到指定的长度或精度
13	SIGN(<表达式>)	返回表达式的符号，正号（+1）、零（0）或负号（-1）
14	SIN(<表达式>)	返回表达式中以弧度表示的指定角的正弦值
15	SQRT(<表达式>)	返回指定表达式的值的平方根
16	SQUARE(<表达式>)	返回指定表达式的值的平方

【例 9-3】表 9.3 给出了部分数学函数的简要案例，请对照表 9.2 分析理解函数的执行结果。

表 9.3 数学函数案例

序号	数学函数案例	结果
1	ABS(-10.5)	10.5
2	EXP(3)	20.0855
3	FLOOR(3.58)	3

序号	数学函数案例	结果
4	PI()	3.14159
5	POWER(5,3)	125
6	RAND()	0.724014
7	ROUND(35.765,2)	35.770
8	SIGN(890)	1
9	SQRT(16)	4
10	SQUARE(3)	9

【例 9-4】设计程序随机产生 5 个[1,49]之间的整数，并求这些整数的立方和。

实现代码如下：

```
DECLARE @r FLOAT,@n INT,@s INT
SET @n=0                              --n 用于循环计数
SET @s=0                              --s 用于保存累加和
WHILE(@n<5)                           --控制循环 5 次
    BEGIN                            --循环体语句块
        SET @r=FLOOR(1+RAND()*(49))   --产生一个[1,49]之间的整数
        PRINT @r
        SET @s=@s+POWER(@r,3)         --累加整数的立方和
        SET @n=@n+1
    END
 PRINT @s
```

9.2.3 字符串函数

数值与字符类型的数据在应用系统中使用的频率最高。字符串是字符型数据的表现形式，SQL Server 系统提供了丰富的字符串处理函数用于处理字符型数据，表 9.4 给出了常用的字符串处理函数。

表 9.4　字符串函数

序号	字符串函数	功能
1	ASCII(<字符串表达式>)	返回字符串表达式中最左侧字符的 ASCII 码值
2	CHAR(<整数表达式>)	将表达式的整数 ASCII 码转换为字符
3	LEFT(<字符串表达式>,<整型表达式>)	从左向右从<字符串表达式>中取出<整型表达式>值个字符。<整型表达式>的值大于字符串表达式的字符个数时，取完为止。结果为字符型数据
4	LEN(<字符串表达式>)	返回<字符串表达式>中字符的个数，不计尾部的空格。结果为数值型数据
5	LOWER(<字符串表达式>)	将字符串的字符全部转换为小写字符
6	LTRIM(<字符串表达式>)	去掉字符串中左边的空格。结果为字符型数据
7	NCHAR(<整数表达式>)	返回<整数表达式>数值所对应的 Unicode 字符
8	REPLACE(<字符串表达式 1>,<字符串表达式 2>,<字符串表达式 3>)	用<字符串表达式 3>的内容替换<字符串表达式 1>中出现的<字符串表达式 2>的内容

续表

序号	字符串函数	功能
9	REPLICATE(<字符串表达式>，<n>)	产生一个重复<n>次<字符串表达式>的值的新字符串。结果为字符型数据
10	REVERSE(<字符串表达式>)	返回字符串表达式的逆向字符串
11	RIGHT(<字符串表达式>,<整型表达式>)	从右向左从<字符串表达式>中取出<整型表达式>值个字符。<整型表达式>的值大于字符串的字符个数时，取完为止
12	RTRIM(<字符串表达式>)	去掉字符串中右边的空格。结果为字符型数据
13	SPACE(<整型表达式>)	返回一个指定长度的空白字符串
14	UPPER(<字符串表达式>)	将<字符串表达式>的小写字符转换为大写字符
15	STR(<float 型数据>[,<总长度>[,<保留小数点位数>]])	将数字转换成字符串。当数据字符数小于总长度时左补空格，超过总长度时截断小数位、在截断时遵循四舍五入，如果总长度小于整数位数则返回 "***"，当总长度或者小数位数为负值时，返回 NULL。结果为字符型数据
16	STUFF(<字符串表达式 1>，<开始位置>,<长度>,<字符串表达式 2>)	在<字符串表达式 1>中从指定的<开始位置>删除指定<长度>的字符，并在指定的<开始位置>处插入<字符串表达式 2>的值。结果为字符型数据
17	SUBSTRING(<字符串表达式>,<起点整型表达式>,<整型表达式>)	在<字符串表达式>中，从<起点整型表达式>的值位置开始从左向右取出<整型表达式>值个字符子串。不够取时，取完为止。结果为字符型数据

【例 9-5】表 9.5 给出了部分字符串函数的简要案例，请对照表 9.4 分析理解函数的执行结果。

表 9.5　字符串函数案例

序号	字符串函数案例	结果
1	ASCII('at')	97
2	CHAR(121)	'y'
3	CHARINDEX('er','SQL Server 2008')	6
4	LEFT('HELLO',2)	'HE'
5	LEN('HELLO')	5
6	LOWER('AbcD')	'abcd'
7	LTRIM('　SQL　')	'SQL　'
8	REPLACE('计算机与计算器','计算','测试')	'测试机与测试器'
9	REPLICATE('OK',3)	'OKOKOK'
10	REVERSE('HELLO')	'OLLEH'
11	STR(123.456,7,3)	123.456
12	STUFF('SQL Server 2008',8,2,'ing')	'SQL Seringr 2008'
13	SUBSTRING('SQL Server 2008',2,4)	'QL S'

9.2.4 日期时间函数

日期时间函数用于操作日期时间类型的数据，通过日期时间函数可以从服务器中获取系统时间、可以从日期时间数据中提取年、月、日数据、可以处理两个日期之间的数据关系等。表 9.6 给出了常用的日期时间函数。

表 9.6 日期时间函数

序号	日期时间函数	功能
1	DATEADD(<日期元素>,<数值表达式>,<日期表达式>)	返回指定日期的日期元素加上一个数值表达式值后的日期时间值
2	DATEDIFF(<日期元素>,<开始日期表达式>,<结束日期表达式>)	返回跨两个指定日期的差异值。差异内容由<日期元素>指定
3	DATENAME(<日期元素>,<日期表达式>)	返回指定日期的名字。结果为字符型数据
4	DATEPART(<日期元素>, <日期表达式>)	返回指定日期的指定部分的整数
5	DAY(<日期表达式>)	返回表示指定日期的"日"部分的整数
6	GETDATE()	返回服务器当前的系统日期和时间
7	GETUTCDATE()	返回当前的格林威治标准时间（GMT）
8	ISDATE(<表达式>)	判断给定的表达式是否是日期表达式。是 1，否 0
9	MONTH(<日期表达式>)	返回日期表达式值的"月"部分的整数
10	YEAR(<日期表达式>)	返回日期表达式值的"年"部分的整数

在表 9.6 中，前四个日期时间函数有"日期元素"参数，该参数用于指定日期的某项具体内容，这些内容的确定如表 9.7 所示。

表 9.7 日期时间函数中的日期元素

序号	日期元素	日期元素（缩写）	含义
1	year	yy, yyyy	年
2	quarter	qq, q	季
3	month	mm, m	月
4	dayofyear	dy, y	天（请看函数中的说明）
5	day	dd, d	天（请看函数中的说明）
6	week	wk, ww	星期
7	weekday	dw, w	天（请看函数中的说明）
8	hour	hh	小时
9	minute	mi, n	分钟
10	second	ss, s	秒
11	millisecond	ms	毫秒

【例 9-6】表 9.8 给出了日期时间函数的简要案例，请对照表 9.6 和表 9.7 分析理解函数的执行结果。

表 9.8   日期时间函数案例

序号	日期时间函数案例	结果
1	DATEADD(yy,3,'2013-12-15')	2016-12-15
2	DATEADD(dd,3,'2013-12-15')	2013-12-18
3	DATEDIFF(yy,'2010-10-11','2013-12-15')	3
4	DATEDIFF(mm,'2010-10-11','2013-12-15')	38
5	DATEPART(yy,'2012-2-11')	2012
6	DAY('2013-10-15')	15
7	DAY(31)	1，返回某月的第几天，1900 年 1 月 1 日记为 0
8	GETDATE()	返回系统日期，如 2013-10-13 09:48:05.293
9	ISDATE('2013-10-1')	1
10	MONTH('2013-10-15')	10
11	YEAR('2013-10-15')	2013

9.2.5   排名函数

排名函数使用十分广泛，在 SQL Server 2008 系统中，排名函数主要由 ROW_NUMBER、RANK、DENSE_RANK、NTILE 等四个函数组成。其简要功能如表 9.9 所示。

表 9.9   常用排名函数

序号	常用排名函数	功能
1	ROW_NUMBER() OVER(ORDER BY <字段名> [DESC])	为查询结果集的记录生成一个排序序号
2	RANK() OVER(ORDER BY <字段名> [DESC])	为查询结果集的记录生成一个排名序号，排名序号可能不连续
3	DENSE_RANK() OVER(ORDER BY <字段名> [DESC])	为查询结果集的记录生成一个排名序号，排名序号可能连续
4	NTILE(n) OVER(ORDER BY <字段名> [DESC])	将查询结果集分组后，对分组进行排名，n 为分组数

【例 9-7】查询"2012"级学生的学号、姓名、入学总分、排名信息，要求按入学总分从高到低分排名输出。

实现代码如下，查询结果如图 9-1 所示。

```
SELECT 学号,姓名,入学总分,ROW_NUMBER() OVER(ORDER BY 入学总分 DESC) AS 排名
FROM student AS st,class AS cl
WHERE cl.年级='2012' AND cl.id=st.class_id
```

【例 9-8】查询"2012"级学生的学号、姓名、入学总分、排名信息，要求按入学总分从高到低分排名输出第 5 到 10 名的学生信息。

实现代码如下，查询结果如图 9-2 所示。

```
SELECT *
FROM (SELECT 学号,姓名,入学总分,ROW_NUMBER() OVER(ORDER BY 入学总分 DESC) AS 排名
```

```
    FROM student AS st,class AS cl
    WHERE cl.年级='2012' AND cl.id=st.class_id) AS bm
WHERE 排名 BETWEEN 5 AND 10
```

	学号	姓名	入学总分	排名
1	0102120102	陈东明	595.00	1
2	0101120203	张明	582.00	2
3	0102120105	张秋三	555.00	3
4	0101120202	陈示总	546.00	4
5	0101120201	张少风	502.00	5

图 9-1 例 9-7 排名输出全部记录

	学号	姓名	入学总分	排名
1	0101120201	张少风	502.00	5
2	0102120101	陈三少	501.00	6
3	0102120106	张直大	488.00	7
4	0101120104	王运行	484.00	8
5	0101120103	李明明	483.00	9

图 9-2 例 9-8 排名分页输出记录

提示：在实际应用中，例 9-7 主要用于查询输出排名后的全部信息。在查询结果集记录较少的应用里，这种方法没有什么问题，当结果集记录数比较多时，一般要求使用分页方法输出，这时，使用例 9-8 的查询技术就能很好地解决分页输出问题。

【例 9-9】查询学生的学号、姓名、入学总分、排名信息，要求按入学总分从高到低排名输出，入学总分相同的，名次相同，名次序号可以不连续。

实现代码如下，查询结果如图 9-3 所示。

```
SELECT 学号,姓名,入学总分,RANK() OVER(ORDER BY 入学总分 DESC) AS 排名
FROM student AS st,class AS cl
WHERE  cl.id=st.class_id
```

从图 9-3 可见，RANK()排名时，相同“入学总分”的学生的名次相同，即在输出结果集中，如果两个或多个行与一个排名相同，则每个相同行将得到相同的排名，而下一个最大值的排名则视其前面的相同行有多少而定。

【例 9-10】查询学生的学号、姓名、入学总分、排名信息，要求按入学总分从高到低排名输出，入学总分相同的，名次相同，但名次序号要求连续。

实现代码如下，查询结果如图 9-4 所示。

	学号	姓名	入学总分	排名
1	0102120102	陈东明	595.00	1
2	0102110105	张好好	586.00	2
3	0101110206	张三	586.00	2
4	0101120203	张明	582.00	4
5	0102120105	张秋三	555.00	5

图 9-3 RANK()排名结果

	学号	姓名	入学总分	排名
1	0102120102	陈东明	595.00	1
2	0102110105	张好好	586.00	2
3	0101110206	张三	586.00	2
4	0101120203	张明	582.00	3
5	0102120105	张秋三	555.00	4

图 9-4 DENSE_RANK()排名结果

```
SELECT 学号,姓名,入学总分,DENSE_RANK() OVER(ORDER BY 入学总分 DESC) AS 排名
FROM student AS st,class AS cl
WHERE cl.id=st.class_id
```

比较图 9-3 与图 9-4 的“排名”列，可见 RANK()排名时的名次是不连续的，而 DENSE_RANK()排名时的名次是连续的。

【例 9-11】查询“2012”级学生的学号、姓名、入学总分、排名信息，要求按入学总分从高到低分 5 组排名输出。

实现代码如下，查询结果如图 9-5 所示。

```
SELECT 学号,姓名,入学总分,NTILE(5) OVER(ORDER BY 入学总分 DESC) AS 排名
FROM student AS st,class AS cl
WHERE cl.id=st.class_id AND cl.年级='2012'
```

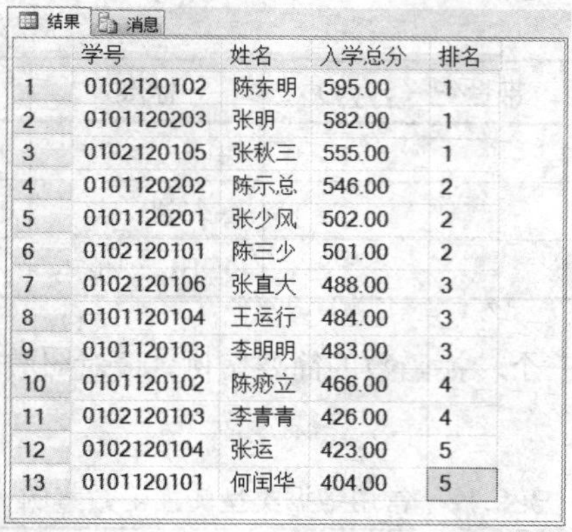

图 9-5　NTILE()排名结果

从图 9-5 可见，函数"NTILE(n)将结果集排序后分成 n 组，同一组的名次相同。当结果集中的记录数不是"n"的倍数时，后面组的记录数按某种规则确定，限于篇幅，这里对生成规则不作介绍。

提示：函数中的 ORDER BY 与查询语句中的 ORDER BY 的差别是，函数中的 ORDER BY 对结果集的记录行进行编序或排名并生成排名列，查询语句中的 ORDER BY 是对整个结果集进行排序，结果集包含排名列。

9.2.6　数据类型转换函数

数据类型转换在数据输入、输出、分析统计中应用十分广泛，例如，将字符型数据转换成日期时间类型、将字符类型转换成数值类型或将数值类型转换成字符类型等。在 SQL Server 2008 系统中，数据类型转换函数主要有 STR、CAST、CONVERT 等函数。表 9.10 给出了常用的数据类型转换函数。

表 9.10　常用数据类型转换函数

序号	常用数据类型转换函数	功能
1	CAST(<任意表达式> AS <数据类型>)	将<任意表达式>的值转换为指定的<数据类型>
2	CONVERT(<数据类型>[(<长度>)]>,<表达式>[,<样式>])	将<表达式>的值转换为指定的<数据类型>。<样式>用于日期数据类型转换，见表 9.11
3	STR(<数值表达式>,<总长度>[,<保留小数点位数>])	将<数值表达式>的值转换成指定长度的字符串（总长度包括小数点、符号、数字以及空格）

表 9.11　CONVERT()函数的样式

样式：不带世纪（yy）	样式：带世纪（yyyy）	标准	输入/输出格式
-	0 或 100	默认设置	mon dd yyyy hh:mm AM（或 PM）
1	101	美国	mm/dd/yyyy
2	102	ANSI	yy.mm.dd
3	103	英国/法国	dd/mm/yy

续表

样式：不带世纪（yy）	样式：带世纪（yyyy）	标准	输入/输出格式
4	104	德国	dd.mm.yy
5	105	意大利	dd-mm-yy
	120	ODBC 规范	yyyy-mm-dd hh:mm:ss(24h)

【例 9-12】表 9.12 给出了三个转换函数的简要案例，请对照表 9.10 和表 9.11 分析理解函数的执行结果。

表 9.12　常用数据类型转换函数案例

序号	常用数据类型转换函数案例	结　果
1	'年龄:'+CAST(45 AS VARCHAR(2))	年龄:45
2	100+CAST('20' as INT)	120
3	CONVERT(VARCHAR,GETDATE(),103)	06/10/2013
4	CONVERT(VARCHAR,GETDATE(),120)	2013-10-06 21:28:36
5	CONVERT(VARCHAR(5),230)+'99'	23099
6	CONVERT(INT,'230')+99	329
7	STR(546.8,8,5)	546.8000
8	STR(546.8,8,2)	546.80

9.3　用户自定义函数

SQL Server 2008 不但提供了大量使用简单、功能实用的系统函数，同时，也允许用户自定义函数。从应用的角度看，SQL Server 2008 提供的系统函数无法也不可能涵盖用户所有应用的需要，因此，用户经常以自定义函数的方式设计满足个体应用需要的函数。

SQL Server 2008 支持标量值函数、内联表值函数和多语句表值函数等多种用户自定义函数。用户自定义函数允许有输入参数和返回值，但没有输出参数。在 SQL Server 2008 中使用 CREATE FUNCTION 语句创建自定义函数，使用 ALTER FUNCTION 语句修改自定义函数，使用 DROP FUNCTION 语句删除自定义函数。

9.3.1　创建用户自定义函数

1. 创建标量值函数

（1）语法格式

```
CREATE FUNCTION [<框架名.>]<函数名>([{<@参数名> [AS] [类型框架名.]<数据类型>[=<默认值>]}[,...n]])
RETURNS <数据类型>
[AS]
BEGIN
    <函数体>
    RETURN <表达式>
END
```

（2）使用说明

1）[<框架名.>]：用于指定所创建的函数归谁所有，即指定函数的所有者，常为"dbo"或省略。初学者可省略框架选项的应用。

2）<函数名>：是用户自定义的函数名称。

3）[{<@参数名> [AS] [类型框架名.]<数据类型>[=<默认值>]}[,…n]]：定义函数传入的参数及其数据类型或默认值。

4）RETURNS <数据类型>：定义函数返回值的数据类型。

5）<函数体>：用于完成函数功能的语句序列。

6）RETURN <表达式>：结束函数的执行，表达式的值为函数的返回值。

（3）案例操作

【例 9-13】设计一个函数"myMax"，函数传入两个整型参数值，返回它们的最大值。

操作过程如下：

```
CREATE FUNCTION dbo.myMax(@x INT,@y INT)
RETURNS INT
AS
BEGIN
    DECLARE @MaxV INT
    SET @MaxV=@x
    IF @MaxV<@y
        SET @MaxV=@y
    RETURN @MaxV
END
```

程序执行后，展开"jwgl"数据库节点→展开"可编程性"节点→展开"函数"节点→展开"标量值函数"节点，可以看到"dbo.myMax"用户自定义函数已被创建。

2．创建内联表值函数

（1）语法格式

```
CREATE FUNCTION [<框架名.>]<函数名>([{<@参数名> [AS] [类型框架名.]<数据类型>[=<默认值>]}[,…n]])
RETURNS TABLE
[AS]
RETURN [(]<SELECT 语句>[)]
```

（2）使用说明

1）RETURNS TABLE：指定函数返回的值是一张表。

2）SELECT 语句：查询语句的结果集就是函数的返回结果。

3）其他选项与"创建标量值函数"一样。

（3）案例操作

【例 9-14】设计一个函数"queryClassInfo"，函数传入一个"班级名称"参数，返回传入班级的班级信息。

实现代码如下：

```
CREATE FUNCTION dbo.queryClassInfo(@className AS VARCHAR(64))
RETURNS TABLE
AS
RETURN (SELECT *
        FROM class
        WHERE 班级名称=@className
        )
```

3. 创建多语句表值函数

（1）语法格式

```
CREATE FUNCTION [<框架名.>]<函数名>([{<@参数名> [AS] [类型框架名.]<数据类型>[=<默认值>]}[,...n]])
RETURNS <@表名变量> TABLE (<返回表结构定义>)
[AS]
BEGIN
    <函数体>
    RETURN
END
```

（2）使用说明

1）<@表名变量>：表名变量代表函数要返回的表。在<函数体>中需向该表插入记录。

2）<返回表结构定义>：定义返回表的详细结构。

3）<函数体>：在函数体中构造记录并插入到所定义的返回表"@表名变量"。

4）RETURN：返回语句后面不带参数。

（3）案例操作

【例9-15】设计一个函数"stLevel"，函数传入"年级"参数，功能是对该"年级"的学生根据"入学总分"对学生进行"等级"划分：大于等于530分为"优等生"，500到529分为"中等生"，499分以下为"普通生"，函数以表"年级、班级名称、学号、姓名、等级"的形式返回学生的等级信息。

【案例分析】因为函数要返回一张表，可以使用多语句表值函数来实现；多语句表值函数需要定义返回表的结构：年级 VARCHAR(4)、班级名称 VARCHAR(64)、学号 VARCHAR(10)、姓名 VARCHAR(32)、等级 VARCHAR(6)；返回表以"@stTable"变量为表名；参考例8-12，学生的等级信息可以通过一条查询语句实现，只要将查询结果插入到函数的返回表即可。

实现代码如下：

```
CREATE FUNCTION dbo.stLevel(@grade AS VARCHAR(4))    --定义传入参数
RETURNS @stTable TABLE (年级 VARCHAR(4),              --定义返回表
                        班级名称 VARCHAR(64),
                        学号 VARCHAR(10),
                        姓名 VARCHAR(32),
                        等级 VARCHAR(6)
                        )
AS
BEGIN
    INSERT INTO @stTable            --插入语句。将查询插入到返回表
        SELECT cl.年级,cl.班级名称,st.学号,st.姓名,     --查询子句
            等级=CASE
                WHEN st.入学总分>=530 THEN '优等生'
                WHEN st.入学总分>=500 THEN '中等生'
                ELSE '普通生'
            END
    FROM class AS cl,student AS st
    WHERE cl.id=st.class_id AND cl.年级=@grade    --使用传入参数选择查询
    RETURN
END
```

9.3.2 修改用户自定义函数

用户自定义函数创建完成后，根据需要还可以使用 ALTER FUNCTION 语句进行修改，但不能

修改函数的类型，即标量值函数不能修改为表值函数，反之亦然；内联表值函数也不能修改为多语句表值函数，反之亦然。

1. 使用 T-SQL 语句方式修改

使用 ALTER FUNCTION 语句修改自定义函数时，除了不能修改的选项外，与重新设计自定义函数没有太大的区别。修改用户自定义函数时，修改语句的格式与创建语句的格式基本相同，一般只将"CREATE"改为"ALTER"即可，其他语法项基本一样。

【例 9-16】修改函数"queryClassInfo"，函数传入一个"班级名称"参数，返回传入班级的班级名称、年级信息。

实现代码如下：

```
ALTER FUNCTION dbo.queryClassInfo(@className AS VARCHAR(64))
RETURNS TABLE
AS
RETURN (SELECT  班级名称,年级
        FROM class
        WHERE  班级名称=@className
        )
```

2. 使用 SSMS 方式修改

使用 SSMS 方式修改自定义函数与使用 ALTER FUNCTION 语句大同小异，但操作更简单，系统能自动将函数的原有内容列出提供修改。

【例 9-17】修改函数"queryClassInfo"，函数传入一个"班级名称"参数，返回传入班级的记录信息。

实现代码如下：

（1）展开"jwgl"数据库节点→展开"可编程性"节点→展开"函数"节点→展开"表值函数"节点→右击"dbo.queryClassInfo"函数→单击快捷菜单的"修改"命令，在"SQL 编辑器"窗格显示出函数的脚本程序。

（2）将脚本程序中的"班级名称,年级"修改为"*"。

（3）单击"SQL 编辑器"工具栏的"!（执行）"按钮，完成修改。

使用 SSMS 方式修改时，系统将根据数据库的配置情况同时显示出若干行设置语句，这些内容请不要改动，修改函数时，只关心"ALTER"语句的内容即可。

9.3.3 用户自定义函数的使用

用户自定义函数的使用与系统函数的使用基本相同,差别是用户自定义函数的调用要提供所有者信息，调用格式为：

```
<所有者>.<函数名>([<参数>[,...n]])
```

用户自定义函数使用时要注意返回值的类型，标量值函数因为只返回一个数值，因此可用于表达式中；表值函数因为返回的是一张表，因此可当作数据源对象使用。

【例 9-18】调用例 9-13 创建的"myMax"函数求任意传入的两个参数的最大值。

验证代码如下：

```
SELECT dbo.myMax(10,200),dbo.myMax(110,20)
```

【例 9-19】调用例 9-15 创建的"stLevel"函数查询输出"2011"级学生的"等级"信息。

实现代码如下：

```
SELECT * FROM dbo.stLevel('2011')
```

9.3.4 删除用户自定义函数

当用户自定义函数不再需要时，可以将其删除，删除自定义函数同样有 SSMS 方式和 T-SQL 语句方式两种方法。

1. 使用 SSMS 方式删除用户自定义函数

【例 9-20】使用 SSMS 方式删除用户自定义函数"myMax"。

操作过程如下：

展开"jwgl"数据库节点→展开"可编程性"节点→展开"函数"节点→展开"标量值函数"节点→右击"dbo.myMax"函数→单击快捷菜单的"删除"命令→弹出"删除对象"对话框→在"删除对象"对话框单击"确定"按钮。

2. 使用 T-SQL 方式删除用户自定义函数

（1）语法格式

```
DROP FUNCTION [<框架名.>]<函数名>[,...n]
```

（2）使用说明

删除操作要求操作的账户具有删除权限；此外，同时删除多个用户自定义函数时，被删函数之间使用逗号","分开。

（3）案例操作

【例 9-21】使用 T-SQL 方式删除用户自定义函数"queryClassInfo"。

实现代码如下：

```
DROP FUNCTION queryClassInfo
```

小结

（1）标量值函数是指函数执行后返回单一数值的函数；表值函数是指函数执行后以表的形式返回一个结果集的函数；内置函数是 SQL Server 2008 系统提供的函数，简称系统函数。聚合函数对一组数值进行计算，并返回单个值。在聚合函数中，除 COUNT 函数以外，其他聚合函数运行时都会忽略空值；数据函数用于对整型、浮点型、实型、货币型等数值类型的数据进行运算。

（2）函数调用的基本原则是，如果函数返回一个值，则函数可在表达式中引用；如果函数返回结果集，则函数可当作虚拟表使用。

（3）自定义函数是在数据库服务器一端运行的由用户按照函数设计规则为实现某项功能而设计的程序段。在 SQL Server 2008 中，使用 CREATE FUNCTION 语句创建自定义函数，使用 ALTER FUNCTION 语句修改自定义函数，使用 DROP FUNCTION 语句删除自定义函数。

练习九

一、选择题

1. 下列是关于函数类型分类的有关叙述，错误的是（　　）。

A. 函数可分为标量值函数、表值函数和内置函数

B. 标量值函数又分为内联标量函数和多语句标量函数

C. 函数分为数学函数、字符串函数和日期时间函数等类型

D. 表值函数又分为内联表值函数和多语句表值函数

2. 下列（　　）是返回一组数据的总体标准偏差的聚合函数。

　　A. STDEV()　　　　　　　　　　B. STDEVP()

　　C. VAR()　　　　　　　　　　　D. VARP()

3. 下列（　　）返回大于或等于表达式值的最小整数。

　　A. CEILING()　　　　　　　　　B. FLOOR()

　　C. ROUND()　　　　　　　　　　D. RAND()

4. 下列（　　）将"字符串表达式"的小写字符转换为大写字符。

　　A. LEFT()　　　　　　　　　　　B. REPLACE()

　　C. REVERSE()　　　　　　　　　D. UPPER()

5. 下列（　　）用于获取系统日期。

　　A. GETDATE()　　　　　　　　　B. DATEPART()

　　C. DATEADD()　　　　　　　　　D. ISDAYE()

6. 下列（　　）的值等于 16。

　　A. SQRT(16)　　　　　　　　　　B. CHARINDEX('16','SQL Server 2008')

　　C. MONTH('2012-12-16')　　　　　D. CONVERT(INT,'10')+6

7. 查阅系统联机帮助文档，下列（　　）函数用于求数学正弦函数的值。

　　A. SIN(<角度值>)　　　　　　　　B. SIN(<弧度值>)

　　C. SIGN(<角度值>)　　　　　　　D. SIGN(<弧度值>)

8. 查阅系统联机帮助文档，下列（　　）函数用于求字符串左边第一个字符的 Unicode 编码。

　　A. UNCODE(<字符串>)　　　　　　B. UPPER (<字符串>)

　　C. CHAR (<字符串>)　　　　　　　D. LTRIM (<字符串>)

9. 下列函数不是返回"2013"值的是（　　）。

　　A. DATENAME(yy, '2013-01-12')　　B. DATEPART(yy, '2013-01-12')

　　C. YEAR('2013-01-12')　　　　　　D. ISDATE('2013-01-12')

10. 函数值为"329.456"的表达式是（　　）。

　　A. CAST('230.456' AS INT)+99　　B. CONVERT(FLOAT,'230.456')+ '99'

　　C. CONVERT(FLOAT,'230.456')+99　　D. STR(230.456,7,3)+ '99'

二、填空题

1. 函数是完成某个特定_____的程序，函数调用时可以传入零个或多个参数值，函数执行结束时返回一个_____或返回一个_____。

2. 根据函数返回值的类型和是否由系统提供，函数可分为_____、表值函数和_____。

3. 排名函数主要由 ROW_NUMBER、_____、DENSE_RANK 和_____等四个函数组成。

4. 在 SQL Server 2008 中使用_____语句创建自定义函数，使用_____语句修改自定义函数，使用_____语句删除自定义函数。

三、程序设计题

1. 设计一个"area"函数，该函数传入三角形的三条边 a、b、c 的值，返回三角形的面积。已知：area=$\sqrt{s(s-a)(s-b)(s-c)}$，其中：s=(a+b+c)/2。

2. 设计一个"convScore"函数，函数传入一个 100 分制的成绩 x，函数的功能是将 x 转换成优、良、中、及格、不及格五等级制表示，并返回转换结果。

$$S=\begin{cases} 优 & 90 \leq x < 100 \\ 良 & 80 \leq x < 89 \\ 中 & 70 \leq x < 79 \\ 及格 & 60 \leq x < 69 \\ 不及格 & 0 \leq x < 59 \end{cases}$$

3. 设计一个"stPassRate"函数，该函数能返回给定"年级"的各个班级学生的成绩及格率。

4. 已知成绩转换成"绩点"的计算方法是成绩<60，绩点=1；60<=成绩<80，绩点=1.5；80<=成绩<90，绩点=2.5；成绩>=90，绩点=3。试设计一个函数"sumJd"，该函数返回任一"年级"的学生已学课程的总"绩点"值。

10

存储过程

本章导读

存储过程与函数类似，也是存储在服务器端并已预编译了的一段功能程序，但存储过程使用更具灵活性。在各类信息管理系统或 BI 商业智能应用领域中存储过程被广泛使用。读者在了解系统存储过程的功能和使用方法的基础上，应重点掌握自定义存储过程的创建、维护与调用方法。

本章要点

- 存储过程的创建、修改、删除和调用方法
- 常用系统存储过程的使用方法
- 存储过程自动执行的设置方法

10.1 存储过程概述

存储过程是一段实现特定功能、在服务器端运行并将结果（记录集或状态信息）返回到客户端的 T-SQL 程序；存储过程经编译后存储在数据库中，用户通过存储过程的名字并给出相应的参数来调用存储过程；存储过程是数据库中的重要对象之一，是复杂的数据处理逻辑的实现手段。

10.1.1 存储过程的分类

1. 按来源分类

按来源分类，存储过程主要有用户自定义存储过程和系统存储过程两种。

（1）用户自定义存储过程

用户自定义存储过程是用户根据应用系统的需要设计的程序，可以接受输入参数、向客户端返回结果集或单值数据。在存储过程内部，可以调用数据定义语言（DDL）和数据操作语言（DML）语句。

（2）系统存储过程

SQL Server 提供了丰富的系统存储过程，实现了许多常用的服务功能。在应用系统中，用户使用系统存储过程可以节省应用程序的开发时间，提高应用程序的开发效率。

2. 按返回的数据类型分类

根据存储过程返回的数据类型，存储过程可分为返回结果集类型（将查询到的数据以结果集的形式返回）、返回状态参数类型（将结果以输出参数返回）和无信息返回类型（存储过程只完成某个特定的功能，没有数据返回）等三种。

3. 按生命周期分类

根据存储过程的生命周期，存储过程可分为永久存储过程和临时存储过程两种。永久存储过程又分为系统存储过程和用户自定义存储过程；临时存储过程又分为局部存储过程和全局存储过程。临时存储过程属于用户自定义存储过程，它与临时表具有类似的作用域和性质。

10.1.2　使用存储过程的优点

由于存储过程拥有使用流程控制语句编写程序以及在服务端运行等特点，因此，使用存储过程具有明显的优点：

（1）能够完成复杂的应用逻辑处理。

（2）能够充分利用服务器的数据处理能力，提高数据处理速度。

（3）减少网络信息流量，提高网络响应速度。

（4）提高数据的安全性。

（5）简化 SQL 的操作。

（6）便于应用程序的升级维护，提高程序的通用性和可移植性等。

10.2　创建存储过程

创建存储过程实质上是设计一组完成特定功能的程序，其创建过程在 SQL Server 2008 系统的"SQL 编辑器"中完成，也可以在其他文本编辑器下进行设计，然后将其复制到"SQL 编辑器"中编译即可。

10.2.1　创建存储过程的语法格式

创建存储过程使用 CREATE PROCEDURE 语句实现，常用的语法格式如下：

1. 语法格式

```
CREATE {PROC|PROCEDURE}<存储过程名>[;<编号>]
[<@变量名> <数据类型> [VARYING][=<默认值>] [OUT|OUTPUT] [READONLY]][,…n]
[WITH <程序选项>[,…n]]
AS
[BEGIN]
    [<T-SQL 语句序列>]
    [RETURN [<表达式>]]
[END]
```

其中，<程序选项>的常用选择内容有：

```
[ENCRYPTION]
[RECOMPILE]
```

2. 使用说明

（1）<存储过程名>：指定用户自定义存储过程的名称标识符。

（2）<编号>：用于区别同名的存储过程。

（3）<@变量名> <数据类型>：定义存储过程的传入或传出参数。

（4）VARYING：声明"<@变量名>"传出参数的结果类型为结果集。专用于游标参数声明，该参数由存储过程动态构造。

（5）DEFAULT：指定"<@变量名>"参数的默认值。

（6）OUT|OUTPUT：声明"<@变量名>"参数为存储过程的传出参数。

（7）READONLY：声明"<@变量名>"参数不能在存储过程的主体中更新或修改。如果参数类型为用户定义的表类型，则必须指定 READONLY。

（8）ENCRYPTION：对存储过程进行加密。

（9）RECOMPILE：存储过程被调用时先重新编译然后再执行。

（10）T-SQL 语句序列：为零行或多行 T-SQL 语句。当"<T-SQL 语句序列>"由多条语句构成时，一般需要使用语句块方式表达。

（11）RETURN：存储过程在 T-SQL 语句序列中遇到"RETURN"语句时结束执行，并返回"<表达式>"的值；如果存储过程中没有 RETURN 语句，则执行完最后一行 T-SQL 语句后自动结束并返回。

10.2.2　创建简单的存储过程

简单的存储过程一般不带传入或传出参数，程序的实现逻辑也并不十分复杂，通常只由一行或若干行代码组成。

【例 10-1】设计一个返回"class"班级表全部信息的存储过程"getClass"。

操作过程如下：

（1）打开"SQL 编辑器"窗格：在 SSMS 管理器的"标准"工具栏单击"新建查询"按钮，打开"SQL 编辑器"窗格。

（2）选择当前使用的数据库"jwgl"：在"SQL 编辑器"工具栏中单击"可用数据库"列表框，选择"jwgl"数据库，即为"jwgl"数据库创建存储过程。

（3）在"SQL 编辑器"窗格编辑输入如下实现代码。

```
USE jwgl                              --将 jwgl 设置为当前数据库
GO
IF OBJECT_ID('getClass','P') IS NOT NULL    --判断存储过程是否已存在
    DROP PROCEDURE getClass           --存在则删除
GO                                    --此前的几行代码不是必要的
CREATE PROCEDURE getClass             --创建 getClass 存储过程
AS
    SELECT * FROM class
GO
```

（4）执行创建：单击"SQL 编辑器"工具栏的"！（执行）"按钮。如果程序没有错误则存储过程创建结束。

（5）查看创建结果：在 SSMS 管理器的"对象资源管理器"窗格展开"数据库"节点→展开"jwgl"数据库节点→展开"可编程性"节点→展开"存储过程"节点→可以看见"getClass"存

储过程已存在。

提示：使用 SSMS 方式（展开"数据库"节点→展开"jwgl"数据库节点→展开"可编程性"节点→右击"存储过程"节点→在快捷菜单中单击"创建存储过程"命令）也可以进入"SQL 编辑器"窗格创建存储过程，并且在"SQL 编辑器"窗格中已创建好存储过程的程序框架，这时，用户在给定的程序框架中修改存储过程即可。

【例 10-2】设计一个求 100 至 999 间的所有水仙花数的存储过程"daffodil"。一个数如果等于组成它的每一位数字的立方和，则该数就是水仙花数，例如，$153=1^3+5^3+3^3$。

实现代码如下：

```
CREATE    PROCEDURE daffodil
AS
BEGIN
    DECLARE @g INT,@s INT,@b INT,@n INT
    SET @n=100
    WHILE(@n<1000)
        BEGIN
            SET @g=@n%10                     --从@n 中分解出个位数
            SET @s=(@n%100)/10               --从@n 中分解出十位数
            SET @b=@n/100                    --从@n 中分解出百位数
            IF(POWER(@g,3)+POWER(@s,3)+POWER(@b,3)=@n)
                PRINT @n    --共输出四个水仙花数"153，370，371，407"
            SET @n=@n+1
        END
END
```

10.2.3　创建带传入参数的存储过程

存储过程可以像函数一样带传入参数以提高程序的通用性和灵活性，但是存储过程的参数并不像函数那样放置在函数名后的括号里面，而是在存储过程名称后面进行定义。

【例 10-3】设计一个完成行李托运收费功能的存储过程"getPrice"，该存储过程传入行李重量 x，显示收费金额 y。收费标准如下：

$$y=\begin{cases} 2.5 \times x & x<10kg \\ 2.5 \times 10+(x-10) \times 3.8 & x \geqslant 10kg \end{cases}$$

实现代码如下：

```
CREATE PROCEDURE getPrice
@x DECIMAL(10,2)                       --定义传入参数@x
AS
    BEGIN
        DECLARE @y DECIMAL(10,2)
        IF(@x<10)
        SET @y=2.5*@x
        ELSE
            SET @y=2.5*10+(@x-10)*3.8
        SELECT @y                       --输出运费值
    END
```

【例 10-4】设计一个存储过程"getGSNumber"，该存储过程传入"班级名称"信息，并查询输出该班级的学生人数。

实现代码如下：

```
CREATE PROCEDURE getGSNumber
@class VARCHAR(64)                    --定义班级名称传入参数@class
AS
    BEGIN
        SELECT COUNT(*) AS 人数
            FROM class AS cl,student AS st
                WHERE cl.id=st.class_id AND cl.班级名称=@class
    END
```

10.2.4 创建带传出参数的存储过程

上述案例的存储过程要么直接输出计算结果，要么直接显示查询结果集，其实，存储过程可以传出一个或多个简单数据类型的数值或传出查询结果集。"传出"的概念与"返回"的概念一致，只是表现的方式不同。本小节主要介绍传出简单数据类型数值的方法。

【例 10-5】设计一个存储过程"getGSNum"，该存储过程传入指定的"班级名称"信息，然后传出该班级的学生人数。

本例是上一案例的变形，将结果传出而非直接显示输出，实现代码如下：

```
CREATE PROCEDURE getGSNum
@class VARCHAR(64),
@pNumber INT OUTPUT                    --定义传出参数@pNumber
AS
    BEGIN
        SET @pNumber=(SELECT COUNT(*)   --统计人数赋给@pNumber 变量
                    FROM class AS cl,student AS st
                        WHERE cl.id=st.class_id AND   cl.班级名称=@class)
    END
```

10.2.5 创建返回参数的存储过程

存储过程可以像函数一样返回一个数值或状态值，实现的方法是在存储过程中使用"RETURN <表达式>"返回语句。存储过程在"<T-SQL 语句序列>"中遇到返回语句时，结束程序执行，并将"<表达式>"的值返回给调用程序。

【例 10-6】设计一个存储过程"getGSN"，该存储过程传入指定的"班级名称"信息，然后返回该班级的学生人数。

本例是上一案例的变形，结果通过 RETURN 语句返回，实现代码如下：

```
CREATE PROCEDURE getGSN
@class VARCHAR(64)
AS
    BEGIN
        DECLARE @pNumber INT
        SET @pNumber=(SELECT COUNT(*)     --将统计人数赋给@pNumber 变量
                    FROM class AS cl,student AS st
                        WHERE cl.id=st.class_id AND   cl.班级名称=@class)
        RETURN @pNumber      --返回统计结果
    END
```

10.2.6 创建加密的存储过程

在应用系统中，有些存储过程是不能以源码的方式创建保存的，例如，实现加密功能的存储过程、实现利益分配的存储过程等，这些存储过程创建时需要加密处理。在 T-SQL 中，加密处理使用 WITH ENCRYPTION 选项实现。

【例 10-7】设计一个增加专业开设课程信息的存储过程"addCourse"，该存储过程传入专业名称、开课学期、课程编号、课程名称、课时、学分、周课时等信息，如果课程增加成功则返回状态信息"1"，否则返回"0"，并且要求对存储过程加密。

实现代码如下：

```
CREATE PROCEDURE addCourse
@zymc VARCHAR(64),        --定义传入参数：专业名称
@kkxq INT,                --开课学期
@kcbh VARCHAR(6),         --课程编号
@kcmc VARCHAR(128),       --课程名称
@ks INT,                  --课时
@xf DECIMAL(4,1),         --学分
@jcs INT                  --周课时
WITH ENCRYPTION
AS
BEGIN
    DECLARE @status INT,@zyid INT    --定义状态变量，专业 id 变量
    SET @status=1             --设置状态变量初值为 1，先假设为 1
    BEGIN TRY                 --监控插入记录处理
        SET @zyid=(SELECT id FROM specialty WHERE 专业名称=@zymc)
        INSERT INTO course(specialty_id,开课学期,课程编号,课程名称,课时,学分,周课时) VALUES(@zyid,@kkxq,
        @kcbh,@kcmc,@ks,@xf,@jcs)
    END TRY
    BEGIN CATCH               --插入记录错误处理
        SET @status=0         --插入记录失败时，状态变量值设置为 0
    END CATCH
    RETURN @status            --返回操作状态
END
```

上述存储过程使用了 WITH ENCRYPTION 选项，所创建的存储过程由 SQL Server 系统进行了加密，加密后的存储过程不允许使用 SSMS 方式修改，所以要备份好脚本。

10.3　调用存储过程

存储过程只是一段预定义程序，需要调用才能完成相应的功能。调用存储过程也叫执行存储过程。SQL Server 的存储过程在不同的开发环境（如 T-SQL、VB、VC++、Java、C#等）的调用方法各不相同，本节主要介绍在 T-SQL 脚本程序中调用存储过程的方法。

1. 语法格式

```
EXECUTE [<变量名>=]<存储过程名> [<参数> [OUTPUT][,...n]]
```

2. 使用说明

（1）变量名：用于接收存储过程通过 RETURN 语句返回的数值。该变量在使用 RETURN 语句返回数值的存储过程调用时使用。

（2）存储过程名：指定调用的存储过程。

（3）参数：指定存储过程的传入参数值或指定接收传出参数值的变量。注意，参数不用括号括起。

（4）OUTPUT：声明"参数"变量用于接收存储过程的传出数值。

3．案例操作

（1）调用简单的存储过程

简单的存储过程没有传入传出参数和返回数据，所以，只使用存储过程名称调用即可。

【例 10-8】调用例 10-1 创建的简单存储过程"getClass"。

实现代码如下：

```
EXECUTE getClass
```

（2）调用带传入参数的存储过程

调用带传入参数的存储过程时，在存储过程名称后面要给出传入参数的值，当传入参数多于一个时，参数间使用逗号"，"分开。传入参数可以使用变量、表达式表示。

【例 10-9】已知托运行李的重量是"38.5 公斤"，试调用例 10-3 创建的存储过程"getPrice"计算行李的托运收费。

实现代码如下：

```
EXECUTE getPrice 38.5
```

（3）调用带传出参数的存储过程

调用带传出参数的存储过程时，在存储过程名称后面要指定接收传出参数值的变量，并且变量名后面使用"OUTPUT"关键字声明。一个存储过程可以拥有多个传入或传出参数，参数间使用逗号"，"分开。用于接收传出参数值的变量要事先声明。

【例 10-10】调用例 10-5 创建的存储过程"getGSNum"，统计输出"计算机 12-1"班的学生人数。

实现代码如下：

```
DECLARE @count INT                              --定义接收变量
EXECUTE getGSNum '计算机 12-1',@count OUTPUT     --调用存储过程
PRINT @count                                    --使用（查看）传出的统计值
```

（4）调用返回参数的存储过程

存储过程使用 RETURN 语句返回数值时，调用存储过程时要使用变量接收返回的数值，并且该变量要事先声明。

【例 10-11】调用例 10-6 创建的存储过程"getGSN"，统计输出"计算机 11-1"班的学生人数。

实现代码如下：

```
DECLARE @count INT                     --声明接收数据的变量
EXECUTE @count=getGSN '计算机 11-1'     --调用存储过程
PRINT @count                           --查看存储过程的返回值
```

比较上述两个案例，可见传出参数与返回参数的接收方法有明显的差别。

【例 10-12】调用例 10-7 创建的存储过程"addCourse"，向专业课程开设表增加表 10.1 所示的课程记录。

表 10.1　增加专业开设课程

专业名称	开课学期	课程编号	课程名称	课时	学分	周课时
计算机多媒体技术	1	010301	Photoshop 图形设计	96	6	6

实现代码如下：

```
DECLARE @n INT
EXECUTE @n=addCourse '计算机多媒体技术',1,'010301','Photoshop 图形设计',96,6,6
```

```
IF @n=1
    SELECT '课程增加成功!'
ELSE
    SELECT '课程增加失败！'
```

上述程序段先定义用于接收存储过程返回的状态值的变量"@n"，然后通过传入参数调用存储过程，根据判断存储过程的返回状态值显示相应的提示信息。

提示：存储过程的调用同样可以使用 SSMS 方式处理，操作过程如下：展开"数据库"节点→展开"jwgl"数据库节点→展开"可编程性"节点→右击要执行的某个存储过程名称→在快捷菜单中单击"执行存储过程"命令，弹出"执行过程"对话框→在"执行过程"对话框中输入存储过程的传入参数（无参数时不用输入）→单击"确定"按钮执行存储过程。这时，在"SQL 编辑器"窗格显示存储过程的程序，在"结果"窗格显示出存储过程的执行结果。

10.4　修改存储过程

存储过程的修改包括存储过程的重命名、存储过程参数的修改、实现功能的代码修改等内容。存储过程的修改使用 ALTER PROCEDURE 语句处理。

10.4.1　使用 SSMS 方式修改存储过程

使用 SSMS 方式修改存储过程时，SSMS 管理器会自动显示出存储过程的程序以供修改。需要注意的是，已加密的存储过程不能使用 SSMS 方式进行修改，只能通过打开其备份的 T-SQL 脚本进行修改，修改后再创建。

【例 10-13】修改"getClass"存储过程，使该存储过程仅显示班级编号和班级名称两列信息。

操作过程如下：

（1）进入修改窗口：展开"数据库"节点→展开"jwgl"数据库节点→展开"可编程性"节点→右击"getClass"存储过程名称→在快捷菜单中单击"修改"命令，在"SQL 编辑器"窗格将显示出存储过程的程序内容。

（2）修改内容：在"SQL 编辑器"窗格还显示出一些 SQL Server 系统默认的开关设置命令，修改存储过程时，只需关心 ALTER 后面的语句内容，之前的有关语句请不要随意增删。本例修改的内容为：将"SELECT *"修改为"SELECT 班级编号,班级名称"。

（3）重新创建存储过程：程序修改并确认无误后，单击"SQL 编辑器"工具栏的"!（执行）"按钮修改完毕。

10.4.2　使用 T–SQL 方式修改存储过程

使用 T-SQL 方式修改存储过程通常有两种方法，一是将存储过程的备份脚本打开进行修改，修改后重新创建；二是使用 T-SQL 修改语句修改存储过程，这与重新设计该存储过程没有太大的区别。下面主要介绍第二种方法的使用。

1. 语法格式

```
ALTER {PROC|PROCEDURE}<存储过程名>[;<编号>]
[<@变量名> <数据类型>[VARYING][=<默认值>] [OUT|OUTPUT] [READONLY]][,…n]
[WITH <程序选项>[,…n]]
[FOR REPLICATION]
```

```
AS
[BEGIN]
    [<T-SQL 语句序列>]
     [RETURN [<表达式>]]
[END]
```

其中，"<程序选项>"的常用选择内容有：

```
[ENCRYPTION]
[RECOMPILE]
```

2. 使用说明

各个参数的意义与使用方法与创建存储过程语句一样。已加密的存储过程需要修改时，必须使用其备份脚本进行修改，修改后重新备份。

3. 案例操作

【例 10-14】修改例 10-3 创建的存储过程"getPrice"，收费标准修改如下：

$$y=\begin{cases} 5.5\times x & x<20kg \\ 5.5\times 10+(x-10)\times 2.8 & x\geq 20kg \end{cases}$$

实现代码如下：

```
ALTER PROCEDURE getPrice
@x DECIMAL(10,2)                          --定义传入参数@x
AS
  BEGIN
     DECLARE @y DECIMAL(10,2)
     IF(@x<20)
     SET @y=5.5*@x
     ELSE
        SET @y=5.5*10+(@x-10)*2.8
     SELECT @y
  END
```

10.5 删除存储过程

存储过程不再使用时，应将其备份后删除，这样可减少应用系统中的管理对象。

10.5.1 使用 SSMS 方式删除存储过程

【例 10-15】使用 SSMS 方式删除"getClass"存储过程。

操作过程如下：

展开"数据库"节点→展开"jwgl"数据库节点→展开"可编程性"节点→右击要删除的"getClass"存储过程名称→在快捷菜单中单击"删除"命令，弹出"删除对象"对话框→在"删除对象"对话框中单击"确定"按钮完成删除操作。

10.5.2 使用 T–SQL 方式删除存储过程

1. 语法格式

```
DROP PROCEDURE <存储过程名>[,...n]
```

2. 案例操作

【例 10-16】删除例 10-2 创建的"daffodil"存储过程。

```
DROP PROCEDURE daffodil
```

10.6　系统存储过程

SQL Server 2008 系统提供了丰富的预定义存储过程，这些系统存储过程分别用于管理目录、游标、数据库引擎、数据库邮件和 SQL Mail、数据库维护计划、分布式查询、全文搜索、日志传送、SQL Server Profiler、常规扩展等应用。

表 10.2 列出了部分常用的系统存储过程，其使用方法以及其他系统存储过程请读者参考 SQL Server 2008 联机帮助文档。

表 10.2　常用的系统存储过程

序号	系统存储过程	功能
1	sp_databases	列出当前系统中的数据库
2	sp_defaultdb	设置登录账户的默认数据库
3	sp_depends	显示数据库对象的依赖信息
4	sp_dbremove	删除数据库和该数据库相关的文件
5	sp_helparticlecolumns	返回基表中的所有列
6	sp_helpindex	返回有关表的索引信息
7	sp_helptext	显示数据库对象的未加密的文本信息
8	xp_msver	返回有关 Microsoft SQL Server 的版本信息
9	sp_procoption	将用户自定义的存储过程设置为自动执行
10	sp_recompile	使存储过程和触发器在下一次运行时重新编译
11	sp_rename	在当前数据库中更改用户创建对象的名称
12	sp_renamedb	更改数据库的名称
13	sp_spaceused	显示数据库空间的使用情况

【例 10-17】使用系统存储过程"sp_configure"查看当前服务器的配置信息。

实现代码如下：

```
EXECUTE sp_configure
```

【例 10-18】使用系统存储过程"sp_depends"查看依赖"class"表的对象。

系统存储过程"sp_depends"的调用格式为：

```
EXECUTE sp_depends <表名>
```

实现代码如下：

```
EXECUTE sp_depends class
```

系统存储过程的调用格式各异，用户调用系统存储过程时，应先了解存储过程的功能，掌握存储过程的调用格式，然后才能根据应用系统的需求引用相应的系统存储过程。

10.7　存储过程的自动执行

存储过程的执行可以由用户在需要的时候使用 EXECUTE 语句调用，也可以在 SQL Server 服务器启动时自动执行。本节介绍在 SQL Server 服务器启动时自动执行用户创建的存储过程的实现方法。

1. 语法格式

```
sp_procoption [@ProcName=]'<存储过程名>',[@OptionName=]'<选项>'
    ,[@OptionValue=]'<选项值>'
```

2. 使用说明

本语句将用户自定义的存储过程设置为在 SQL Server 服务器实例启动时自动执行。

（1）<存储过程名>：给出自动执行的存储过程名称。

（2）<选项>：唯一值为"startup"，设置为自动执行。

（3）<选项值>：选项值为 TRUE 或 ON 时开启自动执行；选项值为 FALSE 或 OFF 时关闭自动执行。

3. 案例操作

【例 10-19】在"master"数据库创建一个自动执行的存储过程"getTable"，该存储过程查询出"jwgl"数据库的所有表名，并把结果保存在"uTable"全局临时表中。

实现代码如下：

```
CREATE PROCEDURE getTable          --创建 getTable 存储过程
As
  SELECT name AS  表名
    INTO ##uTable                  --查询结果保存到 uTable 全局临时表
    FROM    [jwgl].sys.Tables
GO
--将 getTable 设置为自动执行的存储过程
EXECUTE sp_procoption @procName='getTable',
    @optionName='startup',@optionValue='TRUE'
```

创建自动执行的存储过程时，第一要求操作员具有 sysadmin 固定服务器角色的成员身份；第二要求存储过程创建于"master"数据库中，并且存储过程不能包含 INPUT 或 OUTPUT 参数。

小结

（1）存储过程是一段实现特定功能、在服务器端运行并将结果返回到客户端的 T-SQL 程序。在应用系统中，存储过程是广泛应用的数据库对象。

（2）存储过程可以传入参数，也可以传出参数。传出参数可以是单值，可以是结果集，也可以像函数一样通过返回语句返回数值。

练习十

一、选择题

1. 下面是关于存储过程的描述，错误的是（   ）。

　　A. 存储过程是在服务器端运行并将结果返回到客户端的 T-SQL 程序

　　B. 存储过程主要有用户自定义存储过程和系统存储过程两种

　　C. 根据返回的数据类型分类，用户自定义的存储过程可分为返回结果集、返回状态值和

无信息返回三种类型

D．当系统存储过程不能满足应用程序的需求时，用户可以修改该存储过程

2．在存储过程的创建语句中，用于定义传出参数的关键字是（　　　）。

  A．OUTPUT   B．PROCEDURE

  C．REPLICATION   D．RECOMPILE

3．存储过程的（　　　）。

  A．传入参数和传出参数只能有一个

  B．传入参数和传出参数可以是零个或多个

  C．传入参数可以是零个或多个，但传出参数只能有一个

  D．传入参数没有时，传出参数也不能有

4．在 T-SQL 中调用存储过程的关键字是（　　　）。

  A．CREATE PROCEDURE   B．EXECUTE

  C．RUN   D．ALTER PROC

5．在 T-SQL 中删除存储过程的命令是（　　　）。

  A．REMOVE PROC <存储过程名>   B．DROP PROC <存储过程名>

  C．DELETE PROC <存储过程名>   D．CLEAR PROC <存储过程名>

6．下面的系统存储过程（　　　）用于查看表的依赖关系。

  A．sp_depends   B．sp_procoption

  C．sp_configure   D．sp_help

7．重命名存储过程的名称可以使用（　　　）系统存储过程实现。

  A．sp_depends   B．sp_procoption

  C．sp_rename   D．sp_recompile

8．存储过程的传出参数与返回参数（　　　）。

  A．功能不一样   B．接收方法一样

  C．功能一样   D．语法描述一样

9．下列（　　　）用于定义存储过程自动执行。

  A．sp_procoption   B．xp_msver

  C．sp_ sp_databases   D．sp_recompile

10．下列（　　　）不是存储过程的优点。

  A．减少网络信息流量，提高网络响应速度

  B．提高数据的安全性

  C．提高程序的通用性和可移植性

  D．模块化程序设计的需要

二、填空题

1．按来源存储过程可分为_____和系统存储过程两种。

2．关键字_____用于加密存储过程。

3．创建自动执行的存储过程时，第一要求操作员具有_____固定服务器角色的成员身份；第二要求存储过程创建于_____数据库中，并且存储过程不能包含 INPUT 或 OUTPUT 参数。

4．用于更改用户创建的对象名称的系统存储过程是_____。

三、程序设计题

1．设计一个插入班级信息的存储过程"addClass"，该存储过程传入专业名称，班级编号，班级名称，年级等信息，如果班级插入成功则返回状态信息"1"，否则返回"0"。

2．设计一个根据"学号"删除学生信息的存储过程"delStudent"。

3．设计一个修改学生学习成绩的存储过程"updateScore"，该存储过程传入学号、课程编号、成绩三个参数。

4．设计一个查询显示教师表信息的存储过程"showTeacher"。

5．设计一个根据"学号"计算学生学习成绩总"绩点"的存储过程"getStJd"，已知成绩转换成"绩点"的计算方法是成绩<60，绩点=1；60<=成绩<80，绩点=1.5；80<=成绩<90，绩点=2.5；成绩>=90，绩点=3。

6．设计一个存储过程"getRandNumber"，该存储过程随机产生 n 组、每组 5 个且值在[1,49]之间的随机整数，然后，随机产生一个值在[1,n]之间的整数 x，最后要求输出 n 组数中第 x 组的 5 个随机数，并且要求对存储过程加密。

11

游标

前面各章对数据的处理都是把结果集看成一个整体对象，而在实际应用中，对数据的分析、统计处理往往需要针对结果集中的每一行或行中的每一列数据进行，在 SQL Server 系统中，实现这种控制逻辑的机制就是游标技术。本章重点介绍游标的声明和游标的使用方法，读者在掌握游标技术后，再结合函数和存储过程技术，就可以随意处理数据库表中任意字段的信息。

● 游标的概念、作用与分类
● 游标的使用步骤
● 游标的基本应用

11.1　游标概述

游标提供了一种对表中检索出来的数据进行灵活操作的手段，它能从结果集中每次提取一条记录进行处理，并且，还能实现基于游标位置对表中的记录进行删除或更新的操作功能。游标由结果集和结果集中指向特定记录的游标位置（指针）组成。

1. 游标的作用

根据游标的功能特点，游标主要有如下作用：

（1）在结果集中定位特定的行。

（2）从结果集的当前位置检索一行或多行。

（3）对结果集中的当前位置行进行数据的修改或删除。

（4）支持在存储过程、触发器、脚本等程序中访问结果集中的具体数据。

2. 游标的分类

按游标的实现方式分类，游标可分为 T-SQL 游标、API 游标和客户游标等三种类型；按游标的作用域范围分类，游标可分为局部游标和全局游标等两种类型。T-SQL 游标按数据的提取方式又可分为静态游标、动态游标、只进游标和键集驱动游标等四种类型。

（1）静态游标

静态游标打开时会在"tempdb"系统数据库中建立临时表结果集；游标数据只读；游标数据不能实时更新；游标数据与游标打开时数据库中的数据集保持一致，在游标打开以后，数据库的数据更新不会反映到游标当中；静态游标只能按记录的顺序逐一向前提取数据进行处理。

（2）动态游标

动态游标的结果集能实时反映数据库中的数据更新。动态游标打开后，数据库用户对表进行的增、删、改等操作都能实时地将数据反映到游标的结果集当中，所以，动态游标能实时反映数据库的数据状态，处理的是实时数据。

（3）只进游标

只进游标只支持从游标头至游标尾的顺序提取数据行，不支持前后滚动操作。

（4）键集驱动游标

键集驱动游标也是一种可滚动游标。游标打开时，游标中的数据行顺序是固定的。键集驱动游标由一套被称为键集的唯一标识符（键）控制。键由结果集中能唯一标识行的列构成。键集是游标打开时由 SELECT 语句返回的结果集中的一系列键值组成。键集在游标打开时建立在"tempdb"系统数据库中。

在键集驱动游标中，对非键集列的数据所做的更改在用户滚动游标时是可见的。而在游标外对表记录所做的更新在游标内是不可见的，除非关闭游标并重新打开。

11.2　游标的声明和使用

游标的使用遵循先声明后使用的原则，使用步骤为声明游标、打开游标、从游标中提取数据并处理、关闭游标、释放游标。游标的生命周期从声明游标开始，到释放游标结束，中间可以反复地对游标进行打开游标、从游标中提取数据并处理、关闭游标等操作。

11.2.1　声明游标

1. 语法格式

（1）SQL-92 标准语句

```
DECLARE <游标名> [INSENSITIVE] [SCROLL] CURSOR
FOR <SELECT 语句>
[FOR {READ ONLY|UPDATE [OF <列名>[,…n]]}]
```

（2）T-SQL 扩展语句

```
DECLARE <游标名> CURSOR [LOCAL|GLOBAL]
[FORWARD_ONLY|SCROLL]
[STATIC|KEYSET|DYNAMIC|FAST_FORWARD]
[READ_ONLY|SCROLL_LOCKS|OPTIMISTIC]
[TYPE_WARNING]
FOR <SELECT 语句>
[FOR UPDATE [OF <列名>[,…n]]]
```

2. 使用说明

（1）INSENSITIVE：声明游标为不敏感游标，即与静态游标类似，不能对游标数据进行更新。

（2）SCROLL：声明游标为滚动游标，游标对所有的提取选项（FIRST、LAST、PRIOR、NEXT、RELATIVE、ABSOLUTE）均可用。如果没有在"SQL-92 标准"语法中指定 SCROLL，则 NEXT 是唯一支持的数据提取选项。如果也指定了 FAST_FORWARD，则不能指定 SCROLL 选项。

（3）LOCAL：声明游标为局部游标。游标的作用域仅在声明游标的批处理、存储过程或触发器中有效。在批处理、存储过程、触发器或存储过程的 OUTPUT 参数中，该游标可由局部游标变量引用。

（4）GLOBAL：声明游标为全局游标。游标的作用域是全局的，在任何存储过程或批处理中都可以引用该游标名称。该游标仅在断开连接时隐式释放。

（5）FORWARD_ONLY：声明游标为只进游标。指定游标只能从第一行开始向前滚动。FETCH NEXT 是唯一支持的数据提取选项。如果在指定 FORWARD_ONLY 时不指定 STATIC、KEYSET 和 DYNAMIC 关键字，则游标作为 DYNAMIC 游标进行操作。如果 FORWARD_ONLY 和 SCROLL 均未指定，则除非指定 STATIC、KEYSET 或 DYNAMIC 关键字，否则默认为 FORWARD_ONLY。STATIC、KEYSET 和 DYNAMIC 游标默认为 SCROLL。

（6）STATIC：声明游标为静态游标。使用 STATIC 声明的游标与使用 INSENSITIVE 声明的游标性能基本一致。

（7）KEYSET：声明游标为键值游标。当键值游标打开时，游标中的行顺序已经固定。对行数据进行唯一标识的键集创建在"tempdb"数据库的"keyset"表当中。

（8）DYNAMIC：声明游标为动态游标。动态游标的结果集能实时反映数据库中数据的更改操作。动态游标的行数据值、顺序和成员身份在每次提取时都会更改。动态游标不支持 ABSOLUTE 绝对位置提取选项。

（9）FAST_FORWARD：指定启用了性能优化的 FORWARD_ONLY、READ_ONLY 游标。如果指定了 SCROLL 或 FOR_UPDATE 选项，则不能同时指定 FAST_FORWARD 选项。

（10）READ_ONLY：声明游标为只读游标。禁止通过该游标进行更新。在 UPDATE 或 DELETE 语句的 WHERE CURRENT OF 子句中不能引用该游标。

（11）SCROLL_LOCKS：声明游标为滚动锁游标。指定通过游标进行的定位更新或删除一定会成功。将行读入游标时 SQL Server 将锁定这些行，以确保随后可对它们进行修改。游标中如果指定了 FAST_FORWARD 或 STATIC，则不能指定 SCROLL_LOCKS。

（12）OPTIMISTIC：声明游标为乐观游标。如果乐观游标打开后数据库数据进行了更新，则通过游标进行的定位更新或定位删除将失败。乐观游标将数据行读入游标时，SQL Server 不锁定行。游标中如果指定了 FAST_FORWARD 选项，则不能指定 OPTIMISTIC 选项。

（13）TYPE_WARNING：指定将游标从所请求的类型隐式地转换为另一种类型时向客户端发送警告消息。

（14）SELECT 语句：定义产生游标结果集的 SELECT 语句，该语句中不允许使用 COMPUTE、COMPUTE BY、FOR BROWSE 和 INTO 等关键字。

（15）UPDATE [OF <列名> [,…n]]：定义游标中可更新的列。如果指定了"OF <列名>[,…n]"选项，则只允许修改所列出的列。如果省略了本选项或指定了 UPDATE 但未指定修改的列，则可以修改 SELECT 语句中的所有可修改列。

3. 案例操作

【例 11-1】声明一个用于静态处理"class"班级表信息的游标"csClass"。

实现代码如下：

```
DECLARE csClass INSENSITIVE CURSOR
FOR SELECT * FROM class
```

【例 11-2】声明一个用于动态处理"class"班级表的班级编号、班级名称、年级等字段信息的游标"csDClass"。

实现代码如下：

```
DECLARE csDClass SCROLL CURSOR
FOR SELECT  班级编号,班级名称,年级  FROM class
FOR UPDATE OF  班级编号,班级名称,年级
```

上述两个案例使用"SQL-92 标准语句"格式定义，"csClass"游标是静态游标，只能向前提取数据使用。"csDClass"游标是动态游标，能向前、向后或定位提取游标数据使用，还能更新游标位置所在行的字段数据。

上述例 11-2 可以使用"T-SQL 扩展语句"的语法格式声明如下：

```
DECLARE csDClass CURSOR LOCAL SCROLL DYNAMIC
FOR SELECT  班级编号,班级名称,年级 FROM class
FOR UPDATE OF  班级编号,班级名称,年级
```

11.2.2 打开游标

声明游标是游标使用过程的第一步，游标声明后必须打开才能使用，打开游标的目的是执行其中定义的 SELECT 语句，使游标获得结果集数据。

1. 语法格式

```
OPEN {{[GLOBAL] <游标名> }|<游标变量名>}
```

2. 使用说明

打开 T-SQL 服务器游标，然后通过执行在 DECLARE CURSOR 或 SET <游标变量>语句中指定的 T-SQL 查询语句填充游标。

（1）GLOBAL：以全局游标方式打开指定的"游标名"游标。

（2）游标名：指定已声明的游标。如果全局游标和局部游标都使用"游标名"作为其名称，那么，如果指定了 GLOBAL，则"游标名"指的是全局游标；否则，指的是局部游标。

（3）游标变量名：打开由变量的内容指代的游标。

3. 案例操作

【例 11-3】打开例 11-1 声明的游标"cSClass"。

实现代码如下：

```
OPEN csClass
```

注意：游标的声明与游标的打开虽有先后之分，但不能单独使用。

4. 打开游标时的状态变量

打开游标时，可以通过"@@CURSOR_ROWS"全局变量的值了解游标的状态信息；可以通过"@@ERROR"全局变量的值了解"T-SQL 语句"的执行状态，如游标打开是否成功等。它们的状态值如表 11.1 和表 11.2 所示。

表 11.1　@@CURSOR_ROWS 全局变量状态信息

状态值	意义	状态值	意义
n	游标所含记录的行数	-1	游标为动态游标
0	没有被打开的游标	-m	部分记录已写入游标

表 11.2　@@ERROR 全局变量状态信息

状态值	意义	状态值	意义
0	SQL 语句执行成功	n	SQL 语句执行失败，返回错误代码

11.2.3　提取游标数据

打开游标是使游标拥有其 SELECT 语句执行后的结果集数据，使游标从声明状态转入数据的可使用状态。使用游标的真正意义在于"提取游标数据"并对数据加以处理。

1. 语法格式

```
FETCH [NEXT|PRIOR|FIRST|LAST|ABSOLUTE <n|@nvar>|RELATIVE <n|@nvar>] FROM [GLOBAL] <游标名>|<@变量名> [INTO <@变量名>[,…n]]
```

2. 使用说明

（1）GLOBAL <游标名>|<@变量名>：指定提取记录数据的游标。

（2）NEXT：提取下一行记录数据，并将该行置为当前行，即游标位置。如果 FETCH NEXT 是对游标执行第一次提取操作，则提取结果集中的第一行数据。

（3）PRIOR：提取上一行记录数据，并将该行置为当前行。如果"FETCH PRIOR"是对游标执行第一次提取操作，则没有行返回并且游标置于第一行之前的开始标志处。

（4）FIRST：提取游标中的第一行数据，并将该行置为当前行。

（5）LAST：提取游标中的最后一行数据，并将该行置为当前行。

（6）ABSOLUTE <n|@nvar>：如果 n 或@nvar 为正，则提取游标头开始向后的第 n 行数据，并将提取行变成当前行；如果 n 或@nvar 为负，则从游标尾反方向提取前第 n 行数据，并将提取行变成当前行；如果 n 或@nvar 为 0，则不返回行。n 必须是整数常量，@nvar 的数据类型必须为整型数据。

（7）RELATIVE <n|@nvar>：如果 n 或@nvar 为正，则提取相对于当前行的后面的第 n 行数据，并将该行变成当前行；如果 n 或@nvar 为负，则提取数据的方向相反；如果 n 或@nvar 为 0，则返回当前行数据；如果是第一次提取数据，且 n 或@nvar 为负数或 0，则不返回行数据。n 必须是整数常量，@nvar 的数据类型必须为整型数据。

（8）INTO <@变量名>：将提取的行数据按字段逐一送到变量保存。

3. FETCH 提取数据时状态变量@@FETCH_STATUS 的值

使用 FETCH 语句从游标中提取数据时，可以通过表 11.3 所示的全局变量@@FETCH_STATUS 的状态值判断数据提取是否成功。

4. 案例操作

【例 11-4】设计一个程序，程序声明一个用于动态处理"class"班级表信息的游标"csDClass"，并通过该游标测试 FETCH 语句中各个选项的使用方法。

表 11.3　@@FETCH_STATUS 全局变量状态信息

状态值	意义
0	提取数据正常成功
-1	提取数据失败或行不在结果集中
-2	提取行不存在

程序代码如下：

```
DECLARE csDClass SCROLL CURSOR          --声明游标
FOR SELECT *,ROW_NUMBER() OVER(ORDER BY id ) AS  行号  FROM class
OPEN csDClass                           --打开游标
IF @@ERROR=0                            --游标打开成功处理
    BEGIN
        FETCH NEXT FROM    csDClass     --刚打开游标，提取第一条记录数据
        FETCH LAST FROM    csDClass     --提取最后一条记录数据
        FETCH PRIOR FROM csDClass       --提取前一条记录数据
        FETCH FIRST FROM    csDClass    --提取第一条记录数据
        FETCH ABSOLUTE 3 FROM csDClass  --提取第三条记录数据
        FETCH RELATIVE -2 FROM csDClass --向后提取后面的第二条记录数据
    END
ELSE                                    --游标打开失败处理
    SELECT '游标打开错误！'
CLOSE csDClass                          --关闭游标
DEALLOCATE csDClass                     --释放游标
```

执行上述程序时，观察"行号"列结果，可以验证 FETCH 语句中 NEXT、LAST、PRIOR、FIRST、ABSOLUTE、RELATIVE 等选项的功能。

提示：FETCH 语句提取数据时，如果没有将数据送到变量保存，则马上在 SSMS 管理器的"结果"窗格以表格形式显示所提取的信息。

11.2.4　关闭游标

关闭游标用于释放游标的当前结果集。关闭游标时将保留游标的数据结构以便重新打开游标获取新的结果集，但在重新打开游标之前，不允许对游标进行提取数据和定位更新等操作。要注意，只能对已打开的游标执行关闭操作，不允许对仅声明或已关闭的游标执行关闭操作。

1. 语法格式

```
CLOSE {{[GLOBAL] <游标名>}|<游标变量名>}
```

2. 使用说明

（1）GLOBAL：指定"<游标名>"是全局游标。

（2）游标名：指定关闭的游标名称。

（3）游标变量名：关闭通过游标变量引用的游标。

3. 案例操作

例 11-4 中关闭游标使用的语句如下：

```
CLOSE csDClass          --关闭游标
```

11.2.5　释放游标

游标不再使用时，可通过释放语句将其释放以回收系统资源。释放游标能释放结果集和游标的

数据结构所占用的系统资源。游标释放后不能再重新打开使用。

1. 语法格式

```
DEALLOCATE {{[GLOBAL] <游标名>}|<游标变量名>}
```

2. 使用说明

（1）GLOBAL：指定"<游标名>"是全局游标。

（2）游标名：指定释放的游标名称。

（3）游标变量名：释放通过游标变量引用的游标。

3. 案例操作

例 11-4 中释放游标使用的语句如下：

```
DEALLOCATE csDClass    --释放游标
```

11.3 游标的应用

游标被广泛应用于复杂的数据统计与数据分析等应用处理，下面通过案例介绍几种常见的游标应用方法。

11.3.1 使用游标查询记录

游标的结果集来源于所引用的查询语句，所以，可以使用游标进行数据查询。

【例 11-5】设计一个程序，通过游标查询"specialty"专业表的全部信息。

实现代码如下：

```
DECLARE csSpecialty INSENSITIVE CURSOR
    FOR SELECT * FROM specialty
OPEN csSpecialty
IF @@ERROR=0                              --判断游标打开是否成功
    BEGIN                                 --游标打开成功：计算记录数
        FETCH NEXT FROM csSpecialty       --提取并显示第一条记录
        WHILE (@@FETCH_STATUS=0)          --根据提取状态循环提取下一行记录
            FETCH NEXT FROM csSpecialty   --提取并显示下一条记录
    END
ELSE
    PRINT 'csSpecialty 游标打开错误!'
CLOSE csSpecialty
DEALLOCATE csSpecialty
```

通过本案例，读者要把握两点，一是理解没有 INTO 子句的 FETCH 语句提取数据后对数据的处理方式，即以表格的方式显示出提取行的数据；二是要掌握游标使用的五个基本步骤，即声明游标、打开游标、使用游标、关闭游标和释放游标。

11.3.2 使用游标插入记录

通过游标提取表数据并根据应用的需求进行数据处理后获得用户需要的信息，如果这些信息量非常大，则常常以表的形式进行保存，因此，在游标程序中经常会使用插入语句将数据处理的结果保存到数据库的表中。

【例 11-6】设计一个程序，该程序通过游标技术统计出各个专业的班级数，结果保存到局部临时表"spcClassNum"，该临时表的结构定义为"专业名称 VARCHAR(32)、班数量 INT"。

实现代码如下：

```
DECLARE csClassNum SCROLL CURSOR        --声明游标
    FOR SELECT id,专业名称  FROM specialty
OPEN csClassNum                         --打开游标
CREATE TABLE #spcClassNum(              --创建临时表
    专业名称  VARCHAR(32),
    班数量  INT
)
DECLARE @id INT,@zymc VARCHAR(32),@n INT      --声明变量
IF @@ERROR=0
    BEGIN
        FETCH NEXT FROM csClassNum INTO @id,@zymc   --数据送@id 和@zymc
        WHILE (@@FETCH_STATUS=0)
            BEGIN
                --统计@zymc 专业的班级数量送@n 变量保存
                SET @n=(SELECT COUNT(*) FROM class WHERE specialty_id=@id)
                INSERT INTO #spcClassNum VALUES(@zymc,@n)     --插入临时表
                FETCH NEXT FROM csClassNum INTO @id,@zymc    --提取下一专业
            END
    END
ELSE
    PRINT 'csClassNum 游标打开错误!'
CLOSE csClassNum
DEALLOCATE csClassNum
--验证：显示临时表中的统计结果
SELECT * FROM #spcClassNum
```

本案例通过"FETCH NEXT FROM csClassNum INTO @id,@zymc"语句从专业表中逐行提取记录的 id、专业名称数据并送到@id、@zymc 两个变量，然后通过@id 变量值查询统计相关专业的班级数量@n，并将@zymc、@n 两个变量的值作为一条记录插入到临时表。

11.3.3　使用游标删除记录

使用游标删除记录与此前介绍的删除记录有所差别，通常是指删除游标当前位置的行记录。作为删除语句的选择条件，其语法格式如下：

```
CURRENT OF <游标名称>
```

当删除记录的表存在依赖关系时，删除记录必须遵循约束规则的基本要求，否则，无法正常删除记录。

【例 11-7】设计一个程序，使用游标技术删除学号为"0101120203"的学生的所有学习成绩。

实现程序如下：

```
DECLARE csDelScore SCROLL CURSOR
FOR SELECT id FROM score
    WHERE student_id=(SELECT id FROM STUDENT WHERE  学号='0101120203')
OPEN csDelScore
IF @@ERROR=0
    BEGIN
        DECLARE @n INT
        SET @n=0
        FETCH NEXT FROM csDelScore INTO @n          --提取第一行
        WHILE(@@FETCH_STATUS=0)
            BEGIN
                DELETE FROM score WHERE CURRENT OF csDelScore --删除当前行
```

```
        FETCH NEXT FROM csDelScore INTO @n            --提取下一行
        END
    END
ELSE
    PRINT 'csDelScore 游标打开错误!'
CLOSE csDelScore
DEALLOCATE csDelScore
```

本案例使用游标循环提取学号为"0101120203"学生的学习成绩记录，每提取一行记录，使用 "DELETE FROM score WHERE CURRENT OF csDelScore"语句将该记录进行删除。语句中引入 "INTO @n"变量，目的在于每次执行 FETCH 语句时不显示记录内容。

11.3.4 使用游标修改记录

使用游标修改记录时，与删除记录一样，操作的对象是当前提取数据的记录行，UPDATE 语句的选择条件同样使用"CURRENT OF <游标名称>"选项。

当游标中的 SELECT 语句的数据源对象（基表）有多个时，每个对象的字段值都可以修改，但不同的基表的字段修改时要使用不同的 UPDATE 语句，只是选择条件相同。出于安全考虑，被修改的字段一般由"FOR UPDATE [OF <列名>][,…n]"选项指定，省略该选项时，游标中的所有字段在满足约束规则的前提下都可以修改。

【例 11-8】设计一个程序，使用游标技术将"class"班级表中"年级"字段值为"2013"的班级修改为"13"，并将该年级的所有学生的"入学总分"初始化为"0"。

实现代码如下：

```
DECLARE csUpdate CURSOR SCROLL
FOR SELECT cl.id FROM class AS cl,student AS st WHERE st.class_id=cl.id AND cl.年级='2013'
FOR UPDATE OF  年级,入学总分      --指定要修改的字段
OPEN csUpdate
IF @@ERROR=0
    BEGIN
        DECLARE @n INT
        SET @n=0
        FETCH NEXT FROM csUpdate INTO @n
        WHILE(@@FETCH_STATUS=0)
            BEGIN
                UPDATE class SET  年级='13' WHERE CURRENT OF csUpdate
                UPDATE student SET  入学总分=0 WHERE CURRENT OF csUpdate
                FETCH NEXT FROM csUpdate INTO @n
            END
    END
ELSE
    PRINT 'csUpdate 游标打开错误!'
CLOSE csUpdate
DEALLOCATE csUpdate
```

本案例游标中的 SELECT 语句的数据源有"class"班级表和"student"学生表，因此，在游标中可以同时修改这两个表的字段信息。其中，第一条修改语句用于修改班级表的"年级"字段信息，第二条修改语句用于修改学生表的"入学总分"字段信息。

11.3.5 在函数中使用游标

在函数中使用游标，是指在函数体中使用游标技术对结果集中的数据进行分析、统计以实现函

数的具体功能。

【例 11-9】设计一个"getClassNumber"函数，在函数体中使用游标技术统计"class"表中的记录数。

实现代码如下：

```
CREATE FUNCTION dbo.getClassNumber( )
RETURNS INT
AS
BEGIN
    DECLARE csCountRecord CURSOR SCROLL
        FOR SELECT  班级名称 FROM class
    OPEN csCountRecord
    DECLARE @n INT                              --声明计数变量@n
    DECLARE @tmp VARCHAR(32)                    --声明临时变量@tmp
    SET @n=0                                    --计数初值为 0
    IF @@ERROR=0
      BEGIN                                     --游标打开成功：计算记录数
        FETCH NEXT FROM csCountRecord INTO @tmp    --提取第一条记录
        WHILE (@@FETCH_STATUS=0)                --判断数据提取是否成功
          BEGIN                                 --数据提取成功，计算记录数
                SET @n=@n+1                     --计数器@n 加 1
                FETCH NEXT FROM csCountRecord INTO @tmp   --提取下一条记录
          END
      END
    CLOSE csCountRecord
    DEALLOCATE csCountRecord
    RETURN @n
END
```

11.3.6　在存储过程中使用游标

在存储过程中使用游标与在函数中使用游标的目的是一致的，都是利用游标能逐行提取结果集数据的机制来实现应用程序的复杂逻辑。

【例 11-10】设计一个存储过程"getStJd"，该存储过程使用游标技术根据"学号"计算并返回学生学习成绩的总"绩点"。已知成绩转换成"绩点"的计算方法是成绩<60，绩点=1；60<=成绩<80，绩点=1.5；80<=成绩<90，绩点=2.5；成绩>=90，绩点=3。

实现代码如下：

```
CREATE PROCEDURE getStJd                     --创建存储过程
@xh VARCHAR(10)                              --定义传入参数：学号
AS
    DECLARE @jd FLOAT ,@cj FLOAT             --声明存放绩点和成绩的变量
    SET @jd=0.0
    DECLARE csJd CURSOR SCROLL               --声明游标
    FOR SELECT  成绩                          --游标查询语句
        FROM student AS st,score AS sc
        WHERE st.id=sc.student_id AND  学号=@xh
    OPEN csJd                                --打开游标
    IF(@@ERROR=0)
      BEGIN
        FETCH NEXT FROM csJd INTO @cj        --提取第一条记录，成绩送@cj
        WHILE (@@FETCH_STATUS=0)             --循环提取记录
          BEGIN
```

```
                IF @cj<60                        --计算绩点
                    SET @jd=@jd+1
                ELSE IF @jd<80
                    SET @jd=@jd+1.5
                ELSE IF @jd<90
                    SET @jd=@jd+2.5
                ELSE
                    SET @jd=@jd+3
                FETCH NEXT FROM csJd INTO @cj      --提取下一条记录
        END
      END
    ELSE
        PRINT 'csJd 游标打开错误!'
    CLOSE csJd                    --关闭游标
    DEALLOCATE csJd               --释放游标
    RETURN @jd                    --存储过程返回结果
```

小结

（1）游标能从结果集中每次提取一条记录进行处理；游标还能实现基于游标位置对表中的记录进行删除或更新的操作。因此，游标被广泛应用于复杂的数据处理逻辑。

（2）游标的使用过程由五个步骤组成，即声明、打开、使用、关闭和释放游标。游标通常在批处理、函数、存储过程或触发器内部使用。

练习十一

一、选择题

1．在下列对于游标的描述中，错误的是（   ）。
    A．游标能在结果集中定位特定的行
    B．游标能从结果集的当前位置检索一行或多行
    C．游标能对结果集中的当前位置行进行数据修改
    D．游标以结果集为对象进行处理操作

2．T-SQL 游标可分为（   ）。
    A．静态游标、动态游标、只进游标和键集驱动游标
    B．静态游标、动态游标、API 游标和客户游标
    C．局部游标、全局游标
    D．静态游标、动态游标、局部游标、全局游标

3．下列（   ）关键字用于声明动态游标。
    A．INSENSITIVE   B. FORWARD_ONLY
    C．DYNAMIC   D. OPTIMISTIC

4．下列（   ）语句用于提取游标的行数据。
    A．DECLARE <游标名> SCROLL CURSOR

B．OPEN <游标名>

C．FETCH NEXT FROM <游标名>

D．DEALLOCATE　<游标名>

5．下列（　　）全局变量可用于判断游标提取数据是否成功。

A．@@ERROR　　　　　　　　　　B．@@FETCH_STATUS

C．@@CURSOR_ROWS　　　　　　D．@@VERSION

6．字符串语句是指用字符串描述的 T-SQL 语句，执行字符串语句的命令是（　　　）。

A．RUN(<字符串>)　　　　　　　B．EXECUTE <字符串>

C．DOBC(<字符串>)　　　　　　D．EXECUTE(<字符串>)

7．使用游标删除或修改游标当前位置的记录时，语句的选择条件使用（　　　）。

A．FOR UPDATE OF <列名>[,…n]

B．CURRENT OF <游标名称>

C．FETCH NEXT FROM <游标名称>

D．DEALLOCATE GLOBAL <游标名称>

8．在存储过程中定义传出参数为游标的选项是（　　　）。

A．<@变量名> CURSOR OUTPUT

B．<@变量名> CARCHAR(128) OUTPUT

C．<@变量名> INT OUTPUT

D．<@变量名> CURSOR VARYING OUTPUT

二、填空题

1．T-SQL 游标按数据的提取方式可分为静态游标、_____、_____和键集驱动游标等四种类型。

2．简单的游标声明语句格式为：DECLARE _____ CURSOR FOR _____。

3．游标要提取记录的字段数据，必须在_____中使用_____选项。

4．如果存储过程传出_____参数，则_____的程序也要声明相应的游标变量来接收传出的游标。

5．存储过程可以传出_____的数据，也可以传出查询语句的结果集。存储过程传出结果集时可以使用传出参数定义为_____的方法实现。

三、程序设计题

1．设计一个函数"totalSPSN"，该函数使用游标技术统计给定年级的学生人数。

2．设计一个存储过程"createTask"，该存储过程使用游标技术根据年级信息和各个专业所开设的课程信息自动生成指定"学年、学期"的班级教学任务，生成各个班级的教学任务时，课程的任课教师信息暂时填"NULL"。

3．设计一个函数"totalScore"，该函数统计出给定"学年、学期"的各个班级各门课程成绩各个分数段（0-59、60-79、80-89、90-100）所占的人数。

12

触发器

 本章导读

第 4 章介绍的数据完整性约束知识只能满足简单的约束检查要求，对于复杂的数据约束则无能为力，为此。SQL Server 引入了触发器机制，专门用于实现复杂的数据约束逻辑。本章介绍 DML 和 DDL 两种触发器的创建和维护知识，读者应重点学习 DML 触发器的设计与应用。

本章要点

- 触发器作用与分类
- 触发器的创建、修改、删除方法
- 触发器的应用方法

12.1 触发器概述

触发器是特殊类型的存储过程。触发器在 T-SQL 语句事件发生时自动激发，主要用于对数据库表的约束提供比主键、唯一键等约束更高级、更强有力的监控和处理机制，是高级、复杂的数据约束的实现手段。通过触发器能确保数据库表数据的完整性。

12.1.1 触发器的作用

触发器的作用是能实现由主键和外键所不能实现的更复杂的数据约束，其作用主要体现在如下几方面。

1. 强化约束

触发器可以防止恶意或错误的 INSERT、UPDATE 或 DELETE 操作，可以实现比 CHECK 子句更为复杂的条件约束，更适合在大型数据库应用系统中用来约束数据的完整性。

2. 跟踪数据变化

触发器可以评估数据修改前、后表的状态，并根据差异采取措施。

3. 级联运行

触发器可以在数据库的表之间连锁触发以确保数据的完整性。例如，在某个表的触发器中如果包含了对另外一个表的数据操作，则该表的触发器激发将会导致另一表的触发器激发。

4. 存储过程的调用

利用触发器激发时能自动执行的特点，在触发器中可以调用某些存储过程来完成一些特定的功能。

12.1.2　触发器的分类

SQL Server 系统的触发器主要有三种类型：DML 触发器、DDL 触发器和登录触发器。DML 触发器又分为后触发器和替代触发器。根据作用域范围分类，触发器又可分为作用于表或视图的触发器、作用于某个数据库的触发器和作用于服务器范围的触发器等三种。

1. DML 触发器

DML 触发器是当数据库服务器发生数据操作语言（DML）的事件时激发的触发器。DML 事件包括对表或视图发出的 UPDATE、INSERT 或 DELETE 语句事件。DML 触发器用于在数据被修改时，强制执行业务规则，以及扩展 SQL Server 数据库的约束、默认值和规则的完整性检查逻辑等。

（1）后触发器

后触发器又称 AFTER 触发器。这种触发器在激发触发器执行的 INSERT、UPDATE 或 DELETE 语句成功执行以后才执行触发器中的 T-SQL 语句。

（2）替代触发器

替代触发器又称 INSTEAD OF 触发器。这种触发器在执行到激发触发器的 INSERT、UPDATE 或 DELETE 语句时放弃该语句的执行，随即转去执行触发器中的 T-SQL 语句。所以，触发器起到了替代激发触发器执行的 T-SQL 语句的作用。

2. DDL 触发器

DDL 触发器是 SQL Server 2008 系统的新增功能，这种触发器在响应数据定义语言（DDL）语句时触发，主要用于在数据库中执行管理任务。例如，审核和规范数据库操作、防止数据表结构被修改等。

3. 登录触发器

登录触发器是用户登录数据库或与 SQL Server 实例建立用户会话时激发的触发器。主要用于服务器范围内的公共事务处理。

12.1.3　触发器专用的临时表

SQL Server 为每个触发器自动创建了 INSERTED 和 DELETED 两个专用的触发器临时表，这两个临时表的结构与激发触发器的表的结构定义完全相同。其主要作用如下：

（1）如果是插入操作激发的触发器，则被插入的记录将临时存放在 INSERTED 临时表，在触发器内，可以利用该临时表的内容进行与插入有关的数据验证操作。

（2）如果是删除操作激发的触发器，则被删除的记录将临时存放在 DELETED 临时表，在触发器内，可以利用该临时表的内容进行与删除有关的数据验证操作。

（3）如果是修改操作激发的触发器，则修改操作相当于先执行 DELETE 操作，然后执行 INSERT 操作，故被修改的记录的原始数据被存放于 DELETED 临时表，新插入的记录被存放于 INSERTED 临时表。

用户不能对这两个临时表进行删除或修改，触发器执行完毕后，临时表将自动删除。

12.2 DML 触发器

DML 触发器由 INSERT、UPDATE 或 DELETE 等数据处理语句激发，是属于表作用域范围内的触发器。DML 触发器的创建、修改、删除等操作也有 SSMS 方式和 T-SQL 方式两种，这里重点介绍 T-SQL 方式的使用方法。

12.2.1 创建 DML 触发器

创建触发器时，需要指定触发器的名称、触发器作用的表、激发触发器的条件以及触发器启动后要执行的语句等内容。常用的语法格式如下。

1. 语法格式

```
CREATE TRIGGER <触发器名> ON {<表名|视图名>}
[WITH ENCRYPTION]
{<FOR|AFTER|INSTEAD OF>}
{<[INSERT][,UPDATE][,DELETE]>}
[WITH APPEND]
[NOT FOR REPLICATION]
AS
[BEGIN] <SQL 语句|语句块> [END]
```

2. 使用说明

（1）触发器名：指定触发器的名称。

（2）表名|视图名：指定触发器作用于哪个表或视图，这里给出表或视图的名称。

（3）WITH ENCRYPTION：对触发器的文本信息进行加密。

（4）FOR|AFTER|INSTEAD OF：指定触发器的类型。

1）FOR|AFTER：指定触发器为后触发器。后触发器只能创建在基表上，不能创建在视图上。

2）INSTEAD OF：指定触发器为替代触发器。替代触发器可以创建在基表和视图上。

（5）[INSERT][,UPDATE][,DELETE]：用于指定进行表数据维护操作时触发器激发的时机。选 INSERT 则表插入记录时激发，选 UPDATE 则修改表记录时激发，选 DELETE 则删除表记录时激发。

（6）WITH APPEND：指定再添加一个现有类型的触发器。本选项不能与 INSTEAD OF 替代触发器一起使用。

（7）NOT FOR REPLICATION：当 DBMS 复制表时，触发器不被触发。

（8）SQL 语句|语句块：是完成触发器功能的程序段。在其中可以使用如下语法内容定制当指定的"字段"被插入数据或修改数据时执行的操作：

```
IF UPDATE(<字段名>)[<AND|OR> UPDATE(<字段名>)[,...n ]]
[BEGIN] <SQL 语句|语句块> [END]
```

上述 IF 语句用于当指定的"字段"被插入数据或数据被修改时要执行的操作。当要测试多个字段时，用 AND 或 OR 指定逻辑关系。

（9）在 DML 触发器内部不允许使用 ALTER DATABASE、CREATE DATABASE、DROP DATABASE、LOAD DATABASE、LOAD LOG、RECONFIGURE、RESTORE DATABASE、RESTORE LOG 等 T-SQL 语句。

3. 案例操作

（1）插入记录时激发的触发器实例

【例 12-1】设计一个"tgInsClass"后触发器，当向"class"班级表成功插入记录后，该触发器给出"XXX：记录已成功插入!"的提示信息，其中"XXX"是新添加的班级名称。

实现代码如下：

```
CREATE TRIGGER tgInsClass ON class
FOR INSERT                        --创建后触发的插入触发器
AS
BEGIN
    SELECT  班级名称+'：记录已成功插入!' FROM INSERTED
END
```

【例 12-2】向"class"表插入一条记录"班级编号：01011301；班级名称：计算机 13-1；年级：2013；专业：计算机应用技术"以验证例 12-1 创建的"tgInsClass"触发器的功能。

插入语句如下，语句返回如图 12-1 所示的反馈信息。

```
INSERT INTO class VALUES(01011301,'计算机 13-1','2013',(SELECT id FROM specialty WHERE 专业名称='计算机应用技术'))
```

图 12-1　向 class 表插入记录时 tgInsClass 触发器的反馈结果

【例 12-3】设计一个"tgUpInsScore"替代触发器，当向"score"成绩表插入学生成绩时激发，该触发器要求触发器先判断所插入的课程成绩是否已存在，如果存在则将成绩更新，如果不存在则向成绩表插入学生的成绩记录。

这是一个替代触发的 INSERT 触发器实例，实现代码如下：

```
CREATE TRIGGER tgUpInsScore ON score
INSTEAD OF INSERT                              --创建替代插入触发器
AS
BEGIN
  DECLARE @st_id INT,@ta_id INT,@score FLOAT
  SET @st_id=(SELECT student_id FROM INSERTED)      --从临时表取出学生 id
  SET @ta_id=(SELECT task_id FROM INSERTED)         --从临时表取出任务 id
  SET @score=(SELECT 成绩 FROM INSERTED)            --从临时表取出成绩
  --从成绩表查询该成绩的记录是否存在
  IF EXISTS(SELECT * FROM score WHERE @st_id=student_id AND @ta_id=task_id)
      BEGIN --存在则修改成绩
         UPDATE score SET 成绩=@score
             WHERE @st_id=student_id AND @ta_id=task_id
         PRINT '成绩修改成功!'        --本行仅起操作结果提示使用，可删去
      END
  ELSE
     BEGIN
        --插入成绩记录
```

```
                INSERT INTO score SELECT student_id,task_id,成绩  FROM INSERTED
                PRINT '记录插入成功!'              --本行仅起操作结果提示使用,可删去
            END
        END
```

【例12-4】向"score"表插入一条成绩记录"学号:0101110102;课程名称:数据库应用技术;成绩:99.90"以验证例12-3创建的"tgUpInsScore"触发器功能。

实现代码如下,操作结果返回如图12-2所示的反馈信息。

```
DECLARE @st_id INT,@ta_id INT
SET @st_id=(SELECT id FROM student WHERE  学号='0101110102') --取学生 id
SET @ta_id=(SELECT ta.id
            FROM student AS st,class AS cl,task As ta,course AS co
            WHERE st.class_id=cl.id AND cl.id=ta.class_id AND
                ta.course_id=co.id AND
                st.学号='0101110102' AND
                co.课程名称='数据库应用技术')     --取教学任务 id
INSERT INTO score VALUES(@st_id,@ta_id,99.90)          --插入语句
```

图 12-2　向 score 表插入记录时 tgUpInsScore 触发器的反馈结果

从图可见,由于该学生该课程的成绩在成绩表中已录入过,所以,再次插入时将在触发器中执行修改操作而非插入操作。

(2)修改记录时激发的触发器实例

【例12-5】给"specialty"专业表创建一个"tgDisUpdate"后触发器,当用户修改"专业编号"字段信息时,该触发器给出不允许修改的提示信息。

实现代码如下:

```
CREATE TRIGGER tgDisUpdate ON specialty
FOR UPDATE
AS
IF UPDATE(专业编号)
    BEGIN
        PRINT '对不起,专业编号不允许修改!'       --输出提示信息
        ROLLBACK TRANSACTION                    --回滚已做的修改处理
    END
```

【例12-6】将"specialty"专业表中的"动漫设计与制作"专业的"专业编号"修改为"0109"以验证触发器"tgDisUpdate"的功能。

实现代码如下,操作结果返回如图12-3所示的反馈信息。

```
UPDATE specialty SET  专业编号='0109' WHERE  专业名称='动漫设计与制作'
```

【例12-7】将"specialty"专业表中的"动漫设计与制作"专业的"专业名称"修改为"动漫设计"以验证触发器"tgDisUpdate"的功能。

实现代码如下,操作结果返回如图12-4所示的反馈信息。

```
UPDATE specialty SET 专业名称='动漫设计' WHERE  专业名称='动漫设计与制作'
```

触发器"tgDisUpdate"只针对"专业编号"字段修改时做出禁止修改处理,所以例12-6修改

"专业编号"时返回如图 12-3 所示的信息；修改其他字段如"专业名称"时由于没有进行禁止，所以例 12-7 能修改并返回修改后受影响的行数。

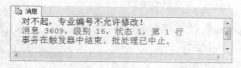

图 12-3　修改专业编号时的反馈信息　　　　图 12-4　修改专业名称时的反馈信息

（3）删除记录时激发的触发器实例

【例 12-8】设计一个"tgDelStudent"触发器，该触发器当用户删除"student"学生表的记录时激发，触发器内部完成学生记录的删除以及依赖于学生表的其他表的相关记录的删除操作。

【案例分析】因为"score"成绩表依赖于"student"学生表，所以，当删除某个学生的记录时，该学生于"score"成绩表的成绩记录也要删除。本案例需要使用替代触发器实现，因为在删除学生表的记录时，要先删除该学生的成绩表记录，所以，删除学生表的记录语句只能起到激发触发器的作用，而删除操作需在触发器内部进行。触发器的实现代码如下：

```
CREATE TRIGGER tgDelStudent ON student
INSTEAD OF DELETE    --创建替代删除触发器
AS
BEGIN
    DECLARE @st_id INT
    SET @st_id=(SELECT id FROM DELETED)      --取出学生 id
    --先从成绩表删除该生的成绩记录
    DELETE score WHERE student_id=@st_id
    --再从学生表删除该生
    DELETE student WHERE id=@st_id
END
```

本触发器从 DELETED 临时表中取出被删除学生的"id"号，然后先删除其在成绩表中的成绩记录，再删除学生表中的学生记录，执行的先后次序不能颠倒。本案例适用于表间没有建立级联"删除规则"的场合。

提示：使用 SSMS 方式创建触发器时，操作过程如下：在 SSMS 管理器的"对象资源管理器"中展开数据库节点→展开要创建触发器的"数据库"节点→展开"表"节点→展开要创建触发器的"表"节点→右击"触发器"节点→在快捷菜单中单击"新建触发器"命令，打开"SQL 编辑器"窗格→在"SQL 编辑器"窗格中显示出创建触发器的程序框架→修改框架中的语句实现触发器的功能→单击"！（执行）"按钮。

12.2.2　修改 DML 触发器

DML 触发器创建后可以使用 ALTER TRIGGER 语句进行修改。从语法上看，创建触发器与修改触发器语句的语法格式基本相同，仅把 CREATE 改为 ALTER 即可，语句中参数的使用方法一样。

1. 语法格式

```
ALTER TRIGGER <触发器名>
ON {<表名|视图名>}
[WITH ENCRYPTION]
{<FOR|AFTER|INSTEAD OF>}
{<[INSERT][,UPDATE][,DELETE]>}
[WITH APPEND]
```

```
[NOT FOR REPLICATION]
AS
 [BEGIN] <SQL 语句|语句块> [END]
```

2．案例操作

【例 12-9】修改"specialty"专业表的"tgDisUpdate"触发器，将该触发器修改为当用户修改专业编号和专业名称字段信息时，给出不允许修改的提示信息。

实现代码如下：
```
ALTER TRIGGER tgDisUpdate ON specialty
FOR UPDATE
AS
IF UPDATE(专业编号) OR UPDATE(专业名称)
    BEGIN
            PRINT '对不起，专业编号和专业名称不允许修改！'    --输出提示信息
            ROLLBACK TRANSACTION    --回滚事务
    END
```

上述触发器修改后，如果使用 T-SQL 语句方式修改"specialty"专业表的专业编号或专业名称的字段信息，则以类似图 12-3 所示的方式提示禁止修改的信息；如果使用 SSMS 方式在查询设计器的"结果"窗格中打开专业表修改，则弹出如图 12-5 所示的禁止修改的提示信息。

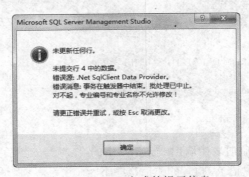

图 12-5　SSMS 方式的提示信息

提示：使用 SSMS 方式修改触发器时，操作过程如下：在 SSMS 管理器的"对象资源管理器"中展开"数据库"节点→展开要修改的触发器所在的数据库节点→展开"表"节点→展开要修改的触发器所属的表节点→展开"触发器"节点→右击要修改的触发器名称→在快捷菜单中单击"修改"命令，在"SQL 编辑器"窗格显示出该触发器的程序→修改触发器程序→单击"!（执行）"按钮。

12.3　DDL 触发器

DDL 触发器由以 CREATE、ALTER、DROP、GRANT、DENY 或 REVOKE 等开头的 T-SQL 语句激发，由此可知，DDL 触发器被用于响应各种数据定义语言的事件。

12.3.1　创建 DDL 触发器

1．语法格式
```
CREATE TRIGGER <触发器名> ON {ALL SERVER|DATABASE}
[WITH ENCRYPTION]
{FOR|AFTER} {<事件名称>|<事件组>}[,...n]
```

```
AS
[BEGIN] <SQL 语句|语句块> [END]
```

2．使用说明

（1）ALL SERVER：将触发器应用于当前数据库服务器。在服务器上的任何一个数据库都能激发该触发器。

（2）DATABASE：将触发器应用于当前数据库。

（3）WITH ENCRYPTION：对触发器的文本信息进行加密。

（4）FOR 或 AFTER：指定触发器为后触发器。DDL 触发器没有替代触发器。

（5）事件名称：指定激发 DDL 触发器的 T-SQL 语言事件的名称。事件的名称可以使用表 12.1 所示的语句关键字表示。

表 12.1　常用的具有服务器或数据库作用域的 DDL 事件名称

GRANT_DATABASE	CREATE_TRIGGER	ALTER_QUEUE	DROP_INDEX
CREATE_FUNCTION	CREATE_USER	ALTER_TABLE	DROP_PROCEDURE
CREATE_INDEX	CREATE_VIEW	ALTER_TRIGGER	DROP_QUEUE
CREATE_MASTER_KEY	DENY_DATABASE	ALTER_USER	DROP_TABLE
CREATE_PROCEDURE	ALTER_FUNCTION	ALTER_VIEW	DROP_TRIGGER
CREATE_QUEUE	ALTER_INDEX	ALTER_INDEX	DROP_USER
RENAME	ALTER_MASTER_KEY	REVOKE_DATABASE	DROP_VIEW
CREATE_TABLE	ALTER_PROCEDURE	DROP_FUNCTION	DROP_INDEX

表 12.1 仅列出了部分常用的具有服务器或数据库作用域的 DDL 语句的事件名称，其他详细的 DDL 语句事件名称请读者参考 SQL Server 2008 系统联机帮助文档。

（6）事件组：指定 T-SQL 事件分组的名称。每个事件组对应着一组 T-SQL 语句。有关事件组的名称列表请读者参考 SQL Server 2008 系统联机帮助文档。

3．案例操作

（1）创建服务器作用域范围的触发器

【例 12-10】创建一个应用于服务器的触发器"tgSvWelcome"，当用户在服务器上创建数据库时显示"你好，数据库创建成功，欢迎使用数据库!"的提示信息。

实现代码如下：

```
CREATE TRIGGER tgSvWelcome ON ALL SERVER
FOR CREATE_DATABASE
AS
PRINT '你好，数据库创建成功，欢迎使用数据库!'
```

【例 12-11】使用如下给出的语句创建数据库以验证"tgSvWelcome"触发器的功能。

创建数据库语句如下：

```
CREATE DATABASE oagl
ON PRIMARY
(   NAME='oagl_p1',
    FILENAME='d:\jwgl\oagl_p1.mdf',
    SIZE=3,
    MAXSIZE=5,
    FILEGROWTH=20%
```

```
)
LOG ON
(   NAME='oagl_log1',
    FILENAME='d:\jwgl\oagl_log1.ldf',
    SIZE=1,
    MAXSIZE=32,
    FILEGROWTH=2
)
```

执行上述代码，显示图 12-6 所示信息，可见触发器"tgSvWelcome"已被触发执行。

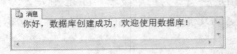

图 12-6　创建数据库时激发触发器

（2）创建数据库作用域范围的触发器

【例 12-12】创建一个应用于"jwgl"数据库的触发器"tgSaveJwgl"，该触发器用于禁止用户修改或删除数据库中的表。

实现代码如下：

```
USE jwgl
--判断作用于数据库的 tgSaveJwgl 触发器是否已存在，存在则先删除
IF EXISTS(SELECT * FROM sys.triggers WHERE PARENT_CLASS=0)
    DROP TRIGGER tgSaveJwgl ON DATABASE
GO
--创建作用于数据库的 tgSaveJwgl 触发器
CREATE TRIGGER tgSaveJwgl ON DATABASE
--仅对修改表、删除表事件激发处理
FOR ALTER_TABLE,DROP_TABLE
AS
BEGIN
    PRINT '对不起，你不能修改或删除 JWGL 数据库中的表!'
    ROLLBACK        --回滚用户操作
END
```

【例 12-13】使用 T-SQL 语句为"class"班级表增加一个"人数 INT"字段以验证"tgSaveJwgl"触发器的功能。

实现代码如下，执行结果如图 12-7 所示。

```
ALTER TABLE class
ADD 人数 INT
```

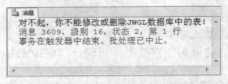

图 12-7　修改表结构时激发触发器

从图 12-7 的执行结果可以看出，由于触发器的作用，表结构修改后被回滚，即表结构的修改已被禁止，字段增加操作没有成功。

12.3.2　修改 DDL 触发器

修改 DDL 触发器与修改 DML 触发器类似，只要将语句的 CREATE TRIGGER 关键字改为 ALTER TRIGGER 即可，其他参数基本相同，使用方法一样。下面主要介绍 SSMS 方式的操作过程。

DDL 触发器如果没有加密，也同样可以使用 SSMS 方式进行修改。需要注意的是，不同作用域范围的触发器存放的位置不同，修改时要在不同的位置寻找相应的触发器。

1．修改数据库作用域范围的触发器

操作过程如下：

在 SSMS 管理器的"对象资源管理器"中，展开"数据库"节点→展开要修改触发器的数据库节点→展开"可编程性"节点→展开"数据库触发器"节点→右击要修改的"触发器"名称→在快捷菜单中指向"编写数据库触发器脚本为"命令→指向"CREATE 到"菜单项→单击"新查询编辑器窗口"菜单项→在"SQL 编辑器"窗格显示出该触发器的程序→修改触发器程序→删除该触发器（在重建前要先删去该触发器）→回到"SQL 编辑器"窗格→单击"！（执行）"按钮。

2．修改服务器作用域范围的触发器

操作过程如下：

在 SSMS 管理器的"对象资源管理器"中，展开要修改触发器的服务器对象节点→展开"触发器"节点→右击要修改的"触发器"名称→在快捷菜单中指向"编写数据库触发器脚本为"命令→指向"CREATE 到"菜单项→单击"新查询编辑器窗口"菜单项→在"SQL 编辑器"窗格显示出该触发器的程序→修改触发器程序→删除该触发器（在重建前要先删去该触发器）→回到"SQL 编辑器"窗格→单击"！（执行）"按钮。

12.4　重命名触发器

SQL Server 2008 系统在 SSMS 方式下不提供触发器的"重命名"快捷菜单操作，只能使用 T-SQL 语句对触发器进行重命名操作。

1．语法格式

```
EXECUTE SP_RENAME <旧触发器名>,<新触发器名>
```

2．操作案例

【例 12-14】将例 12-1 创建的"tgInsClass"触发器重命名为"tgInsertClass"。

实现代码如下：

```
EXECUTE SP_RENAME tgInsClass,tgInsertClass
```

重命名操作使用 SP_RENAME 系统存储过程实现，如果语句在批处理中不是第一行语句，则必须使用 EXECUTE 关键字执行调用操作。

12.5　删除触发器

12.5.1　使用 SSMS 方式删除触发器

使用 SSMS 方式删除触发器时，由于不同作用域范围的触发器存放的位置不同，所以，不同作用域范围的触发器其删除操作过程略有差异。

1. 删除表作用域范围的触发器

操作过程如下：

在 SSMS 管理器的"对象资源管理器"中，展开"数据库"节点→展开要删除的触发器所在的数据库节点→展开"表"节点→展开要删除的触发器所属的表节点→展开"触发器"节点→右击要删除的触发器名称→在快捷菜单中单击"删除"命令→在"删除对象"对话框单击"确定"按钮。

2. 删除数据库作用域范围的触发器

操作过程如下：

在 SSMS 管理器的"对象资源管理器"中，展开"数据库"节点→展开要删除的触发器所在的数据库节点→展开"可编程性"节点→展开"数据库触发器"节点→右击要删除的触发器名称→在快捷菜单中单击"删除"命令→在"删除对象"对话框单击"确定"按钮。

3. 删除服务器作用域范围的触发器

操作过程如下：

在 SSMS 管理器的"对象资源管理器"中，展开"服务器对象"节点→展开"触发器"节点→右击要删除的触发器名称→在快捷菜单中单击"删除"命令→在"删除对象"对话框单击"确定"按钮。

12.5.2 使用 T-SQL 语句方式删除触发器

删除触发器之前需要确保被删除的触发器还没有被引用。

1. 语法格式

```
DROP TRIGGER   <触发器名>[,…n]
```

2. 使用说明

同时删除多个触发器时，触发器名称之间用逗号","分隔。

3. 操作案例

【例 12-15】将"tgInsertClass"触发器删除。

```
DROP TRIGGER   tgInsertClass
```

12.6 禁用与启用触发器

触发器暂时不使用或创建并测试后暂时还不投入使用时，可以将其设置为禁用状态，需要投入应用时才将其激活启用。

12.6.1 禁用触发器

1. 语法格式

```
DISABLE TRIGGER {[<框架名>.]<触发器名>[,…n]|ALL}
ON {<对象名>|DATABASE|ALL SERVER}
```

2. 使用说明

（1）框架名：触发器所属架构的名称。不能为 DDL 或登录触发器指定架构。

（2）触发器名：要禁用的触发器的名称。

（3）ALL：禁用 ON 子句中指定对象的所有触发器。

（4）对象名：指定被禁用的触发器所属的表或视图的名称。

（5）DATABASE：禁用作用域范围为数据库范围的触发器。

（6）ALL SERVER：禁用作用域范围为服务器范围的触发器。也适用于登录触发器。

3．操作案例

（1）禁用表作用域范围的触发器

【例 12-16】禁用例 12-3 创建的 score 表的触发器"tgUpInsScore"。

实现代码如下：

```
DISABLE TRIGGER dbo.tgUpInsScore ON score
```

（2）禁用数据库作用域范围的触发器

【例 12-17】禁用例 12-12 创建的"jwgl"数据库的触发器"tgSaveJwgl"。

不能指定框架名称，实现代码如下：

```
DISABLE TRIGGER tgSaveJwgl ON DATABASE
```

（3）禁用服务器作用域范围的触发器

【例 12-18】禁用例 12-10 创建的作用于服务器的触发器"tgSvWelcome"。

实现代码如下：

```
DISABLE TRIGGER tgSvWelcome ON ALL SERVER
```

12.6.2　启用触发器

1．语法格式

```
ENABLE TRIGGER {[<框架名>.]<触发器名>[,…n]|ALL}
ON {<对象名>|DATABASE|ALL SERVER}
```

2．使用说明

各选项的功能和使用方法与"禁用触发器"语句相同。

3．操作案例

（1）启用表作用域范围的触发器

【例 12-19】启用"score"表的触发器"tgUpInsScore"。

实现代码如下：

```
ENABLE TRIGGER dbo.tgUpInsScore ON score
```

（2）启用数据库作用域范围的触发器

【例 12-20】启用"jwgl"数据库的触发器"tgSaveJwgl"。

不能指定框架名称，实现代码如下：

```
ENABLE TRIGGER tgSaveJwgl ON DATABASE
```

（3）启用服务器作用域范围的触发器

【例 12-21】启用服务器作用域的触发器"tgSvWelcome"。

实现代码如下：

```
ENABLE TRIGGER tgSvWelcome ON ALL SERVER
```

触发器除了上述介绍的主要内容外，其他还有登录触发器、递归触发器、嵌套触发器、延迟名称解析等应用内容，有兴趣的读者请参阅 SQL Server 2008 系统联机帮助文档进行学习。

小结

（1）触发器提供了比主键、唯一键等约束更高级、更强有力的监控和处理机制，是高级、复杂的数据约束的实现手段，通过触发器能确保数据库表数据的完整性。触发器创建并启用后，当相应的事件发生时，触发器将被激发自动执行。

（2）SQL Server 提供 DML 和 DDL 触发器；DML 触发器又分为后触发器和替代触发器；根据作用域范围分类，触发器可分为作用于表或视图的触发器、作用于某个特定数据库的触发器和作用于数据库服务器的触发器等三种。

（3）SQL Server 2008 为每个触发器创建了 INSERTED 和 DELETED 两个专用的触发器临时表：如果是插入操作激发的触发器，则 INSERTED 临时表用于存放向表插入的记录；如果是删除操作激发的触发器，则 DELETED 临时表用于存放要删除的记录；如果是修改操作激发的触发器，则被修改的记录的原始数据被存放于 DELETED 临时表，新插入的记录被存放于 INSERTED 临时表。

练习十二

一、选择题

1. 下面是关于触发器分类的描述，错误的是（　　）。
   A. DML 触发器、DDL 触发器、登录触发器
   B. 表触发器、数据库触发器、服务器触发器
   C. 前触发器、后触发器、替代触发器
   D. 插入触发器、更新触发器、删除触发器

2. 下面是关于触发器作用的描述，错误的是（　　）。
   A. 触发器可用于强化约束　　　　　　B. 触发器可用于跟踪数据的变化
   C. 触发器可用于调用存储过程　　　　D. 触发器可用于提高数据处理效率

3. 下面是关于触发器临时表的描述，错误的是（　　）。
   A. 触发器的临时表是用户创建的临时表
   B. 触发器的临时表是事件激发触发器时系统自动创建的临时表
   C. INSERTED 临时表用于存放向表插入的记录
   D. DELETED 临时表用于存放要删除的记录

4. 用于创建替代触发器的选项是（　　）。
   A. FOR　　　　　　　　　　　　　B. ALTER
   C. INSTEAD OF　　　　　　　　　D. 以上都不是

5. 用于创建 DML 插入触发器的选项是（　　）。
   A. INSERT INTO　　　　　　　　B. UPDATE
   C. INSERT　　　　　　　　　　　D. DELETE

6. 用于删除表作用域范围的触发器的选项是（　　）。

A. DROP TRIGGER <触发器名>

B. SP_RENAME <触发器名 1>,<触发器名 2>

C. DISABLE TRIGGER <触发器名> ON <表名>

D. ENABLE TRIGGER <触发器名> ON ALL SERVER

7. 下面是关于 DML 与 DDL 触发器的描述，错误的是（   ）。

A. DML 由插入、删除、修改等数据处理语句的事件激发

B. DDL 由 CREATE、ALTER、DROP 等开头的数据定义语句的事件激发

C. DML 和 DDL 触发器有后触发和替代触发两种类型

D. 替代触发器执行到激发触发器的语句时放弃该语句的执行

8. 下面是关于触发器作用域的有关描述，正确的是（   ）。

A. 后触发器只能在所定义的表作用域范围内有效

B. 后触发器与替代触发器的作用域是数据库范围

C. 后触发器与替代触发器的作用域是服务器范围

D. 后触发器与替代触发器的作用域范围要根据创建语句的选项来确定

二、填空题

1. 当触发器对应的事件发生时，触发器将_____。

2. SQL Server 2008 提供两种类型的触发器，即 DML 触发器和_____；DML 触发器又分为_____和替代触发器。

3. INSERTED 临时表用于存放向表插入的记录，如果是删除操作激发的触发器，则_____临时表用于存放要删除的记录。

4. 在 CREATE TRIGGER 语句中，AFTER 选项的功能是_____。

5. 在 CREATE TRIGGER 语句中，DATABASE 选项的功能是_____。

6. DML 触发器由_____等数据处理语句激发，而 DDL 触发器则是由_____、GRANT、DENY 或 REVOKE 等开头的 T-SQL 语句激发。

三、程序设计题

1. 设计一个触发器"trInsClass"，该触发器用于当插入班级记录时验证"班级编号"的格式是否正确，如果不正确则禁止插入操作。"班级编号"的数据格式为"专业编号+年份+班级序号"，其中，"专业编号"为班级所属专业的专业编号，"年份"是"年级"字段的右两位，即不带世纪的年号，"班级序号"是自定义编号，但在该专业的班级中要唯一。

2. 设计一个触发器"csUpBirthday"，该触发器用于修改学生的"出生日期"时验证日期数据的有效性：出生日期比"年级"值小 15 到 20 年为有效日期，否则禁止修改并给出"出生日期无效！"的提示信息。

3. 设计一个触发器"trDelTask"，该触发器用于当删除某学年、某学期的所有教学任务时验证教学任务中的课程是否已录入了成绩，如果已录入了成绩则连同成绩记录一起删除。

13
备份与恢复

数据备份与数据恢复是数据库管理人员必须重点掌握的技术之一。SQL Server 2008 提供了丰富的数据备份与恢复的实现方法，本章主要介绍数据库的完整、差异、日志备份与恢复的方法以及不同数据库之间的数据导入与导出等应用频率较高的内容。数据库的分离与附加的备份与恢复方法在第 3 章已介绍，本章不再重复。

- 备份设备的创建方法
- 完整备份与恢复方法
- 差异备份与恢复方法
- 日志备份与恢复方法
- 数据的导入与导出方法

13.1 备份与恢复概述

任何应用系统，包括数据库管理系统、操作系统、硬件系统等都不可避免地可能产生各种各样的故障现象，有些故障现象可能会导致数据库灾难性的损坏，另外，用户的操作失误也会导致数据的混乱或不准确，所以，必须对数据库系统进行有计划地备份，并以此来保证当灾难或错误发生后，尽可能地将数据库恢复到灾难前的状态，使数据损失降到最低。

13.1.1 备份的类型

SQL Server 2008 主要提供完整数据库备份、差异数据库备份、事务日志备份、数据文件和文件组备份、尾日志备份、部分备份和仅复制备份等多种备份类型。

1. 完整数据库备份

完整数据库备份简称完整备份，是指对整个数据库进行备份，包括数据库的所有数据文件、日志文件和在备份过程中发生的所有活动。完整备份是数据库恢复时的基线。

当数据库出现故障时可以利用完整备份使数据库恢复到备份时刻的数据库状态，但从备份到出现故障的这一段时间内所进行的更新将无法恢复，为此，在完整备份的基础上还要引入差异备份或日志备份。

2. 差异数据库备份

差异数据库备份简称增量备份或差异备份。差异备份只备份最近一次完整备份后被修改的那些数据；在数据库恢复时，不能仅凭差异备份的数据进行恢复，必须在恢复其前一次的完整备份后才能恢复差异备份的数据。

3. 事务日志备份

事务日志备份简称日志备份。日志备份只备份上次日志备份到本次日志备份之间的所有数据库操作产生的事务日志记录。日志备份所用的时间和空间最少，数据恢复时可恢复到某个特定的时间点，差异备份与完整备份却做不到这一点。

使用日志备份时需要注意如下事项：

（1）如果没有执行一次完整的数据库备份，则不能进行事务日志的备份。

（2）当数据库运行在简单恢复模式时，不能进行事务日志备份。

4. 数据文件和文件组备份

数据文件和文件组备份是指对指定的数据库文件或文件组进行备份。对于非常庞大的数据库，如果使用完整备份不可行时，可以使用数据库文件或文件组备份以减少备份时间，提高操作效率。

13.1.2　恢复模式

数据库是在某种恢复模式下运行的，SQL Server 2008 数据库管理系统提供了三种数据恢复模式，即简单恢复模式、完整恢复模式和大容量日志恢复模式。

1. 简单恢复模式

运行在简单恢复模式下的数据库，不能进行事务日志的备份操作，由于没有事务日志的参与，因此操作过程得到了简化。对于只注重执行效率而安全性要求不高的数据库，可以将其设置在简单恢复模式状态下运行。

【例 13-1】将"jwgl"数据库设置在简单恢复模式下运行。

操作过程如下：

展开"数据库"节点→右击"jwgl"数据库→在快捷菜单中单击"属性"命令，打开"数据库属性"窗口→在窗口中单击"选项"选项页→在窗口右边单击"恢复模式"下拉按钮→在下拉列表框中选择"简单"选项，如图 13-1 所示→单击"确定"按钮完成。

2. 完整恢复模式

完整恢复模式是数据库运行的默认还原模式。在该模式下用户对数据库的每一个操作都被记录在事务日志中，因此，在数据库恢复时，能将数据库还原到特定的时间点。

完整恢复模式主要应用于那些绝对不能丢失数据的数据库。例如，银行系统、电信系统中的数据库等。在图 13-1 中，在"恢复模式"下拉列表框中选择"完整"选项，可将数据库设置在完整恢复模式下运行。在此模式下，用户可以进行"完整"、"差异"和"事务日志"等类型的备份操作。

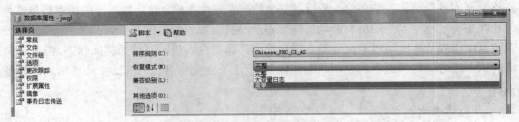

图 13-1　设置数据库在"简单"恢复模式下运行

3．大容量日志恢复模式

此模式与完整恢复模式基本类似，不同之处是，在这种模式下，事务日志只记录大容量操作的结果，而不记录操作过程，所以，数据恢复时，不能恢复到某个时间点。

在图 13-1 中，在"恢复模式"下拉列表框中选择"大容量日志"选项，可将数据库设置在大容量日志恢复模式下运行。

13.1.3　备份策略

备份策略是数据库管理人员根据数据库的应用特点就数据库备份所采取的实施方法。不同应用的数据库由于数据的更新或安全级别要求不同，所使用的备份策略也应不同。

1．完整备份策略

完整数据库备份策略只是定期进行数据库的"完整备份"，该策略适用于以下情况：

（1）数据库中的数据量很小，且总的备份时间是可以接受的。

（2）数据库中的数据变化很少，或者数据库是只读的。

2．完整+事务日志备份策略

当数据库要求比较严格，仅通过完整备份不能满足要求时，可以考虑使用数据库完整备份加事务日志备份的策略，即在数据库完整备份的基础上，增加事务日志备份，以记录全部数据库的活动。

3．完整+差异备份+事务日志备份策略

这种备份策略是先执行一次完整备份，经过一段时间后执行一次或多次差异备份，在差异备份之后再执行事务日志备份，循环进行。利用这种策略恢复数据库时，首先恢复数据库的"完整备份"，其次是恢复最新一次的"差异备份"，最后恢复最新一次"差异备份"以后的每一个"事务日志备份"。这种策略在日常工作中被大量使用。

4．数据文件或文件组+事务日志备份策略

这种策略主要包含备份单个数据文件或文件组的操作。在备份数据文件和文件组期间，通常需要备份事务日志，以保证数据库的可用性。通常在数据库非常庞大、完整备份耗时太长的情况下才使用数据文件或文件组的备份策略。

【例 13-2】表 13.1 给出了四种备份策略在四个时刻的备份内容，请写出在"时刻四备份"之后系统发生故障时数据库恢复所用到的备份内容及恢复顺序。

数据库恢复所用到的备份内容以及恢复顺序如表 13.2 所示。

表 13.1　备份策略与备份时刻

备份策略	时刻一备份	时刻二备份	时刻三备份	时刻四备份
完整备份	完整 1	完整 2	完整 3	完整 4
完整差异备份	完整 1	差异 1	差异 2	差异 3
完整差异日志备份	完整 1	差异 1	日志 1	日志 2
文件和文件组备份	文件 1，日志 1	文件 2，日志 2	文件 1，日志 3	文件 2，日志 4

表 13.2　恢复内容及恢复顺序

备份策略	恢复内容及恢复顺序
完整备份	完整 4
完整差异备份	完整 1→差异 3
完整差异日志备份	完整 1→差异 1→日志 1→日志 2
文件和文件组备份	恢复文件 1：时刻三的文件 1→日志 3→日志 4
	恢复文件 2：时刻四的文件 2→日志 4

【例 13-3】对于一个重要的数据库，请制订一个备份策略使得灾难后数据的损失能控制在一小时以内，并写出灾难后恢复备份的次序。

备份策略多种多样，参考方案如下：

（1）备份策略：每周的周日凌晨 2 点执行一次完整备份、周一到周六每天的凌晨 2 点执行一次差异备份，每天每小时的第五十分钟执行一次事务日志备份。

（2）故障损失：最多损失一个小时以内的数据。

（3）恢复次序：先恢复最后一次的完整备份，再恢复最后一次的差异备份，再逐一恢复最后一次差异备份之后的所有事务日志的备份。

13.1.4　备份设备

对数据库进行备份首先要了解备份设备。备份设备是用来存储备份数据的存储介质。SQL Server 系统常用的备份设备主要有磁盘设备、磁带设备和命名管道设备三种。

1．磁盘备份设备

磁盘备份一般以硬盘或其他磁盘类设备作为存储介质，按操作系统的文件管理方式进行管理与使用。磁盘备份设备可以创建在本地机器上，也可以创建在网络设备上。

2．磁带备份设备

使用磁带备份设备时，必须将磁带的使用设备物理地安装到运行 SQL Server 实例的计算机上，即磁带备份只支持本地机器备份，不支持远程网络设备备份。

3．命名管道设备

命名管道设备是微软公司专门为第三方软件供应商提供的一个备份和恢复方式。若要将数据备份到一个命名管道设备上，必须在 BACKUP 或 RESTORE 中提供管道名。

13.2　创建与删除备份设备

SQL Server 系统对数据库进行磁盘备份时，可以直接将数据备份到指定的磁盘文件，也可以先创建好指向某个特定的磁盘文件的备份设备以简化将要进行的备份操作。

13.2.1　创建备份设备

创建备份设备时，要给该设备指定一个逻辑名称和一个物理名称。物理名称用于供操作系统对备份设备进行管理，它通常是硬盘上带完整路径名称的文件名；逻辑名称是物理名称的别名或简称，使用逻辑名称的优点是使操作命令的表达更简便。

1. 使用 SSMS 方式创建备份设备

【例 13-4】创建一个逻辑名称为"jwglDBBak"，物理名称为"D:\dbbak\jwglBak"的备份设备。

操作过程如下：

（1）打开"备份设备"窗口：展开"数据库实例"节点→展开"服务器对象"节点→指向"备份设备"节点，右击→在快捷菜单中单击"新建备份设备"命令，打开如图 13-2 所示的"备份设备"窗口。

图 13-2　"备份设备"窗口

（2）确定备份设备的逻辑名称：在"备份设备"窗口的"设备名称"编辑框中输入逻辑名称"jwglDBBak"。

（3）确定备份设备的物理名称（指定备份文件的保存目录以及文件名）：在"备份设备"窗口的"目标"选项中选择"文件"单选按钮→在"文件"编辑框中输入带路径的备份设备的物理名称"D:\dbbak\jwglBak"（或单击右边的"…"按钮→在"定位数据库文件"对话框中选择 D 盘的"dbbak"文件夹→在"文件名"编辑框中输入"jwglBak"→单击"确定"按钮返回）。

（4）单击"确定"按钮完成创建操作。

2. 使用 T-SQL 语句创建备份设备

（1）语法格式

```
EXECUTE sp_addumpdevice <设备类型>,<逻辑名称>,<物理名称>
```

（2）使用说明

1）设备类型：如果将数据备份到硬盘，则设备类型指定为"DISK"。

2）逻辑名称：指定备份设备的逻辑名称。

3）物理名称：指定备份设备的物理名称。物理名称要包含完整路径，文件名在备份操作时才创建。

4）上述三个参数均以字符串方式给出，必须使用单引号括起来。

（3）案例操作

【例 13-5】使用 T-SQL 语句创建一个逻辑名称为"jwglBak"，物理名称为"D:\dbbak\jwglBackup"的备份设备。

实现代码如下：

```
EXECUTE sp_addumpdevice 'DISK', 'jwglBak','D:\dbbak\jwglBackup'
```

13.2.2　删除备份设备

1．使用 SSMS 方式删除备份设备

【例 13-6】使用 SSMS 方式将逻辑名称为 "jwglBak" 的备份设备删除。

操作过程如下：

展开"数据库实例"节点→展开"服务器对象"节点→展开"备份设备"节点→右击要删除的备份设备"jwglBak"→在快捷菜单中单击"删除"命令→弹出"删除对象"窗口→在"删除对象"窗口中，单击"确定"按钮完成删除操作。

2．用 T-SQL 语句删除备份设备

（1）语法格式

```
EXECUTE sp_dropdevice <备份设备的逻辑名称>
```

（2）案例操作

【例 13-7】将例 13-6 的功能改用 T-SQL 语句方式实现。

实现代码如下：

```
EXECUTE sp_dropdevice 'jwglBak '
```

13.3　数据库的完整备份与恢复

13.3.1　数据库的完整备份

完整备份可以将数据库的当前状态信息完整地备份到备份设备。

1．使用 SSMS 方式实现完整备份

【例 13-8】将数据库 "jwgl" 完整备份到 "jwglDBBak" 备份设备。

操作过程如下：

（1）进入"备份数据库"窗口：展开"数据库实例"节点→展开"数据库"节点→右击"jwgl"数据库→在快捷菜单中指向"任务"菜单项→指向"备份"菜单项并单击，弹出"备份数据库"窗口，如图 13-3 所示。

（2）确认要备份的数据库：在"数据库"下拉列表框中，检查数据库名称是否为"jwgl"数据库，如果不是，可从列表中选择指定的数据库名称。

（3）确认数据库恢复模式：可以对任意恢复模式（完整、大容量日志或简单）执行数据库备份。本例默认选择为"完整"而且不能更改，原因是"jwgl"数据库当前是运行在"完整"恢复模式下。

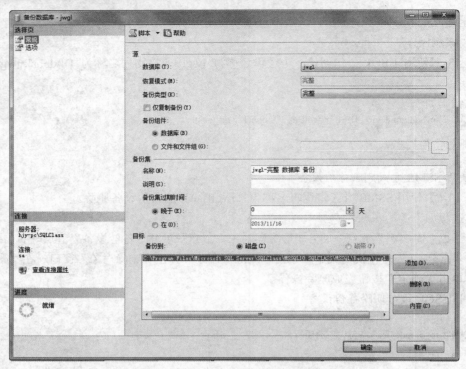

图 13-3 "备份数据库"窗口

（4）确认备份类型：在"备份类型"下拉列表框中选择"完整"，在"备份组件"选项中选择"数据库"单选按钮。

（5）确认备份集名称：建议使用"名称"文本框中的默认备份集名称，也可以用户自定义，并在"说明"文本框中输入备份集的有关说明。

（6）确认备份集过期时间：选择"晚于"单选按钮，在微调文本框中输入 0，表示备份集永不过期，此值范围须在 0～99999 之间。

（7）确认备份目标类型：选择"磁盘"单选按钮。

（8）删除备份目标：在"目标"列表框中选择不需要的行并单击"删除"按钮。若要查看备份目标的内容，先选择备份目标，然后单击"内容"按钮。

（9）添加备份目标：单击"添加"按钮，显示"备份目标"对话框，单击"备份设备"单选按钮，在其下方的列表框中选择"jwglDBBak"备份设备并单击"确定"按钮返回。

（10）若要查看或选择高级选项，则在"选择页"窗格中单击"选项"打开"选项"选项页，其中共列举了五个选项的设置内容，即覆盖媒体、可靠性、事务日志、磁带机和压缩等，这些内容可视需要进行设置，否则，请使用默认值。

（11）确认备份：上述设置完成以后，单击"确定"按钮开始备份，备份结束时以对话框方式显示备份成功完成的提示信息。

2. 使用 T-SQL 语句方式实现完整备份

（1）语法格式

```
BACKUP DATABASE <数据库名> TO <备份设备名>
[WITH [FORMAT] [[,]NAME=<备份集名称>] [[,]{INIT|NOINIT}]]
```

（2）使用说明

1）数据库名：指定要备份的数据库名称。

2）备份设备名：如果使用备份设备来备份数据库，则备份设备是指备份设备的逻辑名；如果使用物理设备备份数据库，则备份设备的格式为：DISK='<文件名>'，文件名需要带完整的路径名。

3）FORMAT：指定创建新的媒体备份集，使备份操作在媒体卷上写入新的媒体标头，这时，卷的现有内容将变为无效。

4）NAME=<备份集名称>：指定媒体备份集的名称。名称最长可达 128 个字符。如果未指定 NAME 选项，则备份集名称为空。

5）INIT：备份的数据覆盖备份设备上原有的备份数据。

6）NOINIT：备份的数据追加到备份设备原有的备份数据的后面（默认）。上述 FORMAT 选项不能与 NOINIT 选项同时使用。

（3）案例操作

【例 13-9】使用 T-SQL 语句方式实现例 13-8 的完整备份功能。

实现代码如下：

```
BACKUP DATABASE jwgl TO jwglDBBak WITH NAME='jwgl 完整 备份',INIT
```

如果使用物理设备名称表示，则上述语句可以改写为：

```
BACKUP DATABASE jwgl TO DISK='D:\dbbak\jwglBak_1'
WITH NAME='jwgl 完整备份',INIT
```

用物理设备名表示时，需要使用 DISK 选项指定磁盘设备、路径和文件名。在上述案例中，"D:\dbbak\" 是文件夹路径名，"jwglBak_1" 是备份数据的存盘文件名。使用这种表示法可以不用创建"备份设备"，但命令书写稍为复杂。

13.3.2　数据恢复前的准备工作

恢复数据库是指当数据库出现故障、误操作、断电、硬件损坏、灾难性损坏、黑客破坏等现象造成数据库数据损坏时，数据库需要从备份数据中还原。

恢复数据库的操作通常分两步进行，首先是恢复前的准备工作，即验证备份文件的有效性，确认备份集是否有恢复数据库所需的数据；然后才恢复数据库中的数据。

1. 验证备份文件的有效性

（1）使用 SSMS 查看备份文件的属性

展开"数据库实例"节点→展开"服务器对象"节点→展开"备份设备"节点→选择某个备份设备→右击，在快捷菜单中单击"属性"命令→在"备份设备"对话框中单击"媒体内容"选项页→在备份集中查看备份的有效性信息→单击"确定"按钮退出。

（2）使用 T-SQL 语句查看备份文件的属性

1）查看备份文件的首部信息

```
RESTORE HEADERONLY FROM <备份设备名>
```

例如，查看"jwglDBBak"备份设备的首部信息时，可使用"RESTORE HEADERONLY FROM jwglDBBak"或"RESTORE HEADERONLY FROM DISK='d:\dbbak\jwglBak'"命令。其中，"d:\dbbak\"是"jwglDBBak"备份设备的存盘文件夹，"jwglBak"是文件名。

2）查看备份文件的属性信息

```
RESTORE FILELISTONLY FROM <备份设备名>
```

例如，查看"jwglDBBak"备份设备的属性信息时，可使用"RESTORE FILELISTONLY FROM jwglDBBak"或"RESTORE FILELISTONLY FROM DISK='d:\dbbak\jwglBak'"命令。

3）验证备份设备的有效性

RESTORE VERIFYONLY FROM <备份设备名>

例如，验证"jwglDBBak"备份设备的有效性时，可使用"RESTORE VERIFYONLY FROM jwglDBBak"或"RESTORE VERIFYONLY FROM DISK='d:\dbbak\jwglBak'"命令。

2. 断开用户与数据库的连接

恢复数据库时需要在单用户环境下操作，所以，恢复数据前必须断开所有用户与数据库的连接，并且将 master 系统数据库设置为当前数据库。断开连接的操作如下：

展开"数据库实例"节点→展开"数据库"节点→右击要断开连接的数据库→在快捷菜单中单击"属性"命令→选择"选项"选项页→在"其他选项"列表框中展开"状态"项→将"限制访问"项设置为"single_user"→单击"确定"按钮结束操作。

在数据库恢复后，需要将其还原为"MULTI_USER"多用户状态。

3. 备份事务日志

为保险起见，恢复数据库前还需要备份一次事务日志，待数据库恢复后再恢复该事务日志以确保数据库恢复到最新状态。

13.3.3   使用完整备份恢复数据库

1. 使用 SSMS 方式恢复完整备份

【例 13-10】使用 SSMS 方式恢复备份设备"jwglDBBak"中的"jwgl"数据库。

为了验证恢复效果，请将"jwgl"数据库删除，然后再执行如下数据库的恢复操作：

（1）进入"还原数据库"窗口：展开"数据库实例"节点→右击"数据库"节点→在快捷菜单中单击"还原数据库"命令，弹出"还原数据库"窗口，如图 13-4 所示。

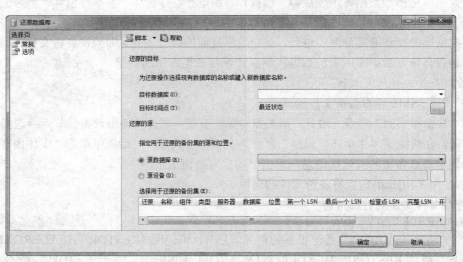

图 13-4   "还原数据库"窗口

（2）输入目标数据库名称：在"目标数据库"下拉列表框中选择或输入将要还原的数据库名称，如果希望使用新的数据库名称，则在组合框中输入新的数据库名称。

（3）确定还原的时间点：如果还原到备份时的状态，在"目标时间点"文本框中保留默认值"最近状态"；如果恢复到某个时间点，单击"目标时间点"右侧的"…"按钮，弹出"时间点还原"对话框。在"日期"列表框中设置还原日期；在"时间"微调框中设置还原到的目标时间。然后单击"确定"按钮结束"目标时间点"设置。

（4）指定恢复的数据源：如果是将系统中的某个数据库恢复到另一个数据库，则从"源数据库"下拉列表框中选择或输入源数据库的名称即可；如果是从备份设备中还原数据库，则单击"源设备"右侧的"…"按钮，打开"指定备份"对话框，在"备份媒体"列表框中选择"备份设备"选项，然后单击"添加"按钮，弹出"选择备份设备"对话框，单击"备份设备"列表框，在列表中选择"jwglDBBak"，单击"确定"按钮返回"指定备份"对话框。这时已将所需的备份设备添加到"备份位置"列表框，单击"确定"按钮返回到图 13-4 所示的"还原数据库"窗口。

（5）选择用于还原的备份集：在"选择用于还原的备份集"列表框中，在"还原"列的复选框中勾选用于还原的行，即选择用于还原的备份集。

（6）设置还原选项和恢复状态：单击"选择页"窗格中的"选项"，切换到"选项"选项页可进行还原选项和恢复状态的设置。此操作根据实际情况设置，常用默认值。

（7）单击"确定"按钮，如果上述设置无误，系统将进行数据库恢复，结束时以对话框方式提示完成操作。

2. 使用 T-SQL 语句方式恢复完整备份

数据库恢复语句 RESTORE DATABASE 与备份语句一样有着丰富的选项，但常用的选项不多，下面是恢复语句的常用语法格式。

（1）语法格式

```
RESTORE DATABASE <数据库名> FROM <备份设备名>
[WITH [FILE=<n>][,NORECOVERY|RECOVERY][,REPLACE]]
```

（2）使用说明

1）数据库名：指定恢复数据的数据库名称。它可以是自定义的数据库名称，也可以是备份的数据库名称。

2）备份设备名：如果使用备份设备备份数据库，则备份设备名是指备份设备的逻辑名；如果使用物理设备备份数据库，其格式为：DISK='<文件名>'，文件名带路径。

3）FILE=<n>：当有多个备份集要恢复时，用于指定从第 n 个备份集中恢复数据。

4）RECOVERY：数据恢复后回滚被恢复的数据库中未完成的事务，恢复完成后用户即可使用数据库。当从多个备份集中恢复数据时，本选项在最后一个备份集恢复时使用。

5）NORECOVERY：数据恢复后不回滚被恢复的数据库中未完成的事务，恢复完成后用户不能马上使用数据库。当从多个备份集中恢复数据时，本选项在非最后一个备份集的恢复操作中使用，最后一个备份集恢复时需要使用 RECOVERY 选项。

6）REPLACE：还原到新数据库，有同名数据库存在时则先删除后建立。

【例 13-11】使用 T-SQL 语句方式恢复备份设备"jwglDBBak"中的备份数据库"jwgl"。

为了验证恢复效果，请将"jwgl"数据库删除，然后再执行如下恢复代码：

```
RESTORE DATABASE jwgl FROM jwglDBBak
```

本案例由于备份设备中只有一个备份集，所以，语句中的可选项可以不指定。

13.4　数据库的差异备份与恢复

数据库的差异备份仅备份自上次完整备份后更改过的那部分操作，因此，差异备份比完整备份数据量小、速度快。值得注意的是，做差异备份之前必须做过一次完整备份，原因是使用差异备份恢复数据时，是以数据库的完整备份为基线的。

13.4.1　数据库的差异备份

1. 使用 SSMS 方式实现差异备份

【例 13-12】对"jwgl"数据库执行差异备份，备份设备仍然使用"jwglDBBak"。

操作过程如下：

使用 SSMS 方式实现差异备份的操作过程与实现完整备份的操作过程大同小异，唯一差别是在选择备份类型时，在"备份类型"下拉列表框中选择"差异"选项，其他操作完全相同。差异备份完成后，查看备份设备"jwglDBBak"的属性内容如图 13-5 所示。

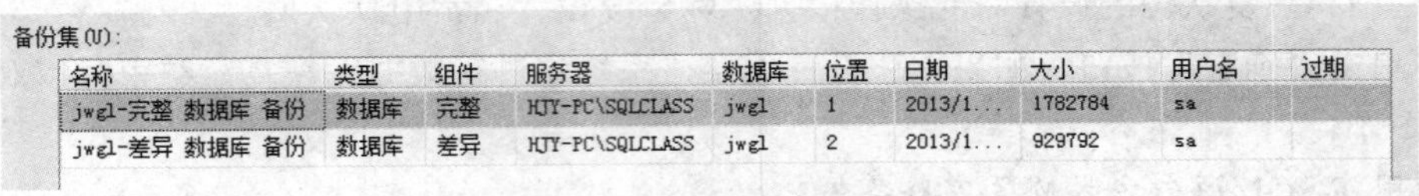

备份集(U)：

名称	类型	组件	服务器	数据库	位置	日期	大小	用户名	过期
jwgl-完整 数据库 备份	数据库	完整	HJY-PC\SQLCLASS	jwgl	1	2013/1…	1782784	sa	
jwgl-差异 数据库 备份	数据库	差异	HJY-PC\SQLCLASS	jwgl	2	2013/1…	929792	sa	

图 13-5　差异备份后备份设备"jwglDBBak"的属性内容

从图 13-5 可知，备份集有两行记录，表示"jwgl"数据库使用"jwglDBBak"备份设备执行过一次完整备份和一次差异备份。在随后的恢复操作中，可以使用这两个备份集恢复"jwgl"数据库的数据。

2. 使用 T-SQL 语句方式实现差异备份

（1）语法格式：

```
BACKUP DATABASE <数据库名> TO <备份设备名>
WITH [NAME=<备份集名称>[,]] DIFFERENTIAL
```

（2）使用说明

选项 DIFFERENTIAL 用于指定备份类型为差异备份。其他参数或选项同完整备份。

（3）案例操作

【例 13-13】使用 T-SQL 语句方式实现例 13-12 的差异备份功能。

实现代码如下：

```
BACKUP DATABASE jwgl TO jwglDBBak
WITH NAME='jwgl-差异 数据库 备份',DIFFERENTIAL
```

13.4.2　使用差异备份恢复数据库

差异备份是以完整备份为基线的，所以，恢复差异备份时需要进行两步处理，首先恢复差异备份操作之前所进行的最后一次的完整备份；然后才能恢复差异备份。

1. 使用 SSMS 方式恢复差异备份

【例 13-14】使用 SSMS 方式恢复备份设备"jwglDBBak"中的差异备份。

为了验证恢复效果，请先删除"jwgl"数据库，然后执行如下操作：

本案例的操作过程与例 13-10 的差别在于第（5）步，即在"选择用于还原的备份集"列表框中，在"还原"列需要选择"jwgl-完整 数据库 备份"与"jwgl-差异 数据库 备份"两个备份集。如图 13-6 所示。其他操作完全相同。

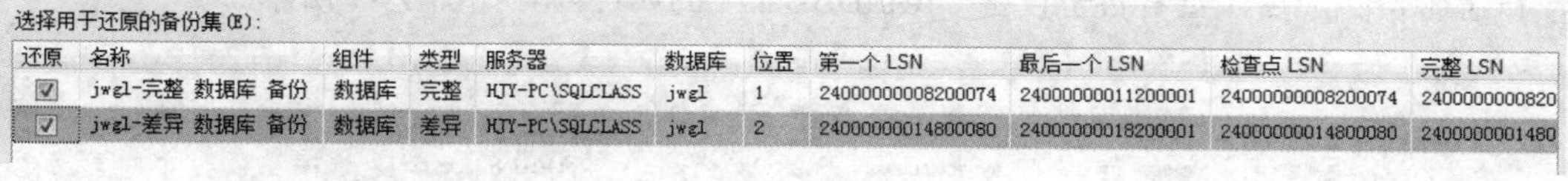

还原	名称	组件	类型	服务器	数据库	位置	第一个 LSN	最后一个 LSN	检查点 LSN	完整 LSN
☑	jwgl-完整 数据库 备份	数据库	完整	HJY-PC\SQLCLASS	jwgl	1	24000000008200074	24000000011200001	24000000008200074	2400000000820
☑	jwgl-差异 数据库 备份	数据库	差异	HJY-PC\SQLCLASS	jwgl	2	24000000014800080	24000000018200001	24000000014800080	2400000001480

图 13-6　差异恢复的数据集选择

2. 使用 T-SQL 语句方式恢复差异备份

用 T-SQL 语句恢复差异备份的语法格式与恢复完整备份类似，这里不再罗列。

恢复差异备份有个前提，即在恢复差异备份之前先要恢复之前所做的完整备份，因此，要使用恢复语句的 FILE、NORECOVERY、RECOVERY、REPLACE 等参数。

从图 13-6 可知，由于完整备份是第一个文件，所以在恢复语句中，FILE 选项需设置为"FILE=1"，此外，由于恢复完整备份后还要恢复差异备份，所以，在恢复完整备份时，要使用 NORECOVERY 选项；同理，在恢复差异备份时 FILE 选项需设置为"FILE=2"，由于恢复完差异备份后不再需要恢复其他内容，所以，在恢复差异备份时，需要使用 RECOVERY 选项。

在实际应用中，当恢复的备份有多项时，除了最后一项恢复使用 RECOVERY 选项外，之前的恢复都要使用 NORECOVERY 选项；REPLACE 选项用于指定是否替代原有的数据库，如果系统内已有同名数据库，需要替代时，可选用该选项。

【例 13-15】使用 T-SQL 语句方式实现例 13-14 的数据库差异备份的恢复功能。

为了验证恢复效果，请先删除"jwgl"数据库，然后执行如下操作语句：

```
RESTORE DATABASE jwgl FROM jwglDBBak WITH FILE=1,NORECOVERY
RESTORE DATABASE jwgl FROM jwglDBBak WITH FILE=2,RECOVERY
```

13.5　数据库的日志备份与恢复

数据库必须运行在完整恢复模式和大容量日志恢复模式之下才能进行事务日志备份，此外，事务日志备份只有在完整备份或差异备份之后操作才有意义。

13.5.1　数据库的日志备份

1. 使用 SSMS 方式实现日志备份

在完整恢复模式或大容量日志恢复模式下，必须先备份活动事务日志，然后才能在 SSMS 方式下恢复数据库。

【例 13-16】对"jwgl"数据库执行事务日志备份，备份设备仍然使用"jwglDBBak"。

操作过程如下：

在 SSMS 方式下的日志备份与完整备份的操作过程基本相同，但有两个差别：

（1）选择备份类型：选择备份类型时，在"备份类型"下拉列表框中选择"事务日志"选项。

（2）选择事务日志选项：在"选项"选项页中选择"事务日志"选项（注意，如果数据库在完整备份或差异备份之后没有更改过，则此选项处于非激活状态），事务日志的两个选项的含义如下：

1）截断事务日志：备份事务日志并将其截断以释放日志空间。默认状态下选此项。

2）备份日志尾部，并使数据库处于还原状态：此选项用于创建尾日志备份。对已存在的数据库执行恢复操作时，一般需要进行尾日志备份后再恢复。

日志备份完成后，查看备份设备"jwglDBBak"的属性内容如图 13-7 所示。

备份集(U)：

名称	类型	组件	服务器	数据库	位置	日期	大小	用户名	过期
jwgl-完整 数据库 备份	数据库	完整	HJY-PC\SQLCLASS	jwgl	1	2013/11/...	1782784	sa	
jwgl-差异 数据库 备份	数据库	差异	HJY-PC\SQLCLASS	jwgl	2	2013/11/...	929792	sa	
jwgl-事务日志 备份		事务日志	HJY-PC\SQLCLASS	jwgl	3	2013/11/...	273408	sa	

图 13-7 日志备份后备份设备"jwglDBBak"的属性内容

2. 使用 T-SQL 语句方式实现日志备份

事务日志备份使用 BACKUP LOG 语句，语句中除 LOG 关键字外，其他语法格式与数据库的完整备份语句基本相同。

（1）命令格式

```
BACKUP LOG <数据库名> TO <备份设备名>
[WITH [NAME=<备份集名称>] [,INIT|NOINIT]]
```

（2）使用说明

有关参数与选项的功能和使用方法与数据库的完整备份语句相同。

（3）案例操作

【例 13-17】使用 T-SQL 语句方式实现例 13-16 的事务日志备份功能。

实现代码如下：

```
BACKUP LOG jwgl TO jwglDBBak WITH NAME='jwgl-事务日志 备份'
```

13.5.2 使用日志备份恢复数据库

使用日志备份恢复数据库时，需要先恢复之前进行的最后一次完整备份，如果完整备份之后还有差异备份，则恢复最后一次差异备份，如果差异备份之后进行过多次日志备份，则根据日志备份的先后次序需要逐一恢复日志备份。

1. 使用 SSMS 方式实现日志恢复

【例 13-18】使用 SSMS 方式将"jwgl"数据库恢复到例 13-16 所进行的日志备份时的数据状态。

为了验证恢复效果，请先删除"jwgl"数据库，然后执行如下操作：

本案例的操作过程与例 13-10 的差别在于第（5）步，由于数据库要恢复到日志备份前的状态，因此，在"选择用于还原的备份集"列表框中，在"还原"列需要选择"jwgl-完整 数据库 备份"、"jwgl-差异 数据库 备份"和"jwgl-事务日志 备份"三个备份数据集，如图 13-8 所示。其他操作步骤相同。

选择用于还原的备份集(E)：

还原	名称	组件	类型	服务器	数据库	位置	第一个 LSN	最后一个 LSN	检查点 LSN	完整 LSN
☑	jwgl-完整 数据库 备份	数据库	完整	HJY-PC\SQLCLASS	jwgl	1	24000000008200074	24000000011200000	24000000008200074	240000000
☑	jwgl-差异 数据库 备份	数据库	差异	HJY-PC\SQLCLASS	jwgl	2	24000000014800080	24000000018200001	24000000014800080	240000000
☑	jwgl-事务日志 备份		事务日志	HJY-PC\SQLCLASS	jwgl	3	23000000030100292	24000000018500001	24000000014800080	240000000

图 13-8 日志恢复的数据集选择

2. 使用 T-SQL 语句方式实现日志恢复

事务日志的恢复使用 RESTORE LOG 语句，语句中除 LOG 关键字外，其他语法格式与数据库的完整恢复语句基本相同。

（1）语法格式

```
RESTORE LOG <数据库名> FROM <备份设备名>
[WITH [FILE=<n>][,NORECOVERY|RECOVERY][,REPLACE]]
```

（2）使用说明

使用 T-SQL 语句进行日志恢复数据库时，要根据完整备份、差异备份、日志备份的先后次序由 "FILE=<n>" 选项的 n 指定从第 n 个备份集中恢复数据，且最后一个恢复使用 RECOVERY 选项，之前的恢复使用 NORECOVERY 选项。

（3）案例操作

【例 13-19】使用 T-SQL 语句方式实现例 13-18 的事务日志恢复操作。

请先删除 "jwgl" 数据库，然后分三步实现事务日志的恢复操作，实现代码如下：

```
RESTORE DATABASE jwgl FROM jwglDBBak WITH FILE=1,NORECOVERY
RESTORE DATABASE jwgl FROM jwglDBBak WITH FILE=2,NORECOVERY
RESTORE LOG jwgl FROM jwglDBBak WITH FILE=3,RECOVERY
```

数据恢复时，如果 "jwgl" 数据库是在线的，则使用如下五个步骤完成恢复操作：

```
BACKUP LOG jwgl TO jwglDBBak WITH NAME='jwgl-事务日志 当前日志备份'
RESTORE DATABASE jwgl FROM jwglDBBak WITH FILE=1,NORECOVERY
RESTORE DATABASE jwgl FROM jwglDBBak WITH FILE=2,NORECOVERY
RESTORE LOG jwgl FROM jwglDBBak WITH FILE=3,NORECOVERY
RESTORE LOG jwgl FROM jwglDBBak WITH FILE=4,RECOVERY
```

其中，第一行是数据恢复前进行的日志备份，最后一行是恢复该备份，目的是使数据库还原到数据恢复前的状态。

13.6 数据的导入与导出

数据的导入与导出是指 SQL Server 数据库与其他数据存储器进行数据交换的操作。数据导入是指将 Excel、Access、Oracle 或 OLE DB 等数据存储对象中的数据转存到 SQL Server 数据库；反之，数据导出是指将 SQL Server 数据库中的数据转存到 Excel、Access、Oracle 或 OLE DB 等数据存储对象。本章主要介绍常用的 SQL Server 数据库与 Excel 电子表格之间的数据转换操作。

13.6.1 从 Excel 导入数据

当数据成批量产生时，使用插入语句录入记录效率低下，这时，可以借助数据导入功能将数据从 Excel 电子表格中批量地导入到 SQL Server 数据库中。

【例 13-20】Excel 工作簿 "d:\jwgl\专业表.xls" 的 "Sheet1" 工作表的内容如表 13.3 所示，请使用数据导入方法将其导入到 "jwgl" 数据库的 "specialty" 专业表。

操作过程如下：

（1）进入 "SQL Server 导入和导出向导" 对话框：展开 "数据库实例" 节点→展开 "数据库" 节点→右击 "jwgl" 数据库→在快捷菜单中指向 "任务" 菜单项→单击 "导入数据" 命令，弹出 "SQL Server 导入和导出向导" 对话框。

表 13.3 专业信息

专业编号	专业名称
0107	机电一体化
0108	空调制冷技术
0109	数控技术
0110	电气自动化

（2）选择数据源：设置导入数据的来源。

1）数据源：在"数据源"的下拉列表框中选择"Microsoft Excel"选项。

2）Excel 文件路径：在"Excel 文件路径"文本框中输入 Excel 文件的路径和文件名；或单击"浏览"按钮，在"打开"对话框中找到"d:\jwgl\专业表.xls"文档。选中"专业表.xls"，单击"打开"按钮退出"打开"对话框。完成数据源设置的内容如图 13-9 所示。

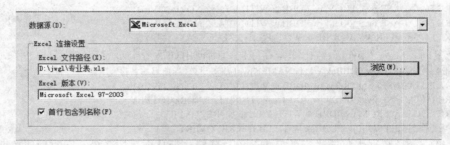

图 13-9 选择数据源设置

单击"下一步"按钮，对话框进入"选择目标"操作。

（3）选择目标：设置数据导入到哪里。

1）目标：在"目标"下拉列表框中选择"Microsoft OLE DB Provider for SQL Server"。

2）服务器名称：在"服务器名称"下拉列表框中选择数据导入到的服务器。

3）确定身份验证：选择身份验证模式，默认选择"使用 Windows 身份验证"。

4）数据库：在"数据库"下拉列表框选择数据库"jwgl"。完成目标设置的内容如图 13-10 所示。

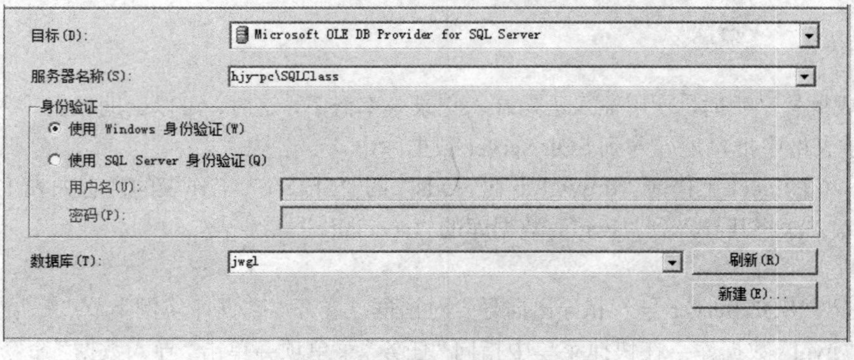

图 13-10 选择目标设置

单击"下一步"按钮，进入"指定表复制或查询"对话框。

（4）指定表复制或查询：在"指定表复制或查询"对话框中选择"复制一个或多个表或视图的数据"项，然后单击"下一步"按钮显示"选择源表或源视图"窗口，如图 13-11 所示。

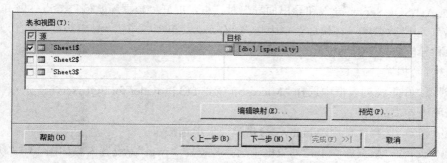

图 13-11　选择源表或源视图

（5）选择源表或源视图：在"选择源表或源视图"窗口选择 Excel 工作表。

1）源：由于 Excel 表的数据放在"Sheet1"工作表中，所以，在"源"列需要选择第一行的"Sheet1$"项。

2）目标：由于要将记录追加到"specialty"专业表，所以，在"目标"列要单击"[dbo].[Sheet1$]"选项，然后在显示的列表框中选择"dbo.specialty"专业表。

3）编辑映射：如果 Excel 表格中的列名与数据库表中的列名不一致，可以在图 13-11 中单击"编辑映射"按钮，在弹出的"列映射"对话框中进行设置。单击"下一步"按钮进入"查看数据类型映射"窗口处理，如图 13-12 所示。

（6）查看数据类型映射：在图 13-12 中检查 Excel 表格中的列与数据库表中的列的数据类型是否一致，如果不一致需要返回修改。单击"下一步"按钮进入"保存并运行包"窗口处理。

（7）保存并运行包：在"保存并运行包"窗口中，选择"立即执行"选项，然后单击"完成"按钮，系统开始导入处理。

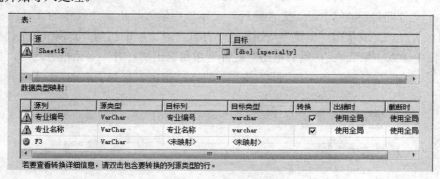

图 13-12　查看数据类型映射

提示：导入 Excel 电子表格常见的错误情况有两种，一是列名不对应或列名映射错误；二是数据类型不一致，使得导入时数据转换出错。

13.6.2　将数据导出到 Excel

将"数据导出到 Excel"是"从 Excel 导入数据"的逆操作，操作过程基本相同，但源和目标的选择刚好相反。下面通过案例简要说明其操作过程。

【例 13-21】将"jwgl"数据库的"class"班级表记录导出到"d:\jwgl\班级表.xls"。

操作过程如下:

(1)进入"SQL Server 导入和导出向导"对话框:展开"数据库实例"节点→展开"数据库"节点→右击"jwgl"数据库→在快捷菜单中指向"任务"菜单项→单击"导出数据"命令,弹出"SQL Server 导入和导出向导"对话框。

(2)选择数据源。

1)数据源:在下拉列表框中选择"Microsoft OLE DB Provider for SQL Server"选项,即从 SQL Server 数据库中导出数据。

2)身份验证:选择"使用 Windows 身份验证"单选按钮。

3)数据库:在"数据库"下拉列表框中选择数据库"jwgl"。设置内容如图 13-13 所示。单击"下一步"按钮,进入"选择目标"操作。

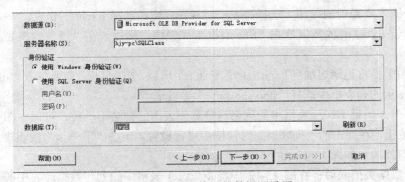

图 13-13　导出数据的数据源设置

(3)选择目标。

1)目标:在"目标"列表框中选择"Microsoft Excel"。

2)Excel 文件路径:在"Excel 文件路径"文本框中输入导出到 Excel 的文件路径和文件名"d:\jwgl\班级表.xls";或单击"浏览"按钮,在"打开"对话框中找到"d:\jwgl"文件夹,在"文件名"文本框中输入"班级表",然后单击"打开"按钮退出"打开"对话框。这时,目标窗口的设置内容如图 13-14 所示。单击"下一步"按钮,进入"指定表复制或查询"操作。

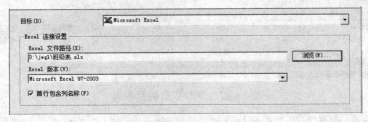

图 13-14　选择目标设置

(4)指定表复制或查询:选择"复制一个或多个表或视图的数据"项。单击"下一步"按钮,进入"选择源表和源视图"操作。

(5)选择源表或源视图:在如图 13-15 所示的"选择源表或源视图"窗口中,选择要导出数据的"class"班级表。单击"下一步"按钮，进入"查看数据类型映射"操作。

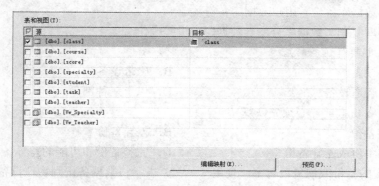

图 13-15 选择要导出的表

接下来的"查看数据类型映射、保存并运行包"等操作步骤与数据的导入操作一样，导出结果被保存在"d:\jwgl\班级表.xls"文件中。

数据的导入与导出操作也可以在数据库与数据库之间进行，执行这些操作时，需要注意以下两点：

（1）字段名和数据类型之间的映射要准确。

（2）目标字段的数据总长度是否能够容纳源数据的长度。

小结

（1）SQL Server 提供了完整数据库备份、差异数据库备份、事务日志备份、数据文件和文件组备份、尾日志备份、部分备份和仅复制备份等多种备份类型，常用的有完整数据库备份、差异数据库备份、事务日志备份三种。

（2）SQL Server 数据库在简单、完整、大容量日志三种恢复模式下运行，恢复模式不同决定了数据库恢复时将有所差异。

（3）惯用的备份策略为"完整备份+差异备份+日志备份"策略。数据恢复时，先恢复最近一次的完整备份，然后恢复最新一次的差异备份，最后恢复最后一次差异备份以后的每一次事务日志的备份。

（4）数据的导入与导出是指 SQL Server 数据库与其他数据存储器进行数据交换的操作。当数据成批量产生时，使用插入语句录入效率低下，这时，可以借助数据导入功能将数据从 Excel 电子表格中批量地导入到 SQL Server 数据库。

练习十三

一、选择题

1. SQL Server 提供的常用备份方法主要有（　　）。

   A．完整备份、差异备份、事务日志备份

    B．完整备份、大容量日志备份、简单备份

    C．系统数据库备份、用户数据库备份

    D．数据库复制、数据库分离、数据库脱机等操作

2．备份设备主要有（　　　）。

    A．磁盘设备　　　　　　　　　　　　B．磁带设备

    C．命名管道设备　　　　　　　　　　D．以上三种都是

3．恢复日志备份之前，必须先恢复（　　　）。

    A．完整备份　　　　　　　　　　　　B．差异备份

    C．完整备份或差异备份　　　　　　　D．完整备份和可能的差异备份

4．在 T-SQL 的备份或恢复语句中，使用（　　　）表示将数据备份到物理设备。

    A．备份设备名　　　　　　　　　　　B．FROM

    C．DISK=<带路径的文件名>　　　　　D．TO

5．当从多个备份集中恢复数据时，需要顺序地将各个备份集逐一恢复，在恢复语句中，只有最后一个恢复使用（　　　）选项。

    A．NORECOVERY　　　　　　　　　　B．RECOVERY

    C．REPLACE　　　　　　　　　　　　D．INIT

6．下列（　　　）语句用于差异备份。

    A．BACKUP DATABASE　　　　　　　B．RESTORE DATABASE

    C．BACKUP LOG　　　　　　　　　　D．RESTORE LOG

7．SQL Server 可以方便地将数据从 Excel 或其他数据库中导入，反之亦然，下面是关于数据导入导出的有关描述，错误的是（　　　）。

    A．SQL Server 可以和其他任意的数据存储器进行数据交换

    B．从 Excel 导入数据，Excel 中列的数据类型必须与表字段的类型一致

    C．从 Excel 导入数据，SQL Server 的数据库必须已存在

    D．以上都是错误的

8．一个安全级别特别高的数据库，建议使用如下（　　　）备份策略。

    A．每日做一次完整备份，每三十分钟做一次日志备份

    B．每日做一次完整备份，每小时做一次差异备份

    C．每日做一次完整备份，每小时做一次差异备份，每五分钟做一次日志备份

    D．每周做一次完整备份，每日做一次差异备份，每小时做一次日志备份

二、填空题

1．SQL Server 常用的备份类型主要有完整数据库备份、_____、事务日志备份、_____、尾日志备份、部分备份和仅复制备份等。

2．SQL Server 系统提供了_____、完整和_____等三种恢复模式。

3．在 T-SQL 的备份语句中，_____选项是一个十分危险的选项，它将使备份数据覆盖备份设备中的原有内容，所以，使用前必须明确知道它的操作后果。

4．使用 T-SQL 语句恢复备份集的数据时，如果有多个备份集需要恢复，则使用_____选项指定从第 n 个备份集中恢复数据。

5．如果需要将数据恢复到当前存在的数据库，则在数据恢复前必须做一次_____备份，并且在数据库恢复时，最后恢复该备份，否则数据库无法恢复到恢复前的数据状态。

三、程序设计题

1．使用 T-SQL 语句创建一个名为"myDBBak"的备份设备，该备份设备创建在"D:\dbBackup"文件夹，存盘文件名为"dataBackup.bak"。

2．设计 T-SQL 语句实现对"jwgl"数据库的完整备份、差异备份和事务日志备份，数据备份到"myDBBak"备份设备。

3．财务数据库"cwgl"有一备份策略：每周的周日凌晨 2 时执行一次完整备份；每天的凌晨 4 时执行一次差异备份；每天每小时的第 30 分执行一次事务日志备份。请写出各种数据备份的 T-SQL 语句；系统运行一段时间后，如果在周三的 7 时系统遭遇灾难，请根据数据恢复次序写出数据恢复的所有 T-SQL 语句。其中，备份设备名为"cwglDv"，备份数据的存盘文件夹为"E:\cwglDb"，文件名为"cwglDb.Bak"。

14

自动执行

本章导读

　　自动执行是指将某些操作，尤其是操作频繁、并且周期性执行的管理操作设置为在无人值守的情况下交由 SQL Server 代理按某种预先设置好的计划步骤自动执行，目的是减轻数据库管理人员的工作负担，提高工作效率，使管理工作实现规范化和简单化。本章主要介绍数据库的 SQL Server 代理功能以及自动执行所涉及的数据库邮件、操作员、警报、作业、计划等对象的创建与维护。

本章要点

- 自动执行的概念
- SQL Server 代理
- 数据库邮件、操作员、警报、作业、计划的创建与维护

14.1　自动执行概述

　　SQL Server 提供了任务自动化执行的机制，用户利用这项功能，可以将许多频繁的、周期性执行的管理类操作设置为在无人值守的情况下自动执行，从而减轻数据库管理人员的工作负担，使管理工作实现规范化和简单化。

　　1．自动执行的概念

　　自动执行是自动化执行数据库管理任务的简称，是指用户将一些周期性的日常管理任务交给数据库服务器自动执行，当任务执行完毕或服务器发生异常事件时，服务器能自动给数据库管理人员发出通知，以便问题能够得到及时的解决。

　　2．自动执行的操作

　　自动执行的操作主要包括备份数据库、更新统计信息、检查数据库的完整性、清除历史记录、清除维护、通知操作员、执行代理作业、常规 T-SQL 语句、重新生成索引、重新组织索引等基本操作。

3. 自动执行涉及的元素

自动执行的主要目的是使管理实现规范化，这种规范化处理涉及操作任务、SQL Server 代理、警报、操作员、作业、计划等多种元素的配置处理。

（1）操作任务：指自动化执行的基本操作，例如，自动备份操作。

（2）SQL Server 代理：任务的自动化执行通过 SQL Server 的代理功能来实现。

（3）操作员：指接收通知或处理警报信息的管理者。

（4）警报：指作业中的任务自动执行完毕或产生异常时的警报处理机制。当作业中的操作任务执行完毕或者执行失败时，可以通过邮件、消息等手段将信息通知到指定的操作员。

（5）作业：指组成自动执行的操作的一系列任务。作业是"SQL Server 代理"可以自动执行的对象，通过定义一系列作业，可以使操作任务实现周期性地自动执行。

（6）计划：指将作业进行规范化处理的机制。SQL Server 通过"维护计划向导"，可以非常方便地制定维护工作计划，以便定期实施维护工作。

14.2　配置数据库邮件

数据库邮件是一种通过 SQL Server 数据库引擎发送电子邮件的企业解决方案。通过使用数据库邮件，数据库应用程序可以向用户发送电子邮件。邮件中可以包含查询结果，还可以包含来自网络中任何资源的文件。

有了数据库邮件，当自动执行完毕或产生警报时，操作员就可以通过邮件来接收警报的通知信息，以便能及时地对警报进行处理。

14.2.1　配置数据库邮件

【例 14-1】写出配置数据库邮件的操作过程。其中，配置文件为"myECfgFile"，账号名称为"myDbEmail"，邮件发送服务器的电子邮件地址和答复电子邮件的地址均为"passh123@126.com"，SMTP 服务器的名称为"smtp.126.com"，SMTP 身份验证的用户名为"passh123@126.com"，配置文件使用"公共配置文件"。

操作过程如下：

（1）进入"数据库邮件配置向导"窗口：展开"管理"节点→右击"数据库邮件"节点，在快捷菜单中单击"配置数据库邮件"命令，打开"数据库邮件配置向导"窗口。

（2）选择配置任务：在"数据库邮件配置向导"窗口单击"下一步"按钮，进入"选择配置任务"窗口，如图 14-1 所示。窗口中共有四个选项提供选择：首次配置数据库邮件时，选用"通过执行以下任务来安装数据库邮件"选项。

（3）启用数据库邮件功能：单击"下一步"按钮，弹出"是否启用数据库邮件功能"对话框，单击"是"按钮，进入"新建配置文件"窗口，如图 14-2 所示。

（4）新建配置文件：数据库邮件配置文件是 SMTP 账户的集合，需要至少配置一个数据库邮件账户，通过图 14-2 的配置可以创建数据库邮件的配置文件。

1）配置文件名：在"配置文件名"文本框中输入"myECfgFile"配置文件名。

2）添加数据库邮件账户：单击"添加"按钮，进入"新建数据库邮件账户"对话框。

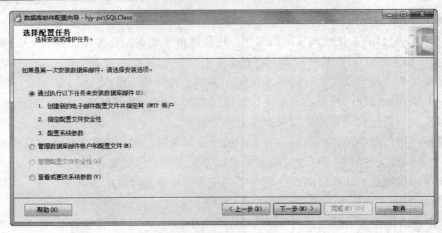

图 14-1　选择配置任务

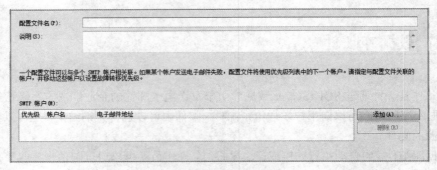

图 14-2　新建配置文件

（5）新建数据库邮件账户：在"新建数据库邮件账户"对话框中配置数据库邮件账户名、SMTP 邮件发送服务器以及 SMTP 身份验证等信息，如图 14-3 所示。

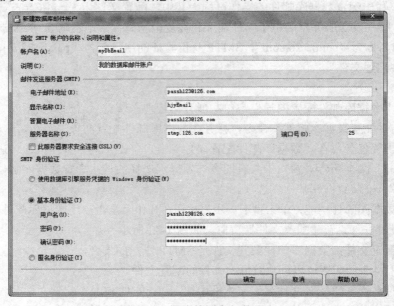

图 14-3　新建数据库邮件账户

1）账户名：设置数据库邮件的账户，在文本框中输入"myDbEmail"。

2）电子邮件地址：是上述数据库账户用于发送数据库邮件的电子邮件地址。输入"passh123@126.com"。

3）显示名称：是可选项，指定邮件显示的名称。输入"hjyEmail"。

4）答复电子邮件：是可选项，用于答复由上述账户发送的电子邮件所用到的电子邮件地址。输入"passh123@126.com"。

5）服务器名称：用于发送电子邮件所用的 SMTP 服务器的名称或 IP 地址。输入"smtp.126.com"。注意，不同的邮件服务提供商的 SMTP 名称不同。

6）端口号：是指 SMTP 服务器的端口号。大多数 SMTP 服务器使用 25 端口号。

选择"基本身份验证"单选按钮，配置用户名和密码：

7）用户名：是指登录 SMTP 服务器所用的用户名。如果 SMTP 服务器要求基本身份验证，则需要提供用户名，输入"passh123@126.com"。

8）密码及确认密码：是上述用户名的登录密码。

其他选项使用默认设置即可。单击"确定"按钮，返回图 14-2 所示窗口，在"SMTP 账户"列表框中增加了一行"myDbEmail"账号的信息。如果对邮件账户设置不满意，可以单击"删除"按钮，然后重新"添加"。单击"下一步"按钮，进入"管理配置文件安全性"窗口。

提示：数据库邮件账户与 SQL Server 账户、Windows 账户之间没有对应关系。SMTP 账户可以添加多个 Email 账户，当优先级高的账户发送数据库邮件失败时，系统会使用下一个账户再尝试发送。

（6）管理配置文件安全性：配置文件可以是公共配置文件或专用配置文件。公共配置文件是任何电子邮件主机数据库的所有用户都可以访问的配置文件；专用配置文件是电子邮件主机数据库的特定用户才能访问的配置文件。

1）设置公共配置文件：在"公共配置文件"选项卡，在"公共"列选中某个配置文件的复选框，则该文件就成了公共配置文件，如图 14-4 所示。

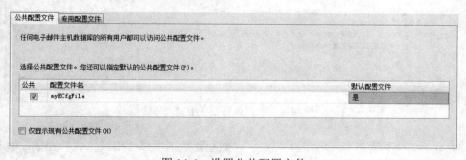

图 14-4　设置公共配置文件

2）设置专用配置文件：选择"专用配置文件"选项卡，在"访问"列选中某个配置文件的复选框，则该文件就成了专用配置文件，本例不需设置。

3）设置默认配置文件：在"默认配置文件"列单击某个配置文件，在列表框中选择"是"，则该文件就成了默认配置文件。有了默认配置文件，用户发送电子邮件时就无须显式地指定配置文件了。

提示：SQL Server 使用"sp_send_dbmail"系统存储过程发送邮件，如果用户没有默认的专用配置文件，则存储过程"sp_send_dbmail"将使用 msdb 数据库的默认公共配置文件；如果用户没有默认的专用配置文件，同时数据库也没有默认的公共配置文件，则存储过程"sp_send_dbmail"将返回错误。

单击"下一步"按钮，进入"配置系统参数"窗口，如图 14-5 所示。

（7）配置系统参数：根据实际情况进行设置或者使用默认设置。常用的设置如下：

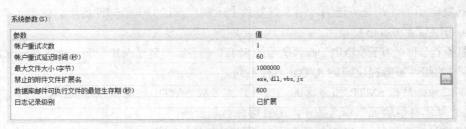

图 14-5　配置系统参数

1）最大文件大小（字节）：设置邮件附件的最大限制。单击"最大文件大小（字节）"右列的值，输入新的最大文件的大小限制值。

2）禁止的附件文件扩展名：设置不允许作为邮件附件的文件类型。单击"禁止的附件文件扩展名"右侧的"…"按钮，弹出"禁止的附件文件扩展名"对话框，在文本框中输入禁止文件的扩展名，扩展名之间用逗号"，"分开，然后单击"确定"按钮返回。单击"下一步"按钮，打开"完成该向导"窗口。

（8）完成该向导："完成该向导"窗口列出了前面各步骤设置的内容让用户检查是否正确，如果没有问题，单击"完成"按钮开始执行向导设置的各项操作。执行完成后，显示如图 14-6 所示的"正在配置"状态信息窗口。

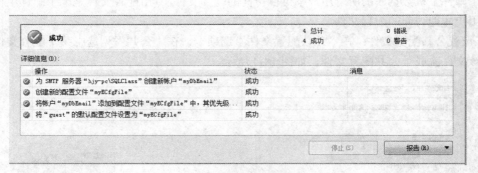

图 14-6　配置执行后的状态信息

（9）完成：如果"状态"列全部为"成功"，则配置数据库邮件的操作成功完成，单击"关闭"按钮结束操作，否则，检查之前的各个步骤的设置是否存在错误。

14.2.2　配置 SQL Server 代理

数据库邮件配置完成后，必须借助 SQL Server 的代理服务功能才能发挥作用。所以，接下来的操作是配置 SQL Server 代理数据库邮件功能。

【例 14-2】写出配置 SQL Server 代理数据库邮件的操作过程，数据库配置文件使用例 14-1 创建的"myECfgFile"数据库配置文件。

操作过程如下：

（1）进入"SQL Server 代理属性-警报系统"窗口：展开"实例"节点→右击"SQL Server 代理"节点，在快捷菜单中单击"属性"命令，打开"SQL Server 代理属性"窗口，在"选择页"窗格中，单击"警报系统"选项页。

（2）设置邮件会话："邮件会话"选项用于配置 SQL Server 代理邮件的功能。

1）启用邮件配置文件：选中"启用邮件配置文件"复选框，启用 SQL Server 代理邮件功能。在默认情况下，系统不启用 SQL Server 代理邮件功能。

2）邮件系统：设置 SQL Server 代理要使用的邮件系统。选择"数据库邮件"。

3）邮件配置文件：设置 SQL Server 代理要使用的邮件配置文件。在列表框中选择"myECfgFile"数据库邮件配置文件。

其他选项可使用默认设置。配置完成后窗口的内容如图 14-7 所示。

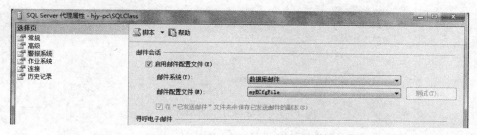

图 14-7 "SQL Server 代理属性-警报系统"选项页设置

（3）完成：单击"确定"按钮完成 SQL Server 代理数据库邮件功能的设置操作。

14.3 创建与维护操作员

在完成"数据库邮件"配置之后，接下来是创建从 SQL Server 接收电子邮件的操作员。SQL Server 自动执行的操作执行完毕或发生异常时，SQL Server 会将警报等信息以邮件等方式发送给操作员。

14.3.1 创建操作员

【例 14-3】使用 SSMS 方式创建一个从"星期一到星期日 8:00-23:00"值班的"admins"操作员，接收数据库电子邮件通知的邮件地址为"passh123@163.com"。请写出详细的创建过程。

操作过程如下：

（1）进入"新建操作员"窗口：展开实例节点→展开"SQL Server 代理"节点→右击"操作员"节点，在快捷菜单中单击"新建操作员"命令，打开"新建操作员"窗口，在"常规"选项页进行下面的设置。

（2）输入操作员名称：在"姓名"文本框中输入"admins"操作员的名称。选中"已启用"复选框。如果未启用，系统不会向操作员发送通知。

（3）输入通知选项：设置接收通知的方式。

使用电子邮件通知操作员。在"电子邮件名称"文本框中输入接收通知的电子邮件地址"passh123@163.com"，其他选项使用默认值。

（4）寻呼值班计划：设置寻呼程序处于活动状态的时间，在此时间内若有通知将会发送给上述通知对象。

1）选中星期一至星期日的复选框：该日期范围内将发送通知。

2）工作日开始和结束时间：设置一天之中可发送通知的特定时间。工作日开始时间设置为"8:00:00"，工作日结束时间设置为"23:00:00"。上述设置如图 14-8 所示。

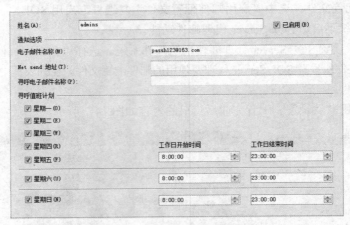

图 14-8   新建操作员设置示例

（5）完成：单击"确定"按钮完成操作员的创建操作。

14.3.2   维护操作员

操作员创建后，如果要对操作员的有关设置进行修改，可以通过"操作员"的"属性"窗口进行操作，此外，还可以对操作员进行重命名和删除操作。

1．修改操作员设置

【例 14-4】使用 SSMS 方式将"admins"操作员的"寻呼电子邮件名称"设置为"passh123@126.com"，其他参数不变。

操作过程如下：

（1）进入"操作员属性"窗口：展开实例节点→展开"SQL Server 代理"节点→展开"操作员"节点→右击"admins"操作员，在快捷菜单中单击"属性"命令，打开"admins 属性"窗口。

（2）修改寻呼电子邮件名称：在"寻呼电子邮件名称"文本框输入接收寻呼通知的电子邮件地址"passh123@126.com"。

（3）修改其他属性。本例没有要求。

（4）结束修改：单击"确定"按钮完成修改操作。

在"属性"窗口中，单击"通知"选项页，可以查看警报与作业的信息；单击"历史记录"选项页，可以查看最近的通知信息。

2．重命名操作员

【例 14-5】请将"adminstmp"操作员重命名为"adminsDb"。

操作过程如下：

展开实例节点→展开"SQL Server 代理"节点→展开"操作员"节点→右击"adminstmp"操

作员，在快捷菜单中单击"重命名"命令，则操作员"adminstmp"将变成编辑框，在编辑框中将操作员修改为"adminsDb"，然后按回车键。

3．删除操作员

【例 14-6】删除"adminsDb"操作员。

操作过程如下：

展开实例节点→展开"SQL Server 代理"节点→展开"操作员"节点→右击"adminsDb"操作员，在快捷菜单中单击"删除"命令→弹出"删除对象"窗口→单击"确定"按钮。

14.4 创建与维护警报

操作员创建后接下来是要创建警报。当 Windows 产生应用程序的事件日志时，SQL Server 代理会读取日志信息与定义的警报进行比较，当比较匹配时，将发出自动响应事件的警报，并将通知发送给操作员。警报类型分事件警报、性能条件警报和 WMI 事件警报三类，这里仅介绍常见的事件警报的设置方法。

14.4.1 创建事件警报

警报基于 SQL Server 中的内部错误消息与严重级别，在设置警报时主要指定警报名称、警报类型、针对的数据库、警报号、通知的操作员和通知的发送方式等内容。

【例 14-7】创建一个名称为"wnInfo"的警报，当数据库"jwgl"产生警报时，使用"电子邮件"的方式向操作员"admins"发送警报通知。

操作过程如下：

（1）进入"新建警报"窗口：展开实例节点→展开"SQL Server 代理"节点→右击"警报"节点，单击"新建警报"命令，打开"新建警报"窗口，选择"常规"选项页。

（2）"常规"选项页设置。

1）输入警报名称：在"名称"文本框中输入警报名称"wnInfo"。选中"启用"复选框，启用警报，否则警报不起作用。

2）选择警报类型：在"类型"下拉列表框中选择"SQL Server 事件警报"。

3）选择数据库：从"数据库名称"下拉列表框中选择"jwgl"数据库。

4）其他使用默认设置。上述配置如图 14-9 所示。

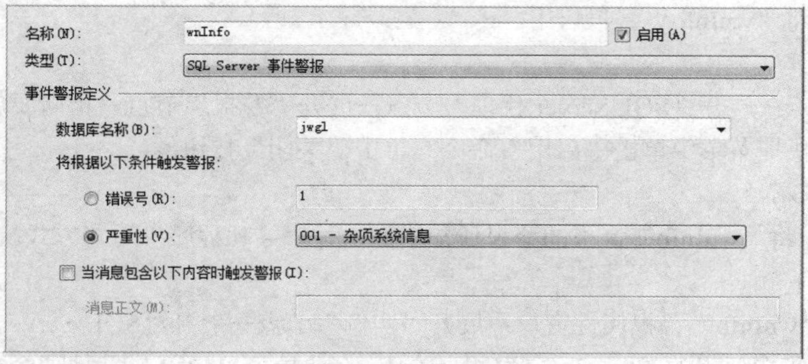

图 14-9 "新建警报-常规"选项页设置

（3）"响应"选项页设置：单击"响应"项，打开"响应"选项页。

1）设置执行作业：选中"执行作业"复选框，在下拉列表框中选择运行过程中可能触发警报的作业名称。此处选择备份作业"jwglBakWork（[Uncategorized (Local)]）"选项。作业设置将在下一节介绍。

2）设置通知操作员：选中"通知操作员"复选框，选择列表框中的"admins"操作员行，在该行选中"电子邮件"复选框，指明使用电子邮件方式通知"admins"操作员，如图 14-10 所示。

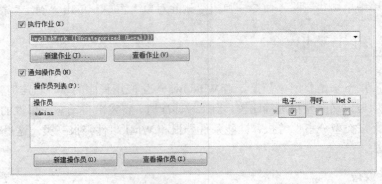

图 14-10　"新建警报-响应"选项页设置

（4）"选项"选项页设置：单击"选项"项，打开"选项"选项页。

1）设置警报错误文本发送方式：选中"电子邮件"复选框。

2）要发送的其他通知消息、两次响应之间的延迟时间：使用默认值。

（5）完成设置：单击"确定"按钮结束警报的创建操作。

14.4.2　维护警报

维护警报的主要内容有禁用与启用警报，修改警报属性，重命名和删除警报等内容。

1. 禁用警报

【例 14-8】将"wnInfo"警报禁止使用。

操作过程如下：

展开实例节点→展开"SQL Server 代理"节点→展开"警报"节点→指向要禁用的"wnInfo"警报→右击，在快捷菜单中单击"禁用"命令→单击"关闭"按钮。

2. 启用警报

【例 14-9】将"wnInfo"警报启用。

操作过程如下：

展开实例节点→展开"SQL Server 代理"节点→展开"警报"节点→指向要启用的"wnInfo"警报→右击，在快捷菜单中单击"启用"命令→单击"关闭"按钮。

3. 修改警报属性

【例 14-10】将"wnInfo"警报的警报通知增加一种"寻呼程序"通知方式。

操作过程如下：

（1）打开"wnInfo"警报属性窗口：展开"实例"节点→展开"SQL Server 代理"节点→展开"警报"节点→指向要修改的"wnInfo"警报→右击，在快捷菜单中单击"属性"命令，弹出"wnInfo"

警报属性窗口→单击"响应"选项页。

（2）增设"寻呼程序"通知方式：在操作员列表中的"admins"操作员行选中"寻呼程序"复选框。设置如图 14-11 所示。

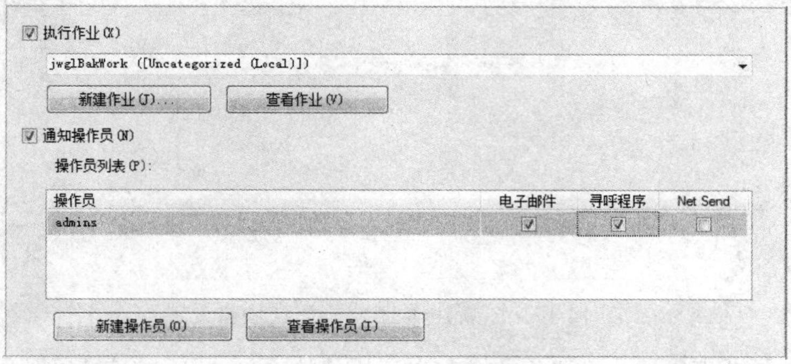

图 14-11 修改警报属性

（3）单击"确定"按钮结束修改。

4. 删除警报

【例 14-11】删除"wnInfoTmp"警报，写出操作过程。

操作过程如下：

展开实例节点→展开"SQL Server 代理"节点→展开"警报"节点→指向要删除的"wnInfoTmp"警报→右击，在快捷菜单中单击"删除"命令，弹出"删除对象"对话框→单击"删除"按钮。

14.5 创建与维护作业

作业是一系列由"SQL Server 代理"按顺序执行的指定操作。作业可以执行大量的活动，包括 T-SQL 脚本、命令行应用程序、查询等任务。作业可以运行重复任务或可以计划的任务，也可以通过生成警报自动向操作员通知作业状态，因此，作业能够极大地简化 SQL Server 数据库的管理工作。

14.5.1 创建作业

创建作业需要配置作业的"常规"选项、作业中各个步骤运行的命令语句、执行的计划、警报和执行情况的通知等多项内容。

【例 14-12】创建一个"jwglBakWork"作业，该作业计划在每周日零时执行"jwgl"数据库的完整备份功能，计划名称为"plan_0:00"。

操作过程如下：

（1）进入"新建警报"窗口：展开实例节点→展开"SQL Server 代理"节点→右击"作业"节点，单击"新建作业"命令，打开"新建作业"窗口，选择"常规"选项页。

（2）"常规"选项页设置：设置作业的名称、所有者和作业类型等信息。

1）输入作业名称：在"名称"文本框中输入作业名称"jwglBakWork"。

2）选择所有者：在"所有者"文本框中选择所有者，本例使用"sa"。

3）选择类别：作业类别暂不分类，本例选择"未分类（本地）"选项。

4）已启用：选中"已启用"复选框启用本作业。设置信息如图 14-12 所示。

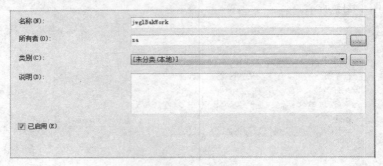

图 14-12　"新建作业-常规"选项页设置

（3）"步骤"选项页设置：设置作业中每步要执行的 T-SQL 命令语句。单击"步骤"选项页，进入作业"步骤"设置操作。

1）新建作业步骤：单击"新建"按钮，进入"新建作业步骤"窗口操作。

2）输入步骤名称：在"步骤名称"文本框输入"jwglBakWork_1"。

3）选择作业类型：在"类型"下拉列表框中选择"Transact-SQL 脚本（T-SQL）"选项。

4）选择数据库：在"数据库"下拉列表框中选择"jwgl"数据库。

5）输入备份命令：在"命令"右边的编辑框中输入完整备份"jwgl"数据库的 T-SQL 语句"BACKUP DATABASE jwgl TO DISK='d:\dbbak\jwgl.bak' WITH NAME='jwgl-完整 备份',INIT"。然后单击"分析"按钮检查语句是否正确。

作业步骤的设置信息如图 14-13 所示。单击"确定"按钮返回"新建作业"窗口。在该窗口中可以创建、插入、编辑、删除作业步骤，也可以移动作业步骤的执行顺序。

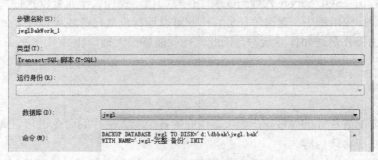

图 14-13　"新建作业步骤-步骤"选项页设置

（4）"计划"设置：在"新建作业计划"窗口，进入作业的"计划"设置操作。

1）输入计划名称：在"名称"文本框输入"plan_0:00"。

2）选择计划类型：在"计划类型"下拉列表框中选择"重复执行"选项。

3）选择执行：在"执行"下拉列表框中选择"每周"选项。

4）选择执行间隔：选中"星期日"复选框。

5）设置每天频率：选择"执行一次，时间为"单选按钮，在组合框中设置"0:00:00"，即零时执行。其他使用默认值，计划的设置信息如图 14-14 所示。

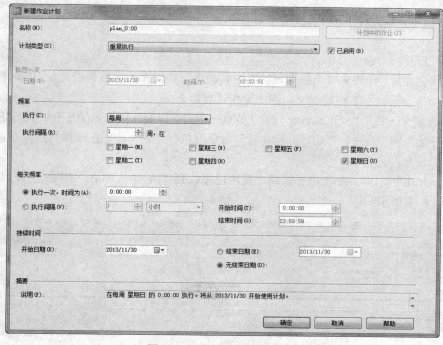

图 14-14　新建作业计划设置

（5）"警报"选项页设置：为了使用前面创建的"wnInfo"警报，单击"确定"按钮退出"新建作业"窗口，然后通过"wnInfo"警报的属性项修改其响应的执行计划：

1）设置"wnInfo"警报的"响应"选项页：使用类似例 14-10 的操作方法进入"wnInfo"警报的"响应"选项页，将执行计划选择为"jwglBakWork（[Uncategorized (Local)]）"，然后单击"确定"按钮退出设置操作。

2）通过"jwglBakWork"作业的属性项进入属性窗口设置"警报"选项页的内容：

展开实例节点→展开"SQL Server 代理"节点→展开"作业"节点→右击作业"jwglBakWork"，单击"属性"命令，打开"作业属性 jwglBakWork"窗口，选择"警报"选项页。在该选项页可以添加、编辑、删除作业的警报对象。

（6）"通知"选项页设置：单击"通知"选项页，进入作业的"通知"设置操作。

选中"电子邮件"复选框，在其左边的下拉列表框中选择"admins"操作员，在其右边的下拉列表框中选择"当作业成功时"选项；选中"写入 Windows 应用程序事件日志"复选框。其他选项使用默认设置。通知的设置内容如图 14-15 所示。

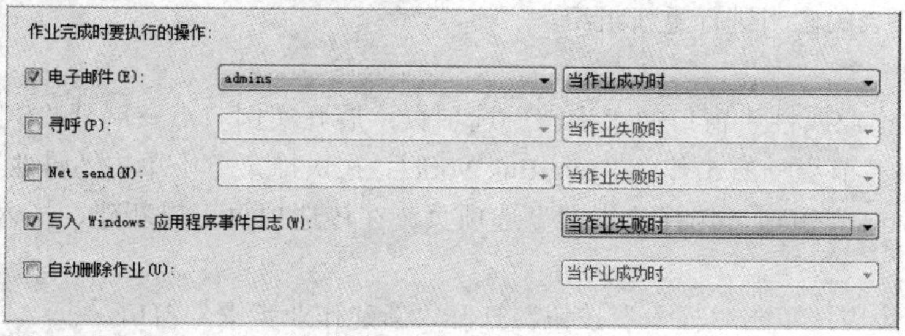

图 14-15　"通知"选项页设置

（7）结束作业设置：单击"确定"按钮结束操作。

14.5.2 测试作业

经过上述创建后，作业在每个星期日的零时自动进行数据库的完整备份。为了测试作业创建是否成功，可以马上进行手工运行测试，测试操作过程如下：

展开实例节点→展开"SQL Server 代理"节点→展开"作业"节点→右击作业"jwglBakWork"，单击"作业开始步骤"命令，弹出"开始作业"对话框执行计划，计划正确执行后以对话框方式提示成功执行的信息。

打开"passh123@163.com"电子邮箱，发现已接收到"jwglBakWork"作业完成时发出的通知邮件，如图 14-16 所示。

图 14-16 作业发送的邮件

14.5.3 维护作业

维护作业主要有作业开始步骤、停止作业、禁用与启用作业、修改作业属性、重命名作业、删除作业、查看作业的历史记录等内容。停止作业、禁用与启用作业、重命名作业等操作与前面的有关介绍类同。

【例 14-13】给"jwglBakWork"作业创建一个新的步骤"jwglBakWork_2"，该步骤用于对"jwgl"数据库的"class"表的索引进行重新组织。

操作过程如下：

（1）进入"作业属性"窗口的"步骤"选项页：展开实例节点→展开"SQL Server 代理"节点→展开"作业"节点→右击作业"jwglBakWork"，在快捷菜单中单击"属性"命令，打开"作业属性 jwglBakWork"窗口，选择"步骤"选项页。在该选项页可以新建、插入、编辑、删除步骤内容。

（2）插入新步骤：单击"插入"按钮，打开"新建作业步骤"窗口。

1）输入步骤名称：在"步骤名称"文本框输入"jwglBakWork_2"。

2）选择作业类型：在"类型"下拉列表框中选择"Transact-SQL 脚本（T-SQL）"选项。

3）选择数据库：在"数据库"下拉列表框中选择"jwgl"数据库。

4）输入命令：在"命令"右边的编辑框中输入对"jwgl"数据库的"class"表进行重新组织索引的命令语句：

```
ALTER INDEX pk_clas ON class REORGANIZE
GO
ALTER INDEX uq_bjbh ON class REORGANIZE
GO
ALTER INDEX uq_bjmc ON class REORGANIZE
```

单击"确定"按钮返回"作业属性"窗口。

5）在"作业步骤列表"列表框中选择"jwglBakWork_2"，单击下移按钮　将其下移一行，设置为步骤"2"。

6）设置开始步骤：在"开始步骤"下拉列表框中选择开始执行的步骤"jwglBakWork_1"，设置内容如图 14-17 所示。单击"确定"按钮结束设置操作。

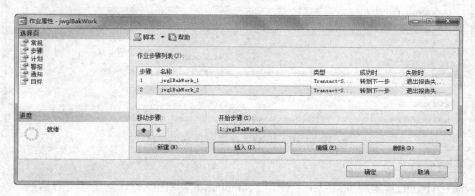

图 14-17　作业开始步骤

提示：当同一时段执行的任务有多个时，可使用同一计划中的多个步骤予以实现；当任务执行的时间不同时，则使用不同的计划予以实现。

14.6　维护计划

配置作业是实现自动执行任务的基本方法，它需要操作人员明确了解数据库邮件、操作员、警报、作业、计划、通知以及自动执行的 T-SQL 命令语句等知识才能正确地配置相关的内容，因此，实现起来稍为复杂。SQL Server 为了简化自动执行的配置操作，把常规、常用、周期性应用的数据库管理功能（例如数据库与事务日志的备份、索引重组、优化数据库等）设计为向导方式以简化作业的配置操作。

维护计划和维护计划向导是数据库日常维护实现自动化操作的另外两种方法，其实现过程图形化，简单明了，过程清楚，易于掌握。

14.6.1　新建维护计划

【例 14-14】设计一个"jwglMtsePlan"维护计划实现"jwgl"数据库的自动备份任务。备份策略为：每天的凌晨 2 时执行一次完整备份；每天的 12 时执行一次差异备份，每次备份完成后通知"admins"操作员。备份数据的存盘文件夹为"D:\jwglDb"，文件名为"jwglDb.Bak"。

操作过程如下：

（1）进入计划设计器窗口：展开实例节点→展开"管理"节点→右击"维护计划"，单击"新建维护计划"命令→弹出"新建维护计划"对话框，在"名称"文本框中输入计划的名称"jwglMtsePlan"→单击"确定"按钮，出现如图 14-18 所示"计划设计器"窗格。

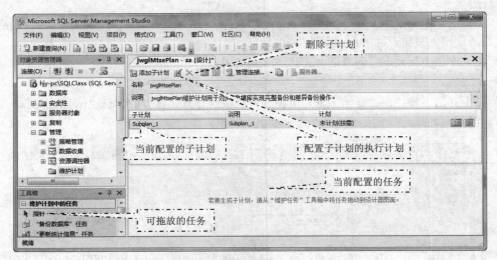

图 14-18　维护"计划设计器"窗格

（2）配置完整备份子计划。

1）设置子计划的基本属性：双击子计划"Subplan_1"弹出"子计划属性"对话框，在"名称"文本框输入"完整备份计划"，在"说明"文本框输入"对 jwgl 数据库备份"，如图 14-19 所示，单击"确定"按钮，返回"计划设计器"窗格。

图 14-19　设置子计划属性

2）拖放维护计划的任务：从左边工具箱的可拖放的任务列表中找到"备份数据库"任务和"通知操作员"任务，将两项任务拖放到"当前配置的任务"区域，然后选择"备份数据库"任务，将其箭头线拖向"通知操作员"任务，如图 14-20 所示。

3）编辑维护计划的任务：设置维护计划中的任务属性。

①编辑备份数据库任务：在"当前配置的任务"区域选择"备份数据库"任务，右击，单击"编辑"命令，弹出"'备份数据库'任务"对话框。

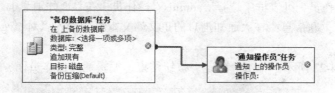

图 14-20   拖放维护计划的任务

在"'备份数据库'任务"对话框的"备份类型"下拉列表框选择"完整";单击"数据库"列表框,从弹出的对话框中选中"jwgl"数据库的复选框并单击"确定"按钮返回"'备份数据库'任务"对话框。

在"备份到"选择"磁盘"单选按钮;选择"跨一个或多个文件备份数据库"单选按钮;单击"添加"按钮,弹出"选择备份目标"对话框,在对话框中选择"文件名"单选按钮,在文件名的组合文本框中输入"D:\jwglDb\jwglDb.Bak"(注意:需在 D 盘创建"\jwglDb"文件夹),单击"确定"按钮返回"'备份数据库'任务"对话框。

在"如果备份文件存在"下拉列表框中选择"覆盖"选项。其他选项使用默认设置。

单击"确定"按钮结束"编辑备份数据库任务"的操作。设置内容如图 14-21 所示。

图 14-21   编辑备份数据库任务

②编辑通知操作员任务:在"当前配置的任务"区域选择"通知操作员"任务,右击,在快捷菜单中单击"编辑"命令,弹出"'通知操作员'任务"对话框。

在"要通知的操作员"列表框中选择"admins"操作员；在"通知消息的主题"文本框中输入
"数据库完整备份"主题信息；在"通知消息的正文"文本框中输入"对 jwgl 数据库执行完整备
份操作成功!"。

设置信息如图 14-22 所示。单击"确定"按钮结束"编辑通知操作员任务"的操作。

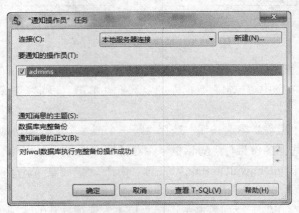

图 14-22　编辑通知操作员任务

4）设置子计划的执行计划：在"子计划"列表框中选择"完整备份计划"子计划行，单击"计
划设计器"窗格工具栏的"子计划的计划"按钮，弹出"作业计划属性-jwgl jwglMtsePlan 完整备
份计划"窗口，窗口设置内容与图 14-14 类同。

在"计划类型"下拉列表框选择"重复执行"，选中"已启用"复选框；在"执行"下拉列表
框中选择"每天"选项，在"执行间隔"微调框中输入"1"；选择"执行一次，时间为"单选按钮，
在微调框中输入"2:00:00"。其他使用默认值，单击"确定"按钮结束"完整备份作业计划属性"
的设置操作。

至此，完整备份子计划配置完成，"计划设计器"窗格的内容如图 14-23 所示。

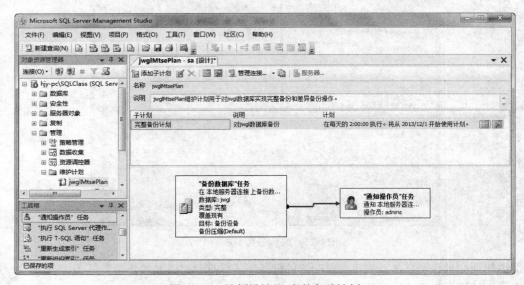

图 14-23　计划设计器-完整备份计划

（3）配置差异备份子计划：差异备份子计划的设置与完整备份子计划的设置过程基本相同，请读者参考上述设置过程自行完成操作。

差异备份子计划配置完成后，"计划设计器"窗格的内容如图 14-24 所示。至此，例 14-14 的要求已全部实现。

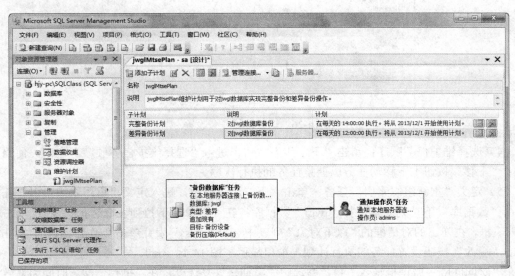

图 14-24 计划设计器-差异备份计划

14.6.2 维护计划向导

维护计划向导是 SQL Server 系统提供的比"新建维护计划"操作更为简单的一种按计划自动执行数据库维护操作的实现方法。

【例 14-15】通过维护计划向导设计一个数据库维护计划"jwglMaintain"，该计划在每周的周三凌晨 3 时对"jwgl"数据库的"class"表进行重新组织索引、更新统计信息等处理，处理报告以电子邮件的方式通知"admins"操作员。

操作过程如下：

（1）进入"维护计划向导"窗口：展开"管理"节点→右击"维护计划"节点，单击"维护计划向导"命令，打开"维护计划向导"窗口。

（2）选择计划属性：单击"下一步"按钮，进入"选择计划属性"窗口，如图 14-25 所示。在"名称"文本框输入维护计划的名称"jwglMaintain"，在"说明"文本框输入计划的有关说明信息，选择"每项任务单独计划"单选按钮，要求对计划中的每项任务分别配置执行计划。

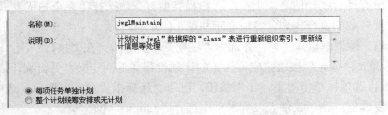

图 14-25 选择计划属性设置

（3）选择维护任务：单击"下一步"按钮，进入"选择维护任务"窗口，如图14-26所示。选中"重新组织索引"与"更新统计信息"两项维护内容。

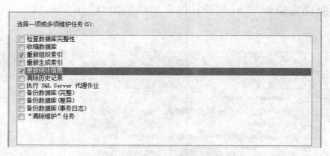

图14-26　选择维护任务设置

（4）选择维护任务顺序：单击"下一步"按钮，进入"选择维护任务顺序"窗口。使用"上移"或"下移"按钮上下移动任务以调整任务的执行次序。

（5）定义"重新组织索引"任务：单击"下一步"按钮，进入定义"重新组织索引"任务窗口。在"数据库"下拉列表框选择"jwgl"数据库；在"对象"下拉列表框选择"表"；单击"选择"列表框，在弹出的对话框的"以下对象"列表中选择"class"表并单击"确定"按钮；单击"计划"的"更改"按钮设置任务的执行计划，窗口显示与图14-14类同。

在"时间间隔"微调框输入"1"，并选中"星期三"复选框；在"执行一次，时间为"微调框输入"3:00:00"。单击"确定"按钮完成该任务的计划设置并返回定义"重新组织索引"任务窗口，设置内容如图14-27所示。

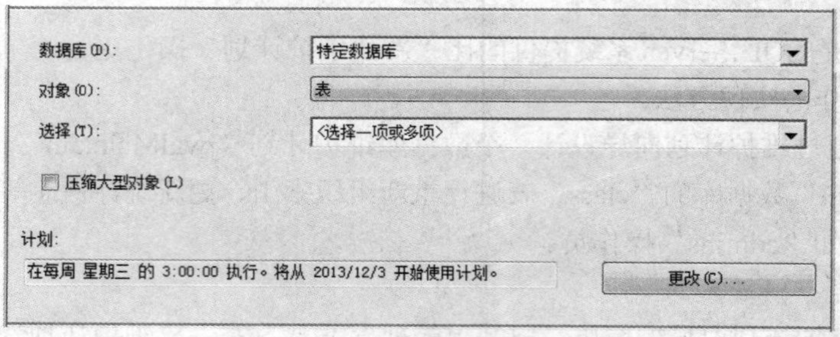

图14-27　重新组织索引任务设置

（6）定义"更新统计信息"任务：单击"下一步"按钮，进入定义"更新统计信息"任务窗口。在"数据库"下拉列表框选择"jwgl"数据库；在"对象"下拉列表框选择"表"；单击"选择"列表框，在弹出的对话框的"以下对象"列表中选择"class"表并单击"确定"按钮；在"更新"选项选择"所有现有统计信息"项；在"扫描类型"选项选择"完全扫描"；单击"计划"的"更改"按钮设置任务的执行计划，窗口显示与图14-14类同。

在"时间间隔"微调框输入"1"，并选中"星期三"复选框；在"执行一次，时间为"微调框输入"3:00:00"，单击"确定"按钮完成该任务的计划设置并返回定义"更新统计信息"任务窗口。

（7）选择报告选项：单击"下一步"按钮，进入"选择报告选项"窗口。选中"以电子邮件形式发送报告"复选框；在"收件人"列表框中选择"admins"操作员。

（8）单击"下一步"按钮，进入"完成该向导"窗口。窗口中列出上述设置的有关项目，确认后单击"完成"按钮开始执行向导各步骤的设置操作。最后显示"维护计划向导进度"窗口，在该窗口显示出各步骤执行结果的成功或失败状态信息。

（9）结束向导操作：在"维护计划向导进度"窗口中单击"关闭"按钮完成操作。

在"维护计划向导"中，还可以完成检查数据库的完整性、收缩数据库、重新生成索引、清除历史记录、执行 SQL Server 代理作业、备份数据库（完整、差异、事务日志）、清除维护任务等数据库的计划维护操作，其配置过程与上述实例基本类同。

小结

（1）SQL Server 2008 提供了任务自动化执行的机制，利用这项功能，许多频繁的、周期性执行的管理类操作都可以设置为在无人值守的情况下自动执行。自动执行的主要目的是使管理实现规范化，这种规范化处理涉及操作任务、SQL Server 代理、警报、操作员、作业、计划等多种元素的配置处理。

（2）维护计划提供了数据库常见的维护操作的自动执行计划的创建操作，使用维护计划向导能方便快捷地创建各种数据库的维护计划。

（3）数据库邮件、操作员、警报、作业等基本操作可以使用 SSMS 与 T-SQL 语句等方式实现，由于这些功能主要由数据库管理员处理，所以，本章主要介绍 SSMS 方式的实现方法。

练习十四

1．简述数据库邮件、操作员、作业、计划等元素的作用。

2．写出配置数据库邮件的操作过程。

3．写出创建操作员的操作过程。

4．写出创建作业的操作过程。

5．使用 SQL Server 2008 的代理作业功能，为"jwgl"数据库创建一个"plTotal"计划：在每周的星期日的下午 4 时 45 分钟按专业、班级分类统计在校学生的数量，统计结果保存到"stNumber"数据库表。

6．使用"新建维护计划"功能，为例 14-14 的备份策略增加一项计划：每小时的 30 分钟进行一次事务日志备份。

7．使用"维护计划向导"功能，创建一个实现"jwgl"数据库的完整、差异、事务日志备份的数据库维护计划，计划的执行时间读者可根据需要自定义。

15

安全管理

本章导读

在应用系统中，安全性问题是个综合性问题。本章介绍利用 SQL Server 2008 数据库管理系统提供的安全机制来解决数据库的安全性问题，读者应从 SQL Server 的身份验证入手，通过了解数据库登录名、服务器角色、数据库角色、数据对象、权限管理等基本概念，重点掌握 SQL Server 数据库的安全性管理方法。

本章要点

- SQL Server 的身份验证模式
- 服务器登录名、数据库用户、角色、数据对象、架构、权限等对象的作用
- 服务器、数据库、数据对象的安全性实现方法

15.1 安全管理概述

数据库的安全性管理是指向用户分配特定的权限来决定用户是否可以登录到指定的 SQL Server 数据库，是否可以对数据库对象实施某种操作等。

SQL Server 的安全管理主要由服务器安全验证、数据库安全验证、数据库对象的访问权限验证等三个层次的验证机制组成，也就是说，用户要想访问数据库的数据必须经过三个阶段的验证，只有当三个阶段的验证都获得通过时，用户才能对数据进行权限范围内的操作。

1. 服务器安全验证

服务器安全验证是指操作系统或数据库服务器对登录账户进行身份的合法性验证。这种验证是验证试图连接到 SQL Server 服务器上的登录账号及其密码的合法性，也是 SQL Server 安全验证的第一步，只有通过服务器验证后，用户才可以连接到 SQL Server 服务器。

2. 数据库安全验证

登录账户通过 SQL Server 服务器的安全性验证之后，接着进行数据库的安全性验证。数据库

的安全性验证是指对连接到 SQL Server 服务器的登录账户进行数据库用户映射的合法性验证。登录账户登录到数据库服务器后，还必须拥有与具体的数据库相对应的用户映射及其操作权限，否则，数据库将继续拒绝登录账户对具体数据库的访问操作。

服务器的登录账户与数据库用户是两个完全不同的对象，登录账户是基于 SQL Server 实例的，用于连接服务器实例，它拥有操作服务器的一些权限；数据库用户是基于具体数据库的，用于登录数据库，它拥有操作数据库的某些权限。一个登录账号可以对应多个不同的数据库用户。在默认情况下，登录账户和数据库用户的名称相同。

3. 数据库对象的访问权限验证

登录账户通过数据库的安全性验证之后，接着进行数据对象的访问权限验证。访问权限验证是指数据库用户对数据库的数据对象的访问权限的合法性验证。数据库管理人员通过对数据库用户的授权操作，可以将权限授权到数据的操作语句级别。

15.2 服务器的安全管理

SQL Server 服务器的安全性通过验证登录账号及其密码的合法性来实现。用户想要登录到 SQL Server 服务器，必须拥有一个有效的数据库服务器的登录账号和密码。

15.2.1 身份验证模式

SQL Server 支持 Windows 身份验证、SQL Server 和 Windows 混合身份验证两种类型的服务器验证模式。SQL Server 的登录账号有两种，一种是 Windows 用户的登录账号，这种账号及其密码由 Windows 操作系统来创建、维护和管理；另一种是 SQL Server 授权的用户，这种用户的账号及其密码由 SQL Server 服务器创建、维护和管理。

1. Windows 身份验证模式

SQL Server 使用 Windows 身份验证模式时，用户必须使用 Windows 账号先登录 Windows 系统，当用户试图连接 SQL Server 服务器时，SQL Server 服务器将请求 Windows 操作系统对登录用户的账号和密码进行验证，以决定该登录账号是否可以连接到 SQL Server 服务器成为数据库用户。

2. 混合身份验证模式

混合身份验证模式是指 SQL Server 和 Windows 操作系统共同对用户身份进行验证的一种验证模式。在这种模式下，SQL Server 既接受 Windows 操作系统的登录账号，同时也接受 SQL Server 登录账号的验证。

混合身份验证模式的验证过程为：对于一个试图登录 SQL Server 服务器的账号，SQL Server 服务器先将该账号和密码与 SQL Server 实例中存储的账号和密码进行对比，如果匹配则允许该账号登录到 SQL Server 服务器，建立与 SQL Server 服务器的连接；如果不匹配，则 SQL Server 通过 Windows 操作系统来验证该账户是否为 Windows 用户，如果是 Windows 用户，则允许它登录到 SQL Server 服务器，否则，拒绝登录并给出登录失败信息。

3. 设置 SQL Server 服务器的身份验证模式

请参见 2.3.2 节"配置远程登录"，在"服务器属性"窗口的"安全性"选项页中，在"服务器身份验证"选项中进行选择。

15.2.2 登录账号

服务器的登录账号也称登录名。在 Windows 身份验证模式下连接数据库服务器时并不需要服务器的登录账号和密码,但在混合身份验证模式下则必须提供有效的登录账号和密码才能连接到服务器。

15.2.2.1 创建登录账号

创建登录账号时要指明登录账号的身份验证模式,如果是 Windows 身份验证模式,则登录账号必须是 Windows 操作系统的用户账号,否则,创建的是 SQL Server 实例的登录账号。下面主要介绍创建 SQL Server 身份验证的登录账号。

1. 使用 SSMS 方式创建登录账号

【例 15-1】使用 SSMS 方式创建一个登录名为"jwgl",密码为"jw_180"的数据库实例登录账号。

操作过程如下:

(1)进入新建"登录名"窗口:展开"安全性"节点→右击"登录名"节点,单击"创建登录名"命令,打开"登录名-新建"窗口,选择"常规"选项页。

(2)输入登录名(即登录账号名称):在"登录名"文本框中输入"jwgl"。

(3)选择验证模式:在登录名下面选择"SQL Server 身份验证"单选按钮。

如果选择的是"Windows 身份验证"模式,则在"登录名"文本框中输入的登录名必须是 Windows 系统中已经创建的账号;或单击"搜索"按钮,弹出"选择用户或组"对话框,这时可从对话框中选择 Windows 用户或用户组,为此,所选择的 Windows 用户或用户组中的 Windows 用户将成为数据库服务器实例的登录账号。

(4)输入登录账号的密码:在"密码"和"确认密码"文本框中输入"jw_180"密码,两者必须相同。① 强制实施密码策略:如果选中"强制实施密码策略"复选框,则要按照密码策略来检查密码的设置要求以此来确保密码的安全性;如果没有选择该项,则表示密码设置不受限制,甚至可以为空密码,本例不选择;② 强制密码过期:如果选中"强制密码过期"复选框,表示将使用密码过期策略来检查设置的密码,本例不选择;③ 用户在下次登录时必须更改密码:如果选中"用户在下次登录时必须更改密码"复选框,表示每次使用该账号登录时都必须马上更改密码,本例不选择。

(5)默认数据库:在"默认数据库"下拉列表框选择"jwgl"数据库。

其他选项使用默认设置,经过上述操作,"常规"选项页的设置如图 15-1 所示。

(6)服务器角色:在"选择页"列表中单击"服务器角色",在"服务器角色"选项页中列出了所有的服务器角色。如果选择了某一角色,则表示该登录账号属于该角色的成员,拥有了该角色所具有的操作权限。关于服务器角色的内容在下一小节介绍。

提示:每个 SQL Server 登录名都自动属于 public 服务器角色的成员,所以,本例从服务器角色列表框中只选择"public"角色。

(7)用户映射:在"选择页"列表中单击"用户映射",在"用户映射"选项页中设置"映射到此登录名的用户"和"数据库角色成员身份"两项内容:① 设置登录账号映射的数据库用户名:在"映射到此登录名的用户"列表中选中"jwgl"数据库的"映射"列复选框;在"用户"列将自动显示"jwgl"用户名,如果希望登录账号名与数据库用户名不一样,可以在这里修改用户名;在

"默认架构"列输入或单击"…"按钮选择架构，有关数据库"架构"的内容将在下一节介绍；②设置用户所属的数据库角色：在"数据库角色成员身份"列表框中列出了当前数据库用户可以选择的数据库角色，当选择了某个角色时，用户就拥有了该角色所具有的权限，数据库角色是对数据库操作的权限的集合，本例选择"db_owner"和"public"两种数据库角色。

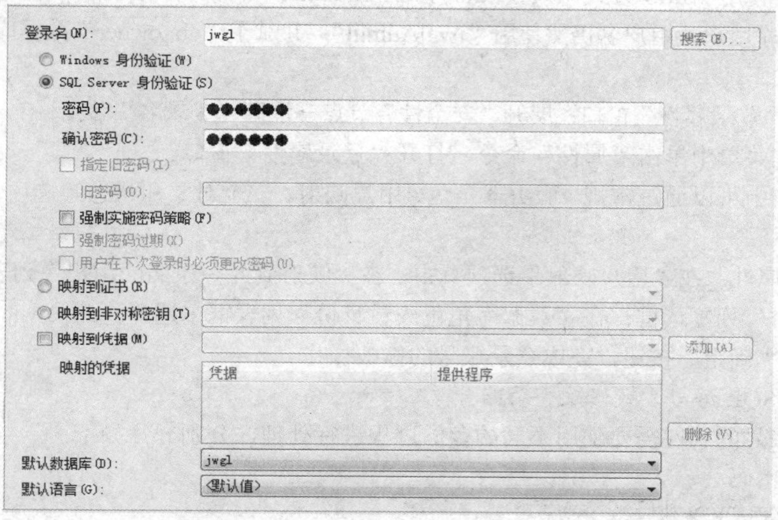

图 15-1　新建登录名

（8）安全对象：在"选择页"列表中单击"安全对象"，在"安全对象"选项页中设置安全对象的操作权限。本例使用默认设置。

（9）状态：在"选择页"列表中单击"状态"，在"状态"选项页中设置是否允许账号连接到数据库实例以及是否启用账号等内容。本例选择"授予"、"启用"两个选项。

经过上述设置，单击"确定"按钮，完成登录账号的创建操作。

2. 使用 T-SQL 语句方式创建登录账号

使用 T-SQL 语句方式创建登录账号有两种方法，一是使用 CREATE LOGIN 语句，二是调用 sp_addlogin 存储过程。下面主要介绍使用存储过程的方法创建登录账号。

（1）语法格式

```
EXECUTE sp_addlogin <登录名>,<密码> [,<默认数据库>[,<默认语言>]]
```

（2）使用说明

1）登录名：登录名不能为空，不能是已存在的登录名。

2）密码：密码要满足密码策略的要求。

3）默认数据库：不指定时，系统数据库"master"为默认数据库。

4）默认语言：指定使用的语言，不指定时使用系统当前使用的默认语言。

5）命令中的四个参数均为字符串，用单引号引起来。使用本命令创建的登录账号还不能马上使用，必须进一步为其指定数据库用户的映射才能使用。

（3）操作案例

【例 15-2】使用 SSMS 方式创建一个登录名为"jwglAdmin"的 SQL Server 身份验证的登录账号，密码为"j_a_r@9"，默认数据库为"jwgl"数据库，语言为"Simplified Chinese"简体中文。

实现代码如下：

```
EXECUTE sp_addlogin 'jwglAdmin','j_a_r@9','jwgl','Simplified Chinese'
```

15.2.2.2　修改登录账号

1. 使用 SSMS 方式修改登录账号

【例 15-3】使用 SSMS 方式修改登录名为"jwglAdmin"的属性：将"jwglAdmin"登录名映射到"jwgl"数据库用户，用户名仍然使用"jwglAdmin"；并赋予"db_owner"数据库角色成员身份。

操作过程如下：

（1）进入"登录属性"窗口：展开"安全性"节点→展开"登录名"节点→右击"jwglAdmin"登录名，在快捷菜单中单击"属性"命令，打开"登录属性"窗口。

在属性窗口中可以通过常规、服务器角色、用户映射、安全对象和状态等选项页修改登录账号的有关属性。

（2）修改属性：在"用户映射"选项页中，在"映射到此登录名的用户"列表中选中"jwgl"数据库的"映射"列复选框；在"数据库角色成员身份"列表框中选择"db_owner"数据库角色。

（3）单击"确定"按钮，完成登录账号的修改操作。

2. 使用 T-SQL 语句方式修改登录账号

修改登录账号的属性需要使用不同的存储过程进行处理，分别介绍如下：

（1）修改密码

```
EXECUTE sp_password <旧密码>,<新密码>,<登录名>
```

【例 15-4】将登录名为"jwglAdmin"的密码修改为"jd279"。

```
EXECUTE sp_password 'j_a_r@9','jd279','jwglAdmin'
```

（2）修改默认数据库

```
EXECUTE sp_defaultdb <登录名>,<默认数据库名>
```

【例 15-5】将登录名为"jwglAdmin"的默认数据库修改为"master"。

```
EXECUTE sp_defaultdb 'jwglAdmin', 'master'
```

（3）修改默认语言

```
EXECUTE sp_defaultlanguage <登录名>,<默认语言>
```

【例 15-6】将登录名为"jwglAdmin"的默认语言修改为"English"。

```
EXECUTE sp_defaultlanguage 'jwglAdmin','English'
```

15.2.2.3　禁用登录账号

1. 使用 SSMS 方式禁用登录账号

要禁用一个 SQL Server 身份验证的账号，只要数据库管理员将登录账号的密码修改成另一个密码即可；要禁用一个 Windows 身份验证的账号，则需要使用 SSMS 方式或 T-SQL 语句来实现。

【例 15-7】将登录名为"jwglAdmin"的登录账号设置为禁用状态。

操作过程如下：

展开"安全性"节点→展开"登录名"节点→右击"jwglAdmin"登录名，在快捷菜单中单击"属性"命令，打开"登录属性"窗口→选择"状态"选项页→在"是否允许连接到数据库引擎"项选择"拒绝"→在"登录"项选择"禁用"→单击"确定"按钮结束操作。

2. 使用 T-SQL 语句方式禁用登录账号

（1）语法格式

```
EXECUTE sp_denylogin <登录名>
```

（2）使用说明

登录名的格式为：域名或主机名\用户名或用户组名。如果是 Windows XP 操作系统，域名为主机名；如果是服务器操作系统，则为用户所在域的域名。本命令不能用于禁用 SQL Server 登录用户。

（3）操作案例

【例 15-8】禁止使用 Windows 操作系统的"jwUser"用户登录到 SQL Server 实例，其中，Windows 操作系统的计算机名称为"hjy_pc"。

实现代码如下：

```
EXECUTE sp_denylogin 'hjy_pc\jwUser'
```

15.2.2.4　删除登录账号

1. 使用 SSMS 方式删除登录账号

【例 15-9】将登录名为"jwglAdmin"的账号删除。

操作过程如下：

展开"安全性"节点→展开"登录名"节点→右击"jwglAdmin"登录名，在快捷菜单中单击"删除"命令，打开"删除对象"窗口→单击"确定"按钮。

2. 使用 T-SQL 语句方式删除登录账号

（1）删除 SQL Server 身份验证的登录账号

1）语法格式

```
EXECUTE sp_droplogin <登录名>
```

2）案例操作

【例 15-10】将例 15-9 的功能使用 T-SQL 语句实现。

```
EXECUTE sp_droplogin 'jwglAdmin'
```

（2）删除 Windows 身份验证的登录账户

1）语法格式

```
EXECUTE sp_revokelogin <登录名>
```

2）案例操作

【例 15-11】删除计算机名称为"hjy_pc"的 Windows 身份验证的登录账号"jwUser"。

```
EXECUTE sp_revokelogin 'hjy_pc\jwUser '
```

15.2.3　服务器角色

1. 角色的概念

在实际应用中，一个应用系统可能有多种类型的用户，每种类型的用户可能拥有多种相同的权限，如果对每个用户都逐一地进行重复的授权操作，显然授权效率十分低下，并且权限也不便于集中管理，为此，可以将同种类型的用户所拥有的权限做成一个角色，然后将该角色赋给同种类型的每个用户，这样，授权过程就得到了简化。

从管理的角度上看，角色可以理解为若干操作权限的集合。当一个用户被赋予一个角色时，该用户就拥有这个角色所包含的权限；一个角色可以赋给多个用户，一个用户也可以拥有多个角色：角色包含的权限变了，相关用户所拥有的权限也跟着发生改变。

2. 服务器角色

服务器角色是对服务器进行操作的若干权限的集合。服务器角色是系统预先定义好的、是系统内置的，被称为固定的服务器角色。

固定的服务器角色具有特定的权限，只要在这些角色中添加登录账号，使登录账号成为固定服务器角色的成员，则这些登录账号就能获得相应的数据库管理权限。服务器角色是固有的，用户不能删除、修改和添加固定的服务器角色。表 15.1 列出了固定的服务器角色及其权限。服务器角色的权限在服务器作用域范围内有效。

表 15.1 固定的服务器角色

序号	服务器角色	访问权
1	sysadmin	系统管理员。具有在服务器中执行任何操作的权限
2	serveradmin	服务器管理员。具有设置服务器范围的配置选项和关闭服务器的权限
3	setupadmin	安装程序管理员。具有添加、删除、连接、执行某些系统存储过程的权限
4	securityadmin	安全管理员。具有管理登录名及其属性的权限
5	processadmin	进程管理员。具有终止 SQL Server 实例中运行进程的权限
6	dbcreator	数据库创建者。具有创建、更改、删除和还原数据库的权限
7	diskadmin	磁盘管理员。具有管理磁盘文件的权限
8	bulkadmin	大容量管理员。具有可运行 BULK INSERT 语句的权限
9	public	公共的服务角色。具有浏览的权限。所有登录账号都是本角色的成员

3. 为登录账号指定服务器角色

登录账号要想获得相应服务器角色的权限，必须将其划归到某个服务器角色。一个登录账号可以拥有多个服务器角色的权限。为登录账号指定服务器角色既可以从登录账号也可以从固定的服务器角色为操作对象进行配置，下面以登录账号为操作对象进行介绍。

（1）使用 SSMS 方式为登录账户指定服务器角色

【例 15-12】将"jwgl"登录账号赋予"sysadmin"服务器角色。

操作过程如下：

展开"安全性"节点→展开"登录名"节点→右击"jwgl"登录名，在快捷菜单中单击"属性"命令，打开"登录属性"窗口→选择"服务器角色"选项页→在"服务器角色"列表中选择"sysadmin"角色→单击"确定"按钮结束操作。

（2）用 S-SQL 命令为登录账号指定服务器角色。

1）语法格式

```
EXECUTE sp_addsrvrolemember <登录名>,<服务器角色>
```

2）案例操作

【例 15-13】将"jwgl"登录账号赋予"setupadmin"服务器角色。

实现代码如下：

```
EXECUTE sp_addsrvrolemember 'jwgl','setupadmin'
```

4. 取消登录账号的服务器角色

1）语法格式

```
EXECUTE sp_dropsrvrolemember <登录名>,<服务器角色>
```

2）案例操作

【例 15-14】从"setupadmin"服务器角色中取消"jwgl"登录账号。

实现代码如下：

```
EXECUTE sp_dropsrvrolemember 'jwgl','setupadmin'
```

值得注意的是，不能从"public"服务器角色中取消指定的登录账户。

15.3　数据库的安全管理

用户通过登录账号连接到服务器以后，还没有访问数据库的任何权限，只有将登录账号映射到某个数据库成为该数据库的用户后才具有访问数据库的能力。数据库的安全性主要由数据库用户来控制，数据库的安全机制需要对数据库用户进行授权操作，而这种操作涉及到架构和数据库角色的概念。

15.3.1　架构

架构是一种对数据库对象进行分组的容器，是表、视图、存储过程等数据库对象的集合。架构由用户或角色拥有。在 SQL Server 中，架构分为两种类型：一种是系统内置的架构，称为系统架构；另一种是用户定义的架构，称为用户自定义架构。在创建数据库用户时，必须为数据库用户指定一个默认架构，即每个用户都有一个默认架构。如果不指定，则使用"dbo"系统架构作为用户的默认架构。

15.3.1.1　创建架构

1. 使用 SSMS 方式创建架构

【例 15-15】为"jwgl"数据库的数据库用户"jwgl"创建一个"jwglFramework"架构，并赋予该架构的所有者"jwgl"用户拥有插入、修改、更新等权限。

操作过程如下：

（1）进入创建架构窗口：展开"数据库"节点→展开"jwgl"数据库节点→展开"安全性"节点→右击"架构"节点→在快捷菜单中单击"新建架构"命令，打开"架构-新建"窗口。选择"常规"选项页，如图 15-2 所示。

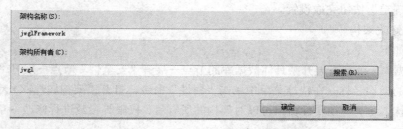

图 15-2　创建架构-常规选项页

（2）输入架构名称：在"架构名称"文本框输入"jwglFramework"。

（3）选择架构的所有者：在"架构所有者"文本框输入已有的数据库用户或数据库角色，或单击"搜索"按钮查找架构的所有者。本例可直接输入数据库用户名"jwgl"。

（4）为架构的所有者添加权限：单击"权限"选项页，在该页面内可以设置架构所有者拥有的操作权限，如插入、修改、更新等权限。

1）选择数据库用户或角色：单击"搜索"按钮，打开"搜索角色和用户"对话框，在对话框中单击"浏览"按钮查找架构的所有者"jwgl"数据库用户。

2）设置"jwgl"用户的权限：在"jwgl 的权限"列表中，在插入、更新、删除行的"授予"列中选中复选框，如图 15-3 所示。

（5）完成操作：单击"确定"按钮完成架构的创建操作。

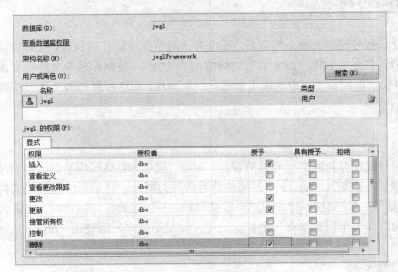

图 15-3　为架构用户授权

2. 为数据库用户设置默认架构

【例 15-16】将架构"jwglFramework"设置为"jwgl"数据库的"jwgl"数据库用户的默认架构。

操作过程如下：

展开实例节点→展开"jwgl"数据库节点→展开"安全性"节点→右击"jwgl"用户名→在快捷菜单中单击"属性"命令，打开"数据库用户-jwgl"窗口→在"默认"架构列表框中输入"jwglFramework"，或通过其右边的"…"按钮打开"选择架构"对话框查找"jwglFramework" 架构名→单击"确定"按钮完成设置。

15.3.1.2　修改架构

操作步骤如下：

展开"数据库"节点→展开某具体数据库的节点→展开"安全性"节点→展开"架构"节点→右击需要修改的架构名称→在快捷菜单中单击"属性"命令，打开"架构属性-XXX"窗口（XXX代表具体的架构名称）→在属性窗口可以对架构的所有者、权限等参数进行修改→单击"确定"按钮完成修改。

15.3.1.3　删除架构

1. 使用 SSMS 方式删除架构

操作过程如下：

展开"数据库"节点→展开某具体数据库的节点→展开"安全性"节点→展开"架构"节点→右击某架构名称→在快捷菜单中单击"删除"命令，打开"删除对象"窗口→单击"确定"按钮完成删除操作。

2. 使用 T-SQL 语句方式删除架构

（1）语法格式

DROP SCHEMA <架构名>

（2）案例操作

【例 15-17】将架构"jwglFramework"删除。

实现代码如下：

DROP SCHEMA jwglFramework

15.3.2　数据库角色

数据库角色是一组被赋予了特定操作权限的对象，数据库用户被添加到某种数据库角色时，就意味着该用户拥有了某种操作权限。数据库角色分系统数据库角色（常称为固定数据库角色）、用户自定义角色和应用程序角色等三种类型。固定数据库角色预定义了数据库的安全管理权限和对数据对象的访问权限；用户自定义角色由数据库管理员创建并且自定义对数据对象的访问权限；应用程序角色规定了某个应用程序的安全性，用来控制通过某个应用程序对数据的间接访问。

1. 固定数据库角色

SQL Server 为每个数据库预定义了十个固定的数据库角色，它们拥有相应的数据库对象的访问权限。用户不能增加、删除和修改固定的数据库角色。表 15.2 列出了固定的数据库角色及其简要权限。

表 15.2　固定数据库角色

序号	数据库角色	访问权
1	db_owner	具有数据库操作的全部权限
2	db_accessadmin	具有在数据库中增删 Windows 用户、组以及 SQL Server 用户的权限
3	db_securityadmin	具有修改角色成员身份和管理数据库中的语句和对象的权限
4	db_ddladmin	具有全部 DDL 操作，但不具备 GRANT、REVOKE 或 DENY 语句的权限
5	db_backupoperator	具有备份数据库的权限
6	db_datareader	具有 SELECT 权限，即具有读取所有用户表的所有数据的权限
7	db_datawriter	具有在所有表中插入、修改、删除数据的权限
8	db_denydatareader	拒绝 SELECT 权限，即不能读取数据库内任何用户表中的任何数据
9	db_denydatawriter	拒绝增、删、改权限，即不能更改数据库表中的任何数据
10	public	每个数据库用户都是本角色的成员，它维护数据库用户的默认权限

2. 自定义数据库角色

每个固定数据库角色都被赋予了固定的数据库对象的访问权限，因此，常常不能满足多变的实际应用要求，这时可以通过自定义方式生成满足实际要求的数据库角色。

【例 15-18】创建一个"jwgl"数据库的自定义数据库角色"jwglRole"，角色拥有"db_owner"架构。

操作过程如下：

（1）进入创建数据库角色窗口：展开"数据库"节点→展开"jwgl"数据库节点→展开"安

全性"节点→展开"角色"节点→右击"数据库角色"节点,在快捷菜单中单击"新建数据库角色"命令,打开"数据库角色-新建"窗口。

(2)输入角色名称:在"角色名称"文本框输入"jwglRole"。

(3)选择角色拥有的架构:在"此角色拥有的架构"列表中选择"db_owner"。

其他选项暂时使用默认,单击"确定"按钮完成操作。通常,创建角色只是创建了一个角色对象,还要给它分配权限,权限分配操作在下一节介绍。

15.3.3 数据库用户

数据库用户是一个拥有数据库某种操作权限的对象。一个登录名可以映射到多个数据库的某个用户,但一个数据库的多个用户不能被映射到同一个登录名。

15.3.3.1 创建数据库用户

1. 使用 SSMS 方式创建数据库用户

【例 15-19】创建一个"jwgl"数据库的用户"jwglUser",该用户映射到"jwgl"登录名,拥有"dbo"、"db_ddladmin"架构和"jwglRole"角色的权限,默认架构为"dbo"。

操作过程如下:

(1)打开创建数据库用户窗口:展开"数据库"节点→展开"jwgl"数据库节点→展开"安全性"节点→右击"用户"节点,在快捷菜单中单击"新建用户"命令,打开"数据库用户-新建"窗口。

(2)输入用户名:在"用户名"文本框输入"jwglUser"用户名。

(3)映射登录名:在"登录名"文本框输入"jwgl"登录账号的名称。也可以通过其右边的"…"按钮查找选择映射的登录名。

(4)设置默认架构:在"默认架构"文本框输入"dbo"架构名称。也可以通过其右边的"…"按钮查找选择默认的架构。

(5)设置用户拥有的架构:在"此用户拥有的架构"下拉列表框中选择"db_ddladmin"。

(6)设置角色成员身份:在"数据库角色成员身份"下拉列表框中选择"jwglRole"。

(7)完成操作:单击"确定"按钮完成数据库用户的创建操作。

2. 使用 T-SQL 语句创建数据库用户

(1)语法格式

```
CREATE USER <用户名>
[{{FOR|FROM}
 {LOGIN <登录名>|CERTIFICATE <证书名>|ASYMMETRIC KEY <非对称密钥>}
 |WITHOUT LOGIN}]
[ WITH DEFAULT_SCHEMA=<默认架构名>]
```

(2)使用说明

1)用户名:指定创建的数据库用户名称。用户名的最大长度是 128 个字符。

2)LOGIN <登录名>:指定创建的数据库用户映射到 SQL Server 的登录名。登录名必须是服务器中有效的登录名。

3)CERTIFICATE <证书名>:指定要创建的数据库用户的证书。

4)ASYMMETRIC KEY <非对称密钥>:指定要创建的数据库用户的非对称密钥。

5)WITH DEFAULT_SCHEMA =<默认架构名>:指定服务器为此数据库用户解析对象名时将

搜索的第一个架构，即设置默认架构名。

6）WITHOUT LOGIN：指定不将用户映射到现有登录名。

（3）操作案例

【例 15-20】先创建一个"jwglAccount"登录账号，登录密码为"avy_17d"，然后为"jwgl"数据库创建一个"jwglUserBak"数据库用户，默认架构为"db_backupoperator"。

```
CREATE LOGIN jwglAccount WITH PASSWORD='avy_17d'    --创建登录账号
USE jwgl                                            --设置当前数据库
CREATE USER jwglUserBak FOR LOGIN jwglAccount       --创建 jwgl 数据库用户
WITH DEFAULT_SCHEMA= db_backupoperator
```

15.3.3.2 修改数据库用户

通过数据库用户属性窗口可以修改数据库用户拥有的架构、角色成员、安全对象和权限分配等内容。

1. 使用 SSMS 方式修改数据库用户

【例 15-21】为"jwgl"数据库的"jwglUserBak"数据库用户添加一个"db_ddladmin"数据库角色成员身份。

操作过程如下：

（1）打开数据库用户属性窗口：展开"数据库"节点→展开"jwgl"数据库节点→展开"安全性"节点→展开"用户"节点→右击"jwglUserBak"用户名，在快捷菜单中单击"属性"命令，打开"数据库用户-jwglUserBak"窗口。

（2）添加角色成员身份：在"数据库角色成员身份"下拉列表框中选择"db_ddladmin"。

（3）单击"确定"按钮完成修改操作。

2. 使用 T-SQL 语句修改数据库用户

（1）语法格式

```
ALTER USER <用户名> WITH <选项> [,...n]
```

其中"选项"的内容如下：

```
{NAME=<新用户名>|DEFAULT_SCHEMA=<默认架构名>|LOGIN=<登录名>}
```

（2）使用说明

1）用户名：指定修改的用户名称。

2）LOGIN=<登录名>：将用户重新映射到指定的登录名。

3）NAME=<新用户名>：用户名重命名。新用户名不能是当前数据库已存在的用户名。

4）DEFAULT_SCHEMA=<默认架构名>：重新指定用户的默认架构。

从语法上看，修改语句只能修改用户的名称、默认架构和映射的登录名。

（3）操作案例

【例 15-22】将"jwgl"数据库的"jwglUserBak"用户的默认架构修改为"db_owner"。

实现代码如下：

```
ALTER USER jwglUserBak WITH DEFAULT_SCHEMA=db_owner
```

15.3.3.3 删除数据库用户

1. 使用 SSMS 方式删除数据库用户

删除数据库用户时，如果用户拥有架构，则必须先将拥有的架构删除。

【例 15-23】删除"jwgl"数据库的"jwglUserBak"用户。

操作过程如下：

展开"数据库"节点→展开"jwgl"数据库节点→展开"安全性"节点→展开"用户"节点→右击"jwglUserBak"用户名，在快捷菜单中单击"删除"命令，打开"删除对象"窗口→单击"确定"按钮。

2. 使用 T-SQL 语句删除数据库用户

（1）语法格式

DROP USER <用户名>

（2）案例操作

【例 15-24】将例 15-23 的功能使用 T-SQL 语句实现。

实现代码如下：

DROP USER jwglUserBak

15.3.3.4 特殊的数据库用户

特殊的数据库用户是 SQL Server 系统预定义的用户，它们被赋予了特殊的权限。

1. dbo 用户

"sa"登录账号和"sysadmin"角色的成员被映射到所有数据库内部的一个特殊用户，即"dbo"用户账号。任何由系统管理员创建的对象都自动属于"dbo"用户。

2. guest 用户

"guest"数据库用户主要用于没有登录账号的来宾用户访问数据库，通常称为"来宾账号"，具有最低的访问权限，一般不开启使用，否则会降低系统的安全性。

15.4 数据对象的安全管理

数据对象主要是指数据库中的数据表、索引、存储过程、视图等对象。数据对象的安全性验证是对上述对象的访问权限进行验证，而访问权限是指用户对数据库对象的使用权限以及对数据库对象所能执行的操作。没有对象访问权限的用户不能操作该对象。

15.4.1 权限的种类

1. 数据对象权限

数据对象权限是指数据库用户对数据库中的表、视图、存储过程等对象的操作权限。这些权限主要是指数据操作语言的语句权限，即 SELECT、UPDATE、DELETE、INSERT、EXECUTE 等语句的操作权限。

2. 语句权限

语句权限是指用户是否拥有执行某一语句的权限。这些语句主要包括 CREATE DATABASE、CREATE TABLE、CREATE VIEW、CREATE RULE、CREATE DEFAULT、CREATE PROCEDURE、BACKUP DATABASE、BACKUP LOG 等。

3. 隐含权限

隐含权限是指 SQL Server 内置的或在创建对象时自动生成的权限。它们主要包含在固定的服务器角色和固定的数据库角色当中。常见的权限类别及其应用对象如表 15.3 所示。

表 15.3　常见的权限

序号	权限类别	权限描述	适用的安全对象
1	SELECT	允许使用 SELECT 查询数据	表和列、表值函数和列、视图
2	UPDATE	允许使用 UPDATE 修改数据	表和列、视图和列
3	REFERENCES	允许在外键或检查约束中引用表、视图中的列	标量函数、聚合函数、表和列、表值函数和列、视图和列
4	INSERT	允许使用 INSERT 语句插入记录	表和列、视图和列
5	DELETE	允许使用 DELETE 语句删除记录	表和列、视图和列
6	VIEW CHANGE TRACKING	允许使用相关函数获取对表更改以及与这些更改有关的信息	表和列、视图和列
7	VIEW DEFINITION	允许查看安全对象的元数据	标量函数、聚合函数、存储过程、表、视图
8	ALTER	允许更改安全对象的定义	同上
9	TAKE OWNERSHIP	允许获取安全对象的所有权	同上
10	CONTROL	允许对安全对象具有所有权限	同上

15.4.2　权限的管理

由于隐含权限是由系统预定义的，所以不能对其进行修改，因此对权限的管理只涉及到对象权限与语句权限的管理。权限管理以数据库角色或用户为操作对象，也可以通过对架构进行授权然后再指定架构的所有者（角色或用户）进行权限管理。

权限管理包括以下三方面的内容：

1. 授予权限（GRANT）

授予权限是指允许某个角色或用户对某个数据对象执行某种操作。

2. 拒绝访问权限（DENY）

拒绝访问权限是指拒绝某个角色或用户对某个数据对象执行某种操作，即使该角色或用户已获得授权也不允许操作。

3. 取消权限（REVOKE）

取消权限是指不允许某个角色或用户对某个数据对象执行某种操作。

上述三种权限冲突时，只有拒绝访问权限起作用。

15.4.2.1　使用 SSMS 方式对角色授权

【例 15-25】为"jwgl"数据库创建一个"jwglInsRole"数据库角色，该角色只拥有对"class"表的查询权限。

操作过程如下：

（1）进入创建数据库角色窗口：展开"数据库"节点→展开"jwgl"数据库节点→展开"安全性"节点→展开"角色"节点→右击"数据库角色"节点，在快捷菜单中单击"新建数据库角色"命令，打开"数据库角色-新建"窗口。

（2）输入角色名称：在"角色名称"文本框输入"jwglInsRole"。

（3）选择安全对象：①选择"安全对象"选项页，单击"搜索"按钮，弹出"添加对象"对话框；②在"添加对象"对话框中，选择"特定对象"单选按钮，单击"确定"按钮，弹出"选择对象"对话框；③在"选择对象"对话框中，单击"对象类型"按钮，弹出"选择对象类型"对话框；④在"选择对象类型"对话框中，选择要授权的对象类型，本例选择"表"，单击"确定"按钮返回"选择对象"对话框；⑤在"选择对象"对话框中，单击"浏览"按钮，弹出"查找对象"对话框；⑥在"查找对象"对话框的"匹配对象"列表框中，选择"[dbo].[class]"表；单击"确定"按钮返回"选择对象"对话框；⑦在"选择对象"对话框中单击"确定"按钮返回"数据库角色-新建"窗口。

（4）给安全对象授权：在"数据库角色-新建"窗口的"dbo.class 权限"列表中，在"选择"和"引用"两行的"授予"列选中复选框。

如果还想进一步授权到表中的列字段，可单击"列权限"按钮，弹出"列权限"对话框，在该对话框中对字段进行授权，即选择"授予"或"拒绝"等权限。

（5）结束授权：在"数据库角色-新建"窗口中，单击"确定"按钮完成授权操作。

通过上述授权后，如果某个登录账号的数据库用户只拥有"jwglInsRole"角色的权限，则该用户只能查询"jwgl"数据库中的"class"班级表。请读者自行验证。

15.4.2.2 使用 SSMS 方式对用户授权

给单个数据库用户授权的操作与角色的授权过程基本相同，为了进一步巩固对角色或用户的授权管理，下面通过案例学习如何将一个数据库的备份权限授予给某个数据库用户。

【例 15-26】为"jwgl"数据库创建一个"SQL Server 身份验证"的"jwglUserBak"登录账号，密码为"jbk1908"，映射的数据库用户也是"jwglUserBak"，该数据库用户只拥有对"jwgl"数据库的备份权限。

操作过程如下：

（1）创建登录账号：参考 15.2.2 节创建"jwglUserBak"登录账号，默认数据库为"jwgl"，映射的数据库用户名也是"jwglUserBak"。

（2）进入数据库用户属性窗口：展开"数据库"节点→展开"jwgl"数据库节点→展开"安全性"节点→展开"用户"节点→右击"jwglUserBak"用户名，单击"属性"命令，打开"数据库用户-jwglUserBak"窗口。

（3）选择安全对象：①选择"安全对象"选项页，单击"搜索"按钮，弹出"添加对象"对话框；②在"添加对象"对话框中，选择"特定对象"单选按钮，单击"确定"按钮，弹出"选择对象"对话框；③在"选择对象"对话框中，单击"对象类型"按钮，弹出"选择对象类型"对话框，选中"数据库"复选框，然后单击"确定"按钮返回"选择对象"对话框；④在"选择对象"对话框中，单击"浏览"按钮，弹出"查找对象"对话框；⑤在"查找对象"对话框的"匹配对象"列表框中，选中"jwgl"复选框，单击"确定"按钮返回"选择对象"对话框；⑥在"选择对象"对话框中单击"确定"按钮，返回"数据库用户-jwglUserBak"窗口，然后进行权限设置。

（4）给对象授权：在"数据库用户-jwglUserBak"窗口的"jwgl 权限"列表中，在"备份日志"和"备份数据库"两行的"授予"列选中复选框。

（5）结束授权：单击"确定"按钮完成授权操作。

15.4.2.3 使用 SSMS 方式对语句授权

【例 15-27】为"jwgl"数据库创建一个"SQL Server 身份验证"的"jwUserIDU"登录账号，密码为"jw2908"，映射的数据库用户名也是"jwUserIDU"，该数据库用户只拥有对"jwgl"数据库表的插入、更改、删除等语句的执行权限。

操作过程如下：

（1）创建登录账号：参考 15.2.2 节创建"jwUserIDU"登录账号，默认数据库为"jwgl"，映射的数据库用户名也是"jwUserIDU"。

（2）进入数据库属性窗口：展开"数据库"节点→右击"jwgl"数据库名，在快捷菜单中单击"属性"命令，打开"数据库属性-jwgl"窗口。

（3）选择授权用户：在"数据库属性-jwgl"窗口中，在"用户或角色"列表框中选择"jwUserIDU"数据库用户名。

（4）授权操作：在"数据库属性-jwgl"窗口中，在"jwUserIDU"的权限列表框中选中"插入"、"删除"、"选择"和"连接"四项的"授予"复选框。

提示："连接"权限必须授予，否则该用户无法登录服务器，这样的话授权就毫无意义。

（5）结束授权：单击"确定"按钮完成授权操作。

15.4.2.4 使用 SSMS 方式对数据对象授权

数据对象主要指数据库表、索引、存储过程、视图、触发器等对象。对于数据对象的授权，例 15-25 已有对数据库表的授权操作，下面以存储过程为例详细介绍其授权过程。

【例 15-28】将"jwgl"数据库的"pcClass"存储过程的执行权授予"jwUserIDU"数据库用户。

操作过程如下：

（1）在"jwgl"数据库创建"pcClass"存储过程：

```
CREATE PROCEDURE pcClass
AS
BEGIN
    SELECT * FROM class
END
```

（2）进入"pcClass"存储过程属性窗口：展开"数据库"节点→展开"jwgl"数据库节点→展开"可编程性"节点→展开"存储过程"节点→右击"pcClass"存储过程名，单击"属性"命令，打开"存储过程属性-pcClass"窗口，单击"权限"选项页。

（3）选择用户或角色：单击"搜索"按钮，弹出"选择用户或角色"对话框，在该对话框中单击"浏览"按钮，弹出"查询对象"对话框，在"查询对象"对话框中选择"jwUserIDU"用户名，单击"确定"按钮返回"选择用户或角色"对话框，单击"确定"按钮返回"存储过程属性-pcClass"窗口。

（4）对"jwUserIDU"用户名授权：在"jwUserIDU"的"权限"列表框中选中"执行"行的复选框。

（5）结束授权：单击"确定"按钮完成授权操作。

对数据对象授权主要是第（2）步，选择数据对象时要选准具体的数据对象，例如，对表授权要选择具体的表，对存储过程授权要选择具体的存储过程。

15.4.2.5 使用 T-SQL 方式对语句授权

对语句授权主要包括 GRANT、REVOKE 和 DENY 等三种操作，它们分别对语句的权限进行授予、取消授予和拒绝访问等处理。这三条语句的语法比较复杂，下面仅介绍常用的语法格式。

1. 授予权限（GRANT）

（1）语法格式

```
GRANT {<语句名称> [,...n]} TO {<用户或角色名称>[,...n]}
```

（2）使用说明

① <语句名称>：是指对用户或角色授予指定操作权限的语句。语句名称的关键字如下：对于数据库有 BACKUP DATABASE、BACKUP LOG、CREATE DATABASE、CREATE DEFAULT、CREATE FUNCTION、CREATE PROCEDURE、CREATE RULE、CREATE TABLE 和 CREATE VIEW；对于标量函数有 EXECUTE 和 REFERENCES；对于表值函数有 DELETE、INSERT、REFERENCES、SELECT 和 UPDATE；对于存储过程有 EXECUTE；对于数据库表有 DELETE、INSERT、REFERENCES、SELECT 和 UPDATE；对于视图有 DELETE、INSERT、REFERENCES、SELECT 和 UPDATE 等。

② <用户或角色名称>：指定将语句的操作权限授予的用户或角色。

2. 拒绝访问（DENY）

DENY 语句可以在不取消用户或角色的访问权限的情况下，拒绝用户执行指定的语句，同时也能防止通过组或角色成员身份继承权限。

（1）语法格式

```
DENY {<语句名称> [,...n]} TO {<用户或角色名称>[,...n]}
```

（2）使用说明

参数使用与 GRANT 语句相同。

3. 取消权限（REVOKE）

REVOKE 语句的作用是取消数据库用户、数据库角色或应用程序角色对语句授予的操作权限。

（1）语法格式

```
REVOKE {<语句名称> [,...n]} FROM {<用户或角色名称>[,...n]}
```

（2）使用说明

参数使用与 GRANT 语句相同。

【例 15-29】将 CREATE TABLE 语句的执行权限授予"jwgl"数据库的"jwUserIDU"数据库用户。

实现代码如下：

```
GRANT CREATE TABLE TO jwUserIDU
```

【例 15-30】取消"jwgl"数据库的"jwUserIDU"数据库用户执行 CREATE TABLE 语句的权限。

实现代码如下：

```
REVOKE CREATE TABLE FROM jwUserIDU
```

15.4.2.6　使用 T-SQL 方式对数据对象授权

对数据对象进行权限管理时，不同的数据对象有不一样的权限名称，表 15.4 给出了表、视图、存储过程、函数等部分数据对象可能拥有的权限名称。

表 15.4　数据对象常见的权限名称

序号	权限名称	表	视图	存储过程	函数
1	SELECT	√	√		
2	UPDATE	√	√		
3	REFERENCES	√	√		√
4	INSERT	√	√		

序号	权限名称	表	视图	存储过程	函数
5	DELETE	√	√		
6	VIEW CHANGE TRACKING	√	√		
7	VIEW DEFINITION	√	√	√	√
8	ALTER	√	√	√	√
9	TAKE OWNERSHIP	√	√	√	√
10	CONTROL	√	√	√	√
11	EXECUTE			√	√

1. 授予权限（GRANT）

（1）语法格式

GRANT {<权限名称>[,…n]} ON {<数据对象名称>} TO {<用户或角色名称>}

（2）使用说明

① <权限名称>：指定授予数据对象的权限名称。权限名称的取值见表 15.4 的"权限名称"列。

② <数据对象名>：指定数据对象名称，即表名、视图名、存储过程名或函数名等数据对象名称。

② <用户名称>|<角色名称>：指定将语句的操作权限授予的用户或角色。

2. 拒绝访问（DENY）

（1）语法格式

DENY {<权限名称>[,…n]} ON {<数据对象名称>} TO {<用户或角色名称>}

（2）使用说明

参数使用与 GRANT 语句相同。

3. 取消权限（REVOKE）

（1）语法格式

REVOKE {<权限名称>[,…n]} ON {<数据对象名称>} FROM {<用户或角色名称>}

（2）使用说明

参数使用与 GRANT 语句相同。

【例 15-31】授予"jwgl"数据库的"jwUserIDU"数据库用户拥有"teacher"教师表的插入、修改和删除记录的操作权限。

实现代码如下：

```
GRANT INSERT,UPDATE,DELETE ON teacher TO jwUserIDU
```

小结

（1）SQL Server 的安全管理由服务器安全验证、数据库安全验证、数据库对象的访问权限验证等三个层次的验证机制组成，用户要想访问数据库的数据必须经过这三个阶段的验证，只有当三个阶段的验证都获得通过时，用户才能对数据进行权限范围内的操作。

（2）SQL Server 支持 Windows 身份验证、SQL Server 和 Windows 混合身份验证两种类型的服

务器验证模式。SQL Server 的登录账号有两种，一种是 Windows 用户的登录账号，另一种是 SQL Server 授权的用户。

（3）服务器角色、数据库角色、架构等管理都是为了简化用户的权限管理而引入的安全管理机制。实际应用时，将一个登录名映射到一个数据库用户名，然后将该用户添加到某个数据库角色，因为角色有一定的权限，所有属于该数据库角色的用户都获得了相同的操作权限，因此，有了数据库角色就无须逐一为每个权限类同的用户进行授权，只需将用户纳入数据库角色即可。由此可见，角色简化了数据库用户的授权操作。

练习十五

一、选择题

1. 用户要访问 SQL Server 数据库的数据需经过（   ）等三阶段的安全性验证。
    A. 服务器安全、数据库安全、数据库对象安全
    B. Windows 安全、SQL Server 安全、数据库安全
    C. 服务器安全、数据库安全、表数据安全
    D. Windows 服务器安全、SQL Server 数据库安全、服务器硬件安全
2. 登录账号要想访问数据库，必须（   ）。
    A. 映射到服务器角色　　　　　　　　B. 映射到数据库用户
    C. 映射到数据库角色　　　　　　　　D. 映射到默认架构
3. 下列服务器角色（   ）具有管理登录名及其属性的权限。
    A. bulkadmin　　　　　　　　　　　B. sysadmin
    C. securityadmin　　　　　　　　　　D. public
4. 架构是数据库对象的容器，架构由（   ）拥有。
    A. 服务器角色　　　　　　　　　　　B. 登录账号
    C. 数据库安全性　　　　　　　　　　D. 数据库用户或角色
5. 下列数据库角色（   ）具有数据库操作的全部权限。
    A. db_datawrite　　　　　　　　　　B. db_denydatareader
    C. db_owner　　　　　　　　　　　　D. public
6. 下列（   ）关键字语句用于对数据对象授权。
    A. GRANT　　　　　　　　　　　　　B. DENY
    C. REVOKE　　　　　　　　　　　　D. CREATE
7. 把某个存储过程的使用权限授予某个用户时，使用（   ）操作。
    A. 角色授权　　　　　　　　　　　　B. 用户授权
    C. 语句授权　　　　　　　　　　　　D. 数据对象授权

二、操作题

1. 创建一个"SQL Server 身份验证"的登录账号"jwglDB"，密码为"wr_19@sr"，该登录账

号仅拥有访问"jwgl"数据库的全部权限。

2．创建一个数据库角色"jwglBakRole"，该角色仅拥有备份"jwgl"数据库的权限。

3．创建一个"SQL Server 身份验证"的登录账号"jwglUser"，密码为"u_19@sr"，该登录账号拥有"jwglBakRole"角色，且能查询"jwgl"数据库表数据的基本权限。

4．使用 T-SQL 语句把 CREATE TABLE 和 CREATE VIEW 的语句权限授予给"jwglUser"数据库用户。

与 JSP 集成开发 Web 应用项目

 本章导读

　　本章从实际应用出发，结合目前较为流行的 JSP 开源技术，通过实现教务管理系统之学生基本信息管理模块的功能，介绍 SQL Server 与 JSP 集成应用的基本技术。读者在学习过程中，应重点掌握 JSP 如何连接 SQL Server 数据库、如何在 DAO 类中实现 SQL Server 数据库表记录的插入、删除、修改、查询等编程技术。

　　本章只列出了项目实现数据库增、删、改、查操作的 DAO 类 Java 源代码，项目中与数据库操作无关的 JSP 页面代码、脚本代码、DTO 类代码、Servlet 类代码均没列出，请读者从本书提供的项目 "jwglDemo.rar" 包中查阅相关的文件。

本章要点

- JSP 连接 SQL Server 数据库
- JSP 向 SQL Server 数据库表插入、删除、修改、查询记录的方法

16.1　项目需求概述

16.1.1　开发技术概述

　　JSP 领域的开发工具丰富多彩，各具特色，集成开发所使用的方案也灵活多变，可以根据软件开发者所掌握的技术和项目的特点灵活组合，同时，软件开发所使用的设计模式也十分灵活，下面简要介绍软件设计模式和软件开发模型的基本概念。

　　1. 软件设计模式

　　目前盛行的设计模式是 JSP Model2。JSP Model2 克服了 JSP Model1 设计模式的缺点，使得模式中的各部分能各司其职、互不干涉，有利于开发过程的分工协作，适合于多人合作开发大型的

Web 项目；有利于组件重用，便于软件升级维护等。

（1）JSP Model2 设计模式使用的主要技术

JSP 技术负责生成动态网页，用于展示客户端页面；JavaBeans 技术负责业务逻辑以及完成对数据库的操作；Servlet 技术负责流程控制，处理各种请求的分派工作。

（2）JSP Model2 设计模式的工作流程

如图 16-1 所示，用户通过浏览器向 Web 应用中的 Servlet 发送请求，Servlet 接收到请求后实例化 JavaBeans 对象，调用 JavaBeans 对象的方法，JavaBeans 对象返回从数据库中读取的数据。然后 Servlet 选择合适的 JSP，并且把从数据库中读取的数据通过 JSP 返回给浏览器展示给用户。

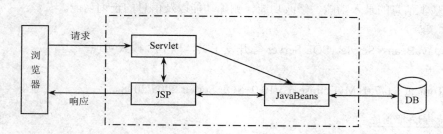

图 16-1　JSP Model2 设计模式

2．软件开发模型

（1）MVC 概念

MVC 是 Model-View-Controller 的简称，即"模型（M）-视图（V）-控制器（C）"。MVC 是一种优秀的软件设计模型，现已广泛使用，且被推荐为 Sun 公司 J2EE 平台的设计模型，MVC 设计模型属于 JSP 中的 Model2 体系。

MVC 把应用程序分成三个核心模块：模型（M）、视图（V）、控制器（C），目的是把应用程序的输入、处理和输出分开。图 16-2 给出了 MVC 各模块之间的关系和基本功能。

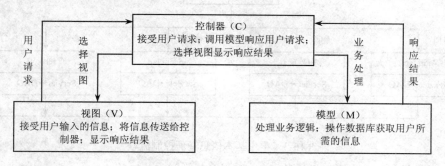

图 16-2　MVC 模型处理流程

（2）MVC 处理流程

MVC 首先从视图界面接受用户所输入的信息，并向控制器发送请求；接着控制器接收用户的请求，并决定调用哪个模型组件来进行处理；然后模型组件处理相应的业务逻辑，产生响应结果；最后，控制器选择相应的视图将响应结果呈现给用户。

本章的项目案例使用与 JSP Model2 对应的 MVC 开发模型实现。与图 16-2 对应，Servlet 充当控制器，JSP 充当视图，JavaBeans 充当模型（主要由 ADO 类实现）。

16.1.2 项目需求概述

1. 项目名称

项目名称：教务管理系统之学生基本信息管理模块。

本项目是教务管理系统的一部分，功能虽然简单，但涵盖了 JSP 整合 SQL Server 数据库对数据的增、删、改、查等基本操作的应用技术。读者掌握本项目的实现方法之后，将可以胜任 JSP+JavaBeans+Servlet+SQL Server 集成的 Web 应用系统的开发工作。

2. 功能需求

实现学生基本信息的录入功能、修改功能、删除功能以及信息的查询功能。

3. 开发工具

使用 JSP+JavaBeans+Servlet+SQL Server 等开发工具，以 B/S 模式实现。

4. 开发环境

JDK 1.6+Tomcat 6.0/7.0+MyEclipse 5.5/10.0+SQL Server 2005/2008。

16.1.3 项目流程控制概述

学生基本信息管理的功能主要由数据的增、删、改、查和错误处理等子模块组成，这些子模块的基本功能通过各自独立的模块实现，然后由控制中心模块将各项功能整合在一起实现统一调度。其流程控制如图 16-3 所示。

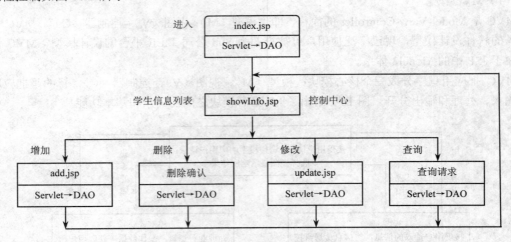

图 16-3　学生基本信息管理控制流程

16.2　数据库连接类设计

16.2.1　数据库 JDBC 驱动包

JSP 连接 SQL Server 数据库的方法多种多样，但使用最多的莫过于 JDBC 技术。使用 JDBC 连接 SQL Server 数据库时，需要从微软官方网站下载与 SQL Server 版本号对应的"sqljdbc.jar"驱动包，然后将其复制到 MyEclipse 开发环境工程项目中的 lib 文件夹下。

16.2.2　数据库连接类设计

数据库连接类 DBConnection.java 用于实现数据库的连接功能，类中提供了数据库连接、关闭数据库连接等多个静态方法。

1．getConnection()方法

本方法根据用户提供的数据库名称、登录用户名、密码等信息连接数据库。在方法代码中，关键的代码有两行：

（1）Class.forName()方法

```
Class.forName("com.microsoft.sqlserver.jdbc.SQLServerDriver");
```

Class.forName()方法用于显式加载、注册 JDBC 驱动程序类，方法中的参数用于指明 SQL Server 的 JDBC 驱动程序类名。

（2）DriverManager 类的 getConnection()方法

```
DriverManager.getConnection(url, user, password);
```

getConnection()方法获得数据库连接。该方法需要提供三个参数：

1）url 参数：提供数据库网络连接所使用的网络协议标识，该标识有三个参数：一是"localhost"，如果数据库与应用程序安装在同一台机器，则使用"localhost"指代，如果数据库是网络上的另一台机器，则使用机器名称或 IP 地址表示；二是"1433"，即 SQL Server 数据库实例的默认端口号；三是"databasename=jwgl"，即指定连接的数据库名称，本项目使用"jwgl"数据库。

2）user 参数：给出连接到 SQL Server 服务器的登录用户名。代码中给出的用户名"jwglUser"应具有"jwgl"数据库的全部访问权限。

3）password 参数：给出 user 用户的验证密码。

2．Clear()方法

Clear()方法用于关闭数据库连接，释放系统资源。

数据库连接类 DBConnection.java 的代码如下：

```java
public class DBConnection {
    public static Connection getConnection() {
        Connection DBconn = null;
        try{
            Class.forName("com.microsoft.sqlserver.jdbc.SQLServerDriver");
            String url = "jdbc:sqlserver://localhost:1433;databasename=jwgl";
            String user = "jwglUser";
            String password = "12d_69x";
            DBconn = DriverManager.getConnection(url, user, password);
        } catch (ClassNotFoundException e1) {
            System.out.println("驱动程序加载错误");
        } catch (SQLException e2) {
            System.out.println("数据库连接时错误");
        } catch (Exception e3) {
            e3.printStackTrace();
        }
        return DBconn;
    }
    public static void clear(Connection DBconn) {
        if (DBconn != null) {
```

```
        try {
            DBconn.close();
        } catch (SQLException e) {
            e.printStackTrace();
        }
        }
    }
}
```

16.3 DTO 类设计

本项目需要设计两个 DTO 类，分别用于装载班级信息和学生基本信息。类中只有基本的 JavaBeans 内容，即属性、构造方法和属性的 SetXXX() 和 GetXXX() 方法。

16.3.1 班级 DTO 类

详细代码请参阅本书提供的项目 "jwglDemo.rar" 包中的 "Class.java" 类文件。

16.3.2 学生基本信息 DTO 类

详细代码请参阅本书提供的项目 "jwglDemo.rar" 包中的 "Student.java" 类文件。

16.4 DAO 类设计

DAO 类专门负责业务中对数据库的增、删、改、查操作，其内容是本章的学习重点。在基于 JSP+Servlet+SQL Server 集成开发的 Web 应用项目中，客户端提交请求后，模型通过调用 DAO 类中的方法完成数据库的持久化操作。

16.4.1 接口设计

DAO 类的实现遵循 Java 设计规范，使用接口方法予以实现。基于 "jwgl" 教务管理系统模型的 "学生基本信息管理" 模块主要由班级信息查询、学生基本信息的增、删、改、查等方法实现。

接口文件名为 "Istudent.java"，代码如下：

```
public interface IStudent {
    public int insert(Student stu);                     //插入学生记录
    public int update(Student stu);                     //修改学生记录
    public int delete(int id);                          //根据 id 删除学生记录
    public Student queryById(int id);                   //根据 id 查询学生信息
    public List<Student> queryLike(String s);           //根据模糊条件查询学生信息
    public int queryUnique(int id, String field,String values); //查询不同 id 的 field 字段值等于 values 的记录
    public List<Classs> queryAllClass();                //查询班级全部信息
}
```

16.4.2 DAO 接口实现类

DAO 接口实现类 StudentImp.java 用于实现 IStudent.java 接口中的方法，类中各个方法的实现细节在下面各节中分别介绍。详细代码请参阅本书提供的项目 "jwglDemo.rar" 包中的 "StudentImp.java" 类文件。

16.5　入口模块设计

从图 16-3 所示的流程控制图可知，由于本教学项目没有设置用户登录身份验证，用户使用 index.jsp 页面请求直接进入 Servlet 类调用相应的 DAO 类方法以读取学生的基本信息，然后调用控制中心 showInfo.jsp 页面显示学生的基本信息。

16.5.1　入口页面设计

根据控制流程，在入口页面 index.jsp 中使用"jsp:forward"命令直接调用"QueryServlet.java"Servlet 类，并传递三个空值参数"nj=&zy=&bj="用于查询全部记录。详细代码请参阅本书提供的项目"jwglDemo.rar"包中的"index.jsp"页面文件。

16.5.2　Servlet 类设计

入口模块的 Servlet 类"QueryServlet.java"的处理过程如下：

（1）使用 request.getParameter()方法接收"index.jsp"页面提交的年级、专业名称、班级名称等参数。

（2）根据接收的参数构造模糊查询条件字符串"sqlStr"。

（3）通过调用"sDao.queryLike(sqlStr)"DAO 方法执行查询操作。

（4）将查询结果保存在 Session 对象的"listStudent"属性。

（5）为了在增加记录和修改记录模块中能选用班级名称，将班级信息的查询结果保存在 Session 对象"listClass"。

（6）最后，重定向到控制中心"showInfo.jsp"页面展示学生的基本信息。

入口模块的 Servlet 类与查询记录模块的 Servlet 类以共享方式设计，详细代码请参阅本书提供的项目"jwglDemo.rar"包中的"QueryServlet.java"类文件。

16.5.3　DAO 类的方法设计

入口模块的 DAO 类方法"queryLike(String s)"执行 SQL 查询语句完成数据库的查询操作，方法的设计过程如下：

（1）通过 Connection 类创建数据库连接对象"conn"。

（2）构建查询语句字符串"sql"。

（3）通过 Connection 连接对象"conn"创建 Statement 对象"stmt"。

（4）使用 executeQuery()方法通过 Statement 对象执行 SQL 查询语句。

（5）通过 ResultSet 对象"rs"接收查询结果集。

（6）通过遍历"rs"将查询结果集装载到 List 集合的"list"对象。

（7）最后，方法返回"list"对象集合。

方法的实现代码如下：

```
public List<Student> queryLike(String s) {          //根据模糊条件查询学生信息
    Connection conn=DBConnection.getConnection();
    Statement stmt=null;
    List<Student> list=new ArrayList<Student>();
```

```
    try {        //构造 SQL 字符串查询语句
        String sql="SELECT  st.*,sp.专业名称,cl.班级名称,cl.年级    FROM student AS st,specialty AS sp,class AS cl
WHERE sp.id=cl.specialty_id AND cl.id=st.class_id "+s+" ORDER BY cl.班级名称,cl.年级";
        stmt=conn.createStatement();
        ResultSet rs=stmt.executeQuery(sql);   //执行查询获得结果集
        while (rs.next()) {
            Student stDto=new Student();
            stDto.setId(rs.getInt("id"));
            stDto.setNumber(rs.getString("学号"));
            stDto.setName(rs.getString("姓名"));
            stDto.setSex(rs.getString("性别"));
            stDto.setBorthday(rs.getString("出生日期"));
            stDto.setInTotal(rs.getFloat("入学总分"));
            stDto.setInDate(rs.getString("入学时间"));
            stDto.setSpecialtyName(rs.getString("专业名称"));
            stDto.setClassName(rs.getString("班级名称"));
            stDto.setGrade(rs.getString("年级"));
            stDto.setClass_id(rs.getInt("class_id"));
            list.add(stDto);                //将学生信息 stDto 加入到 list 集合
        }
        conn.close();
    } catch (Exception e) {
        e.printStackTrace();
    }
    return list;
}
```

16.6   控制中心模块设计

这里所指的控制中心是面向用户的 JSP 总控页面，主要提供两方面的功能，一是显示给定条件的学生基本信息；二是提供学生基本信息的增、删、改、查操作的选择入口以实现学生基本信息管理的总调度。为了便于修改与删除操作，把查询页面集成在控制中心页面中实现。

16.6.1   页面设计

出于总控的职能要求，需要将记录的增、删、改、查功能的调度集于一体，其页面结构设计如图 16-4 所示。

页面的结构设计如下：

1. 增加学生记录

由于增加记录是独立的功能，与其他功能模块没有发生联系，所以，在页面的右上角设置一个"增加学生"按钮作为调度入口，单击该按钮时，调用另一模块进行增加记录的数据录入操作。

2. 删除学生记录

删除操作往往与查询操作联合实施，即先查询要删除的记录，然后对该记录进行删除操作。实现方法为：在页面显示的学生信息列表中，每行学生信息设置一个"删除"按钮，只要单击"删除"按钮，则弹出删除提示对话框，在对话框中单击"确定"按钮调用删除学生记录的模块。

3. 修改学生记录

修改操作通常也是与查询操作联合实施，即先查询到要修改的学生记录，然后对该记录进行修改操作。实现方法为：在页面显示的学生信息列表中，每行学生信息设置一个"修改"按钮，只要单击"修改"按钮，则弹出修改页面进行修改操作。

4. 查询学生记录

查询操作要根据项目的实际情况进行设计，查询方式多种多样、灵活多变。本项目只提供按年级、专业名称、班级名称三个关键字进行模糊查询的方法。只要在三个文本框中输入一项或三项数据的值，单击"查询"按钮即可显示出满足查询条件的学生信息，三个关键字输入的信息越精确，查询出来的记录就越少，记录定位就越准确，不输入信息直接单击"查询"按钮则查询出全部学生信息。控制中心的 JSP 页面显示如图 16-4 所示。

图 16-4　控制中心页面

16.6.2　页面代码

总控页面由于集成了各个功能的调度，所以比较复杂。页面的详细代码请参阅本书提供的项目"jwglDemo.rar"包中的"showInfo.jsp"页面文件。

16.7　增加记录模块设计

增加记录模块实现学生基本信息的录入功能。操作员通过控制中心页面单击"增加学生"按钮，系统将显示"增加学生"页面，在该页面下录入学生的基本信息。

16.7.1　页面设计

增加学生记录页面在设计上为了提高数据的准确性，学生所属的班级要使用列表的方式来选择；同样，学生性别的录入也使用列表方式选择输入；出生日期和入学时间建议使用如My97DatePicker 的第三方控件进行输入处理。

增加学生记录的页面如图 16-5 所示，详细代码请参阅本书提供的项目资源"jwglDemo.rar"包中的"add.jsp"页面文件。

16.7.2　数据校验脚本设计

为了提高录入数据的准确性，页面提交之前通常需要对输入的数据进行合法性校验，在上述"add.jsp"页面代码中，表单提交之前要调用"stuMng.js"脚本文件的 ckdate()方法对数据进行校验，而"stuMng.js"脚本文件则通过"<script type="text/javascript" src="/jwglDemo/js/stuMng.js"></script>"代码引用。

详细代码请参阅本书提供的项目"jwglDemo.rar"包中的"stuMng.js"脚本文件中的"ckdate()"方法。

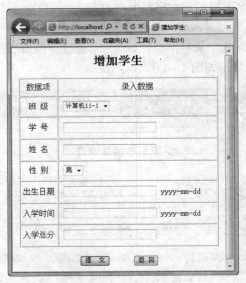

图 16-5　增加记录页面

16.7.3　Servlet 类设计

增加记录模块的 Servlet 类"AddServlet.java"的处理过程如下：

（1）使用 request.getParameter()方法接收"add.jsp"页面提交的数据。

（2）将接收的数据封装到"Student"类的"stu"实例。

（3）通过 DAO 的 queryUnique()方法检查增加学生的"学号"是否已被使用，如果已存在，则显示错误页面"error.jsp"进行提示，在错误页面单击"返回"按钮返回"add.jsp"页面进行修改，否则，调用 DAO 的 insert()方法将学生信息插入至"student"学生表。

（4）查询学生和班级信息并设置成 Session 对象。

（5）最后调用控制中心页面。

详细代码请参阅本书提供的项目"jwglDemo.rar"包中的"AddServlet.java"类文件。

16.7.4　DAO 类方法设计

增加记录使用的 DAO 方法有两个，queryUnique()方法用于检查学号是否已使用，insert()方法用于将记录插入到"student"学生表。

1．queryUnique()方法

本方法设计时考虑了两种情况，一是当第一个参数"id"的值为 0 时，方法的功能为查询学生表中以第二个参数值为"字段名"的字段值等于第三个参数值的记录；二是当第一个参数"id"的值为非 0 时，方法的功能为查询学生表中"id"字段值不等于第一个参数值，且以第二个参数值为

"字段名"的字段值等于第三个参数值的记录。其中，第一种功能用于增加记录操作，第二种功能用于修改记录操作。

queryUnique()方法的代码处理过程如下：

（1）通过 Connection 类创建数据库连接对象"conn"。

（2）根据"id"参数构建查询语句字符串"sql"。

（3）通过 Connection 连接对象"conn"创建 Statement 对象"stmt"。

（4）使用 executeQuery()方法通过 Statement 对象执行 SQL 查询语句。

（5）通过 ResultSet 对象"rs"接收查询结果集。

（6）通过遍历"rs"结果集获得查询结果集的记录数 n。

（7）最后，方法返回记录数 n。

实现代码如下：

```
public int queryUnique(int id, String field,String values) {
    Connection conn = DBConnection.getConnection();
    Statement stmt = null;
    int n=0;
    try {
        String sql="";
        if(id==0){
            sql = "SELECT * FROM student Where "+field+"='"+values+"'";
        }
        else{
            sql = "SELECT * FROM student Where id!="+id+" AND "+field+"='"+values+"'";
        }
        stmt = conn.createStatement();
        ResultSet rs = stmt.executeQuery(sql);
        while (rs.next()) {
            n=n+1;
        }
        conn.close();
    } catch (Exception e) {
        e.printStackTrace();
    }
    return n;
}
```

2．insert()方法

DAO 类的插入记录方法"insert()"的代码处理过程如下：

（1）通过 Connection 类创建数据库连接对象"conn"。

（2）通过 Connection 连接对象"conn"创建 Statement 对象"stmt"。

（3）构建插入字符串语句"sql"。

（4）使用 executeUpdate()方法通过 Statement 实例执行 SQL 插入语句。

（5）返回插入的记录数 n。

实现代码如下：

```
public int insert(Student stu) { // 插入学生记录
    Connection conn=DBConnection.getConnection();
    Statement stmt=null;
    int n=0;
    try {
```

```
        stmt=conn.createStatement();
        String sql="insert into student(学号,姓名,性别,出生日期,入学总分,入学时间,class_id) values(";
            sql=sql+"'"+stu.getNumber()+"',";
            sql=sql+"'"+stu.getName()+"',";
            sql=sql+"'"+stu.getSex()+"',";
            sql=sql+"convert(datetime,'"+stu.getBorthday()+"',120),";
            sql=sql+stu.getInTotal()+",";
            sql=sql+"convert(datetime,'"+stu.getInDate()+"',120),";
            sql=sql+stu.getClass_id()+")";
            n=stmt.executeUpdate(sql);
            stmt.close();
            conn.close();
        }catch(Exception e){
            e.printStackTrace();
        }
    return n;
}
```

16.7.5 错误处理页面设计

在"AddServlet.java"Servlet 类中，通过"int n = sDao.queryUnique(0, "学号", number);"语句查询增加学生的"学号"是否已经使用，如果已存在，则会转到"error.jsp"错误页面进行提示，如图 16-6 所示，如果单击"返回"按钮，回到"增加学生"页面进行学号修改，如果单击"关闭"按钮则结束操作。详细代码请参阅本书提供的项目"jwglDemo.rar"包中的"error.jsp"页面文件。

16.8 删除记录模块设计

16.8.1 页面设计

删除记录模块没有独立的页面文件,删除特定记录的操作集成在控制中心页面显示的记录列表中完成。在"控制中心"页面的每行记录上都设置了"删除"按钮，只要单击该按钮，将弹出如图16-7 所示的删除确认对话框，单击"确定"按钮即可删除该行记录。

图 16-6 错误提示信息

图 16-7 删除确认

删除操作通常结合查询操作进行处理，先通过查询功能找到要删除的记录，然后单击该记录的"删除"按钮完成删除操作。本项目的删除页面见"showInfo.jsp"控制中心页面文件。

16.8.2 Servlet 类设计

在控制中心页面单击"删除"按钮后，通过图 16-7 所示的删除确认操作，控制中心页面调用

"DeleteServlet.java" Servlet 类，该 Servlet 类先接收用户提交的"id"参数，通过 DAO 的 delete(id) 方法将学生表中"id"字段值等于提交的"id"参数值的记录删除，然后查询学生和班级信息并设置成"Session"属性，最后返回控制中心页面。

詳细代码请参阅本书提供的项目"jwglDemo.rar"包中的"DeleteServlet.java"类文件。

16.8.3 DAO 类方法设计

删除记录使用的 DAO 方法是 delete(int id)，该方法要求指定删除记录的"id"字段值。类中使用 executeUpdate(sql)方法通过 Statement 对象执行 SQL 删除语句，其他方法的使用与增加记录的 DAO 类类同。实现代码如下：

```
public int delete(int id) {     //根据 id 删除学生记录
    Connection conn=DBConnection.getConnection();
    Statement stmt=null;
    int n=0;
    try { stmt=conn.createStatement();
        String sql="delete student where id="+id;
        n=stmt.executeUpdate(sql);
        stmt.close();
        conn.close();
    } catch (Exception e){
        e.printStackTrace();
    }
    return n;
}
```

16.9 修改记录模块设计

修改记录的操作过程为：在控制中心页面中查询要修改的目标记录，然后单击记录的"修改"按钮调用记录的修改页面，在修改页面中修改数据后，单击"提交"按钮。数据提交前需要进行数据验证，如果数据修改有误，则弹出错误页面，在错误页面中单击"返回"按钮，返回修改页面重新修改数据；如果是数据格式有误，例如入学时间的日期格式错误，则弹出对话框要求进一步地修改数据。

16.9.1 页面设计

修改记录的页面在设计外观上与增加记录的页面完全一样，只是显示页面时需要把记录的原始数据同时显示在相应的标签上以供修改，例如，修改"陈小东"同学的记录时，页面显示如图 16-8 所示，页面已将"陈小东"的数据显示出来供修改。表单提交时，先进行数据格式的正确性验证，然后调用"UpdateServlet.java" Servlet 类并传递一个"id"参数和一个标志参数"f=1"，f 的值用于在 Servlet 类中识别为修改记录操作。

修改记录的页面文件名为"update.jsp"，其详细代码请参阅本书提供的项目"jwglDemo.rar"包中的"update.jsp"页面文件。

16.9.2 Servlet 类设计

修改记录模块的 Servlet 类"UpdateServlet.java"在修改记录的操作过程中被调用两次，第一次是用户在控制中心页面单击"修改"按钮时调用，这时需要传递修改记录的"id"字段值和一个标志参数"f=0"，f的值为0时，在Servlet类中被识别为读取"id"记录的数据以供修改；第二次是用户在"修改学生信息"页面中单击"提交"按钮时调用，这时需要传递修改记录的"id"字段值和一个标志参数"f=1"，f的值为非0时，在Servlet类中被识别为修改"id"记录的数据。其他方法的使用与"增加记录"模块的DAO相同。

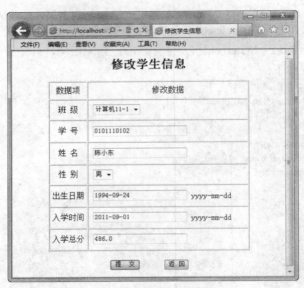

图 16-8 修改记录页面

详细代码请参阅本书提供的项目"jwglDemo.rar"包中的"UpdateServlet.java"类文件。

16.9.3 DAO 类方法设计

有了上面的基础，设计修改记录的 DAO 方法"update.java"就显得比较简单，关键是如何使用传递进来的学生"Dto"参数构造"sql"字符串修改语句以及如何在语句中定位目标记录，此外，删除、修改操作都是使用 Statement 类的 stmt 对象来调用 executeUpdate()方法以执行修改的 SQL 语句。

实现代码如下：

```
public int update(Student stu) {   //修改学生记录
    Connection conn=DBConnection.getConnection();
    Statement stmt=null;
    int n=0;
    try {
    stmt=conn.createStatement();
    String sql="update student SET 学号='"+stu.getNumber()+"',"+
        "姓名='"+stu.getName()+"',"+
        "性别='"+stu.getSex()+"',"+
        "出生日期='"+stu.getBorthday()+"',"+
        "入学总分='"+stu.getInTotal()+"',"+
        "入学时间='"+stu.getInDate()+"',"+
        "class_id='"+stu.getClass_id()+"'"+
        " where id="+stu.getId();
```

```
        n=stmt.executeUpdate(sql);
        stmt.close();
        conn.close();
        catch (Exception e){
        e.printStackTrace();
    }
    return n;
}
```

16.10   查询记录模块设计

查询记录模块的页面集成在控制中心模块里面，界面如图 16-9 所示。本项目只提供按年级、专业名称、班级名称三个关键字进行模糊查询，只要在三个文本框中输入三项数据的模糊值，单击"查询"按钮即可显示出满足查询条件的学生信息。

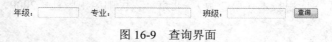

图 16-9   查询界面

查询记录模块所使用的 Servlet 类与"入口模块"的 Servlet 类相同，两者共享"QueryServlet.java"类代码；由于使用相同的 Servlet 类，所以 DAO 方法的使用也一样，请读者参阅 16.5 节"入口模块设计"的代码内容。

小结

本章通过"学生基本信息管理"模块的实现，展示了 JSP 与 SQL Server 数据库的集成应用，在 JSP+JavaBeans+Servlet 开发技术的基础上，重点解决了 Web 项目使用 JSP 代码访问与维护 SQL Server 数据库表数据的基本方法。

参考文献

[1] 徐鹏．SQL Server 2008 数据库基础及应用．北京：中国水利水电出版社，2010．

[2] 周峰．SQL 结构化查询语言速学宝典．北京：中国铁道出版社，2010．

[3] 向旭宇．SQL Server 2008 宝典．北京：中国铁道出版社，2011．

[4] 马军．SQL 语言与数据库操作技术大全．北京：电子工业出版社，2008．

[5] 微软公司．SQL Server 2005 数据库开发与实现．北京：高等教育出版社，2008．

[6] 徐守祥．数据库应用技术（第 2 版）．北京：人民邮电出版社，2009．